21 世纪高等职业教育计算机技术规划教材

21 ShiJi GaoDeng ZhiYe JiaoYu JiSuanJi JiShu GuiHua JiaoCai

计算机应用基础
情境式教程
（Windows 7+Office 2010）

JISUANJI YINGYONG JICHU
QINGJINGSHI JIAOCHENG

彭涛　余丽娜　主编
欧阳晓山　舒晟　朱莹莹　付彩霞　谢宏兰　副主编

人民邮电出版社
北京

图书在版编目（C I P）数据

计算机应用基础情境式教程 : Windows 7+Office 2010 / 彭涛，余丽娜主编. -- 北京 : 人民邮电出版社，2015.9(2016.9重印)
21世纪高等职业教育计算机技术规划教材
ISBN 978-7-115-39880-2

Ⅰ. ①计… Ⅱ. ①彭… ②余… Ⅲ. ①Windows操作系统－高等职业教育－教材②办公自动化－应用软件－高等职业教育－教材 Ⅳ. ①TP316.7②TP317.1

中国版本图书馆CIP数据核字(2015)第186874号

内 容 提 要

本书根据全国计算机等级考试一级考试大纲要求，结合高职高专类院校计算机基础课程教学特点，以 Windows 7、Microsoft Office 2010 为平台，采用情境式教学模式，以任务引领学习内容，强调理论与实践的紧密结合，贯彻够用和实用性原则，突出计算机基本技能、实际操作能力及职业能力的培养。全书以学生在学校的 6 个典型故事为例，介绍了计算机基础知识、计算机网络基础、Windows 7 操作系统应用、Word 文字处理操作、Excel 数据处理及 PowerPoint 演示文稿制作的内容。本书操作步骤详尽、概念清晰、语言通俗、系统性强。

本书既适合作为高职院校计算机公共课程教材和相应的考试用书，也适合作为计算机初学者入门用书和培训教材。

◆ 主　　编　彭　涛　余丽娜
副 主 编　欧阳晓山　舒　晟　朱莹莹　付彩霞　谢宏兰
责任编辑　张　斌
责任印制　张佳莹　焦志炜

◆ 人民邮电出版社出版发行　　北京市丰台区成寿寺路 11 号
邮编　100164　　电子邮件　315@ptpress.com.cn
网址　http://www.ptpress.com.cn
北京昌平百善印刷厂印刷

◆ 开本：787×1092　1/16
印张：13.75　　2015 年 9 月第 1 版
字数：341 千字　　2016 年 9 月北京第 2 次印刷

定价：34.00 元

读者服务热线：(010)81055256　印装质量热线：(010)81055316
反盗版热线：(010)81055315

前言 PREFACE

随着我国社会信息化不断向纵深发展，各行业的信息化进程不断加速，社会对大学生的信息素质也提出了更高的要求，计算机应用水平逐渐成为衡量高职学生业务素质与能力的突出标志。

为体现高等职业教育的特点和培养目标，配合全国计算机等级考试一级大纲对计算机应用基础的要求，本书在“够用、实用”的原则上，选取了高职学生日常学习与生活中最典型的故事，创设学生最熟悉的情境，派发学习任务。多个情境用学习目标、课前准备、解决方案、知识储备和实践拓展 5 个步骤完成，学习目标明确，操作步骤详尽，理论知识系统，实践举一反三。同时，为加强实践训练，本书配备实训指导，方便教师组织教学与学生上机练习和自测提高。

本书适用于高职院校计算机公共课程教材和相应的考试用书，建议安排 72 课时，采用 2∶1 的比例分配上机操作和课堂讲授的时间。

本书由彭涛、余丽娜任主编，欧阳晓山、舒晟、朱莹莹、付彩霞、谢宏兰任副主编。具体分工如下：故事一由欧阳晓山编写，故事二由舒晟编写，故事三由朱莹莹编写，故事四由余丽娜编写，故事五由付彩霞编写，故事六由彭涛编写。谢宏兰负责情境创设与统稿。在此，对在编写本书过程中给予关心、支持的人员表示感谢！

由于编者水平有限，书中难免存在不足和疏漏之处，敬请读者批评指正。

编　者

2015 年 6 月

目录 CONTENTS

故事一 “新大地”的发现 ······1

情境一 只属于我的计算机 ······1

学习目标 ······1

课前准备 ······1

知识储备——计算机系统的组成 ······1

实践拓展 ······10

情境二 计算机名片 ······10

学习目标 ······10

课前准备 ······10

知识储备——计算机数据与编码 ······10

实践拓展 ······25

故事二 网络联系你和我 ······27

情境一 打通上网关节 ······27

学习目标 ······27

课前准备 ······27

解决方案 ······27

知识储备——计算机网络概述 ······30

实践拓展 ······38

情境二 Internet 的爱你不懂 ······38

学习目标 ······39

课前准备 ······39

解决方案 ······39

知识储备——Internet 概述 ······42

实践拓展 ······45

情境三 空中信使 ······46

学习目标 ······46

课前准备 ······46

解决方案 ······46

知识储备——Internet 功能 ······48

实践拓展 ······49

情境四 网络安全小秘诀 ······49

学习目标 ······49

课前准备 ······49

解决方案 ······49

知识储备——计算机网络安全 ······51

实践拓展 ······54

故事三 计算机与“我的计算机” ······55

情境一 我的系统我做主 ······55

学习目标 ······55

课前准备 ······55

解决方案 ······55

知识储备——Windows 基本知识与操作 ······58

实践拓展 ······66

情境二 摸底行动 ······66

学习目标 ······67

课前准备 ······67

解决方案 ······67

知识储备——Windows 7 文件管理 ······68

实践拓展 ······73

情境三 小中见大 ······73

学习目标 ······73

课前准备 ······73

解决方案 ······74

知识储备——Windows 附件与磁盘管理 ······75

实践拓展 ······81

故事四 玩转 Word 文字处理 ······83

情境一 班规上墙 ······83

学习目标 ······84

课前准备 ······84

解决方案 ······84

知识储备——Word 概述与基本操作 89
实践拓展 94
情境二 招新海报 95
学习目标 95
课前准备 96
解决方案 96
知识储备——Word 图文混排 101
实践拓展 104
情境三 招新报名表 104
学习目标 105
解决方案 105
知识储备——表格基础操作 109
实践拓展 110
情境四 表格数据处理 110
学习目标 111
课前准备 111
解决方案 111
知识储备——表格高级操作 113
实践拓展 114
情境五 邀请函 114
学习目标 114
课前准备 115
解决方案 115
知识储备——邮件合并 118
实践拓展 119
情境六 论文排版 119
学习目标 119
课前准备 120
解决方案 120
知识储备——Word 高级编辑 125
实践拓展 128

故事五 强大的数据处理 129

情境一 表和表的不同 129
学习目标 129
课前准备 129
解决方案 130
知识储备——Excel 基础操作 133
实践拓展 140
情境二 表格的格式化 140
学习目标 140
课前准备 140
解决方案 141
知识储备——格式化工作表 145
实践拓展 146
情境三 强大的力量 147
学习目标 147
课前准备 147
解决方案 147
知识储备——公式与函数 151
实践拓展 153
情境四 排队的数据 153
学习目标 154
课前准备 154
解决方案 154
知识储备——数据排序与筛选 159
实践拓展 160
情境五 看透数据 160
学习目标 160
课前准备 160
解决方案 161
知识储备——分类汇总与数据透视 164
实践拓展 166
情境六 图表来说话 166
学习目标 166
课前准备 166
解决方案 167
知识储备——图表的制作 171
实践拓展 174

故事六 成功的演讲 175

情境一 “网络诈骗预防”宣讲稿的诞生 175
学习目标 175
解决方案 175
知识储备——PowerPoint 概述 176
情境二 丰富的版面 179
学习目标 179
解决方案 180
知识储备 183

情境三　绚丽多彩的主题……184
学习目标……184
解决方案……184
知识储备——演示文稿的基本编辑……186
实践拓展……188
情境四　"活"的幻灯片……188
学习目标……188
解决方案……189
知识储备——设置动画效果……192
实践拓展……192
情境五　这么高级你知道吗……193
学习目标……193
解决方案……193
知识储备——演示文稿的高级编辑……196
实践拓展……197
情境六　统一的背景……197
学习目标……197
解决方案……198
知识储备——演示文稿母版……201
实践拓展……202
情境七　奇妙的交互效果……202
学习目标……202
解决方案……203
知识储备——超级链接……207
实践拓展……207
情境八　自由的放映……208
学习目标……208
解决方案……208
知识储备——幻灯片放映……210
实践拓展……212

故事一 1 “新大地”的发现

小明入学报到后，听迎新学长说，大学学习很多时候要用计算机。于是小明和父母商量后，打算买一台计算机。南昌市中心有名的计算机设备市场是新大地电脑城。小明打算和同学一起去看看。

情境一 只属于我的计算机

周末小明来到新大地电脑城，刚进门就被琳琅满目的计算机和计算机配件闪花了眼。两旁不时有销售人员向他推销各种商品，但小明听得一头雾水，越来越糊涂。在电脑城逛了一天后，小明还是空手回了学校。第二天，小明找到了学校计算机教研室，请求老师给个建议。

下面我们跟着小明一起学习，组装属于自己的计算机。

学习目标

① 认识计算机，了解计算机硬件、软件。

② 了解计算机工作原理。

③ 学会组装计算机。

课前准备

① 到计算机市场（南昌新大地等地）了解整机性能指标。

② 到计算机配件市场了解计算机软件、硬件。

知识储备——计算机系统的组成

计算机系统是由硬件与软件两大部分组成的，有了它们，计算机才能正常地开机与运行。硬件是计算机系统工作的物理实体，而软件则控制硬件的运行。

1. 计算机的身躯——硬件

计算机硬件（Computer Hardware）是指构成计算机系统的物质元器件、部件、设备以及它们的工程实现（包括设计、制造和检测等技术）。也就是说，凡是看得到、摸得着的计算机设备都是硬件部分。例如计算机主机（CPU、内存、网卡、声卡等）及接口设备（键盘、鼠标、显示器、打印机等），它们是组成计算机系统的主要组件。

硬件是计算机的“躯体”，是计算机的物理体现，其发展对计算机的更新换代产生了巨大影响。下面先来看已经组装好的计算机，如图 1-1 所示。

为了更深入地了解计算机硬件，我们一起先了解计算机的硬件组成。

（1）主板

主板又叫主机板（MainBoard）、系统板（SystemBoard）和母板（MotherBoard），它安装在机箱内，是计算机最基本的也是最重要的部件之一。主板一般为矩形电路板，上面安装了组成计算机的主要电路系统，一般有 BIOS 芯片、I/O 控制芯片、键盘和面板控制开关接口、指示灯插接件、扩充插槽、主板及插卡的直流电源供电接插件等组件。

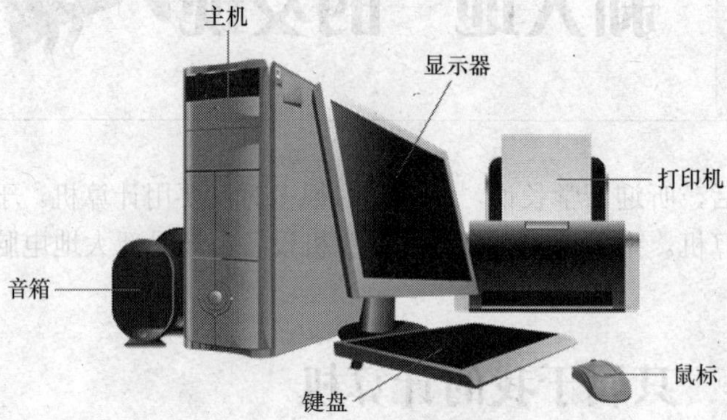

图 1-1　组装好的计算机

主板详解图如图 1-2 所示。

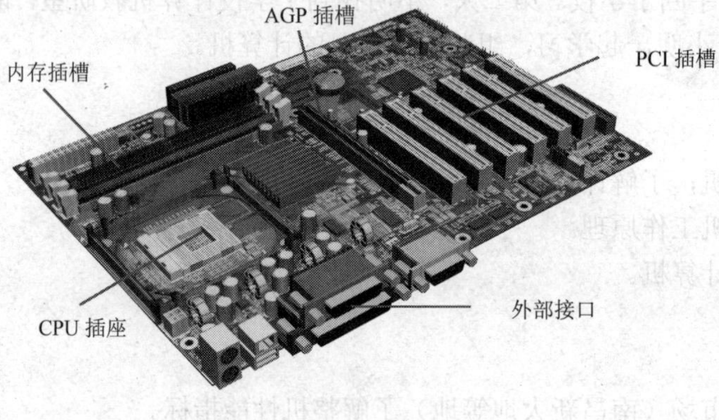

图 1-2　主板详解图

简单来说，主板就是一个承载 CPU、显卡、内存、硬盘等全部设备的平台，并负责数据的传输、电源的供应等。为保护主板，一般将它放在机箱中，所处位置如图 1-3 所示。

图 1-3　主板在计算机中所处位置

机箱作为计算机配件中的一部分，它起的主要作用是放置和固定各计算机配件，起到一个承托和保护的作用。此外，计算机机箱具有屏蔽电磁辐射的重要作用，由于机箱不像 CPU、显卡、主板等配件能迅速提高整机性能，所以在 DIY 中一直不被重视。但是机箱也并不是毫无作用的，一些用户买了劣质机箱后，也有因为主板和机箱形成回路，导致短路，使系统变得很不稳定的情况。

（2）主板上所承载的对象

CPU 插座——CPU：CPU 是中央处理器（Central Processing Unit）的英文缩写，主要由控制器和运算器组成。虽然 CPU 只有火柴盒那么大，几十张纸那么厚，但它却是一台计算机的运算核心和控制核心，可以说是计算机的心脏。CPU 被集成在一片超大规模的集成电路芯片上，插在主板的 CPU 插槽中。图 1-4 所示为 CPU 的正面，图 1-5 所示为 CPU 的反面。

图 1-4　CPU 正面图

图 1-5　CPU 反面

中央处理器 CPU 包括运算逻辑部件、寄存器部件和控制部件。

运算逻辑部件可以执行定点或浮点的算术运算操作、移位操作以及逻辑操作，也可执行地址的运算和转换。

寄存器部件包括通用寄存器、专用寄存器和控制寄存器。

控制部件主要负责对指令译码，并且发出为完成每条指令所要执行的各个操作的控制信号。

由于集成化程度和制造工艺的不断提高，越来越多的功能被集成到 CPU 中去，使 CPU 管脚数量不断增加，因此插座尺寸也越来越大。

现在流行的双核和多核 CPU 技术指的是在 CPU 内部封装两个或两个以上处理器内核，如图 1-6 所示。双核和多核 CPU 是今后 CPU 的发展方向。

内存插槽——内存条：内存条是连接 CPU 和其他设备的通道，起到缓冲和数据交换作用，是计算机工作的基础，位于主板上。在现代计算机的主板上，都安装有若干个内存插槽，只要插入相应的内存条（见图 1-7），就可方便地构成所需容量的内存储器。

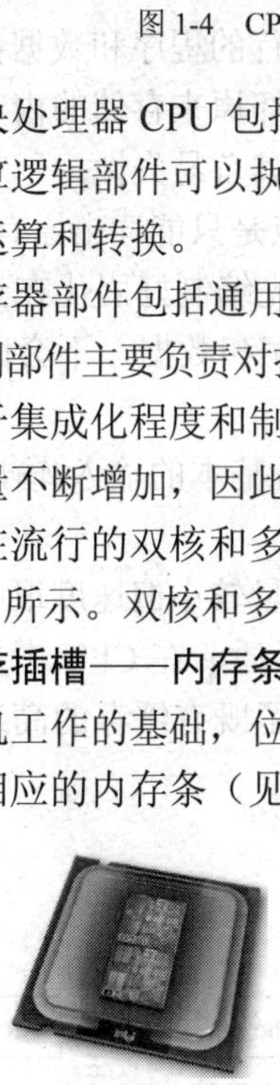

图 1-6　双核 CPU

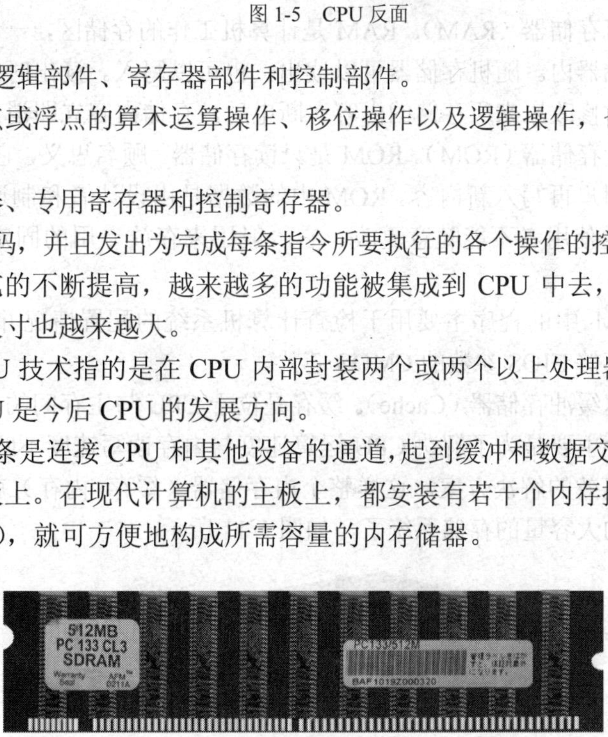

图 1-7　内存条

PCI 插槽——显卡、声卡、网卡：显卡（Video Card，又称显示适配器）主要用于主机与显示器数据格式的转换，是体现计算机显示效果的必备设备，它不仅把显示器与主机连接起来，而且还起到处理图形数据、加速图形显示等作用，如图 1-8 所示。

声卡（Sound Card）是多媒体技术中最基本的组成部分，是实现声波/数字信号相互转换的一种硬件。声卡的基本功能是把来自话筒、磁带、光盘的原始声音信号加以转换，输出到耳机、扬声器、扩音机、录音机等声响设备，或通过音乐设备数字接口（MIDI）使乐器发出美妙的声音，如图 1-9 所示。

网络接口卡（Network Interface Card，NIC），简称网卡，又称网络适配器（Network Interface Adapter，NIA）。用于实现联网计算机和网络电缆之间的物理连接，为计算机之间相互通信提供一条物理通道，并通过这条通道进行高速数据传输，如图 1-10 所示。

（3）存储器

内存储器：计算机的内存储器从使用功能上分为随机存储器（Random Access Memory，

RAM，又称读写存储器）、只读存储器（Read Only Memory，ROM）和高速缓冲存储器（Cache）3 种。

图 1-8　显卡

图 1-9　声卡

随机存储器（RAM）。RAM 是计算机工作的存储区，一切要执行的程序和数据都要先装入该存储器内。随机存储器可以读出，也可以写入。读出时并不损坏原来存储的内容，只有写入时才修改原来所存储的内容。断电后，存储内容立即消失，即具有易失性。

只读存储器（ROM）。ROM 是只读存储器。顾名思义，它的特点是只能读出原有的内容，不能由用户再写入新内容。ROM 中的数据是由设计者和制造商事先编制好固化在里面的一些程序，使用者不能随意更改。它一般用来存放专用的固定的程序和数据，不会因断电而丢失。

ROM 中的程序主要用于检查计算机系统的配置情况并提供最基本的输入/输出控制程序，如存储 BIOS 参数的 CMOS 芯片。

高速缓冲存储器（Cache）。缓存是位于 CPU 与主存间的一种容量较小但速度很高的存储器。缓存主要是为了解决 CPU 运算速度与内存读写速度不匹配的矛盾。在 CPU 中加入缓存是一种高效的解决方案，这样整个内存储器（缓存+内存）就变成了既有缓存的高速度，又有内存的大容量的存储系统了，如图 1-11 所示。

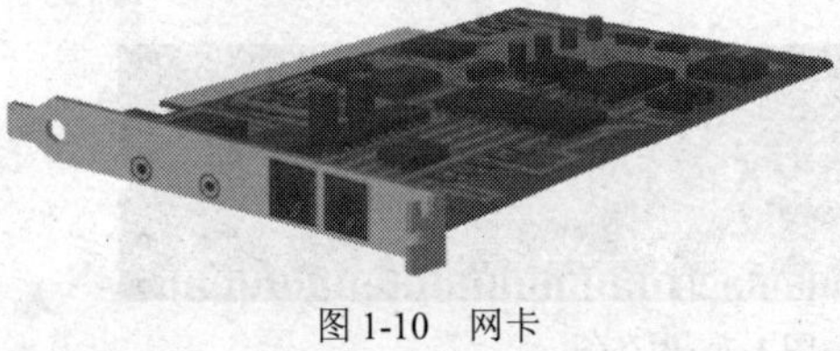

图 1-10　网卡

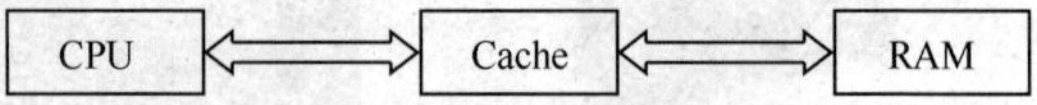

图 1-11　Cache 作用示意图

外存储器：外存储器属于外部设备的范畴，它们的共同特点是容量大，速度慢，具有永久性存储功能。常用的外存储器有磁盘存储器（硬盘）、光盘存储器、可移动存储器等。

硬盘。硬盘属于计算机硬件中的存储设备，是由若干片硬盘片组成的盘片组，一般被固定在机箱内，如图 1-12 所示。硬盘是一种主要的计算机存储媒介，由一个或者多个铝制或玻璃制的盘片组成。这些盘片外覆盖有铁磁性材料。其特点是存储容量大，工作速度较快。

绝大多数硬盘都是固定硬盘，被永久性地密封固定在硬盘驱动器中。不过，现在可移动硬盘越来越普及，种类也越来越多。硬盘虽然是密闭在主机箱内，但是使用不当时也可能使硬盘受到严重的损坏，尤其是当计算机正在存取硬盘时，千万不能移动计算机或是将电源关掉，否则磁道十分容易受损。

光盘：它是一种利用激光将信息写入和读出的高密度存储媒体，如图 1-13 所示。能独立地在光盘上进行信息读出或读、写的装置，称为光盘存储器或光盘驱动器。光盘的特点是存储密度高，容量大，成本低廉，便于携带，保存时间长。衡量光盘驱动器传输数据速率的指标为倍速，1 倍速率=150bit/s。

常见光盘的类型有：只读型光盘 CD-ROM、一次性可写入光盘 CD-R（需要光盘刻录机完成数据的写入）、可重复刻录的光盘 CD-RW。

可移动存储器：目前，比较常见的可移动存储器有 U 盘和移动硬盘两种。

U 盘（Flash Disk，又称优盘）采用的存储介质为闪存芯片（Flash Memory），将驱动器及存储介质合二为一。使用时不需要额外的驱动器，只要接至计算机上的 USB 接口就可独立地存储读写数据，可擦写 100 万次以上。U 盘体积很小，仅大拇指般大小，重量极轻，特别适合随身携带。如图 1-14 所示。

图 1-12　硬盘

图 1-13　光盘

图 1-14　U 盘

U 盘使用非常简单。如果操作系统是 Windows 2000/XP/2003 或更高版本，U 盘直接插在机箱的 USB 接口上，系统便会自动识别。在“我的电脑”窗口中，会多一个叫“可移动磁盘”的图标，同时在屏幕的右下角也有一个“USB 设备”的小图标。

U 盘使用完毕，关闭一切窗口后，在拔下 U 盘前，要右键单击屏幕右下角的 USB 设备图标，再单击“安全删除硬件”，最后单击“停止”按钮，当屏幕右下角出现“你现在可以安全地移除驱动器了”这句提示后，才能将 U 盘从机箱上拔下。

虽然 U 盘具有性能高、体积小等优点，但对需要较大数据量存储的情况，其容量就不能满足要求了，这时可以使用移动硬盘（见图 1-15）。

移动硬盘由计算机硬盘改装而成，采用 USB 接口，可移动硬盘的使用方法与 U 盘类似。

（4）输入设备

输入设备是将系统文件、用户程序及文档、运行程序所需的数据等信息输入计算机的存储设备中以备使用的设备。常用的输入设备有键盘、鼠标、扫描仪、话筒等。

键盘：键盘（Keyboard）是计算机最常用也是最主要的输入设备，通过键盘，可以将英文字母、数字、标点符号等输入计算机，从而向计算机发出命令、输入数据等，如图 1-16 所示。

图 1-15　移动硬盘

图 1-16　键盘

键盘由一组按阵列方式装配在一起的按键开关组成，每按下一个键就相当于接通了相应的开关电路，把该键的代码通过接口电路送入计算机。

随着键盘的发展，出现了符合人体工程学的键盘。此外，USB 接口的键盘、无线键盘、多媒体键盘也极大地满足了人们多方面的需要。

鼠标、操纵杆：鼠标。鼠标的英文原名是“Mouse”，这是一个很难翻译的单词，很多人对于这个词有不同的理解，比如“鼠标”“电子鼠”等。

鼠标（见图 1-17）是用于图形界面的操作系统和应用系统的快速输入设备，其主要功能用于移动显示器上的光标并通过菜单或按钮向主机发出各种操作命令，但不能输入字符和数据。随着“所见即所得”的环境越来越普及，使用鼠标的场合越来越多。

鼠标的类型、型号很多，根据结构可分为机电式和光电式两类；根据按钮的数目不同可分为两键鼠标、三键鼠标和多键鼠标（目前普遍使用的是滚轮式鼠标，在原有鼠标的两个按键中加了一个滚轮以方便浏览网页）；根据接口可以分为 COM、PS/2、USB 3 类；根据连接方式，可以分为有线和无线两类。

操纵杆。操纵杆将纯粹的物理动作（手部的运动）完完全全地转换成数学形式（一连串 0 和 1 所组成的计算机语言）。优秀的操纵杆可以完美地实现这种转换，当用户真正投入游戏中时，会觉得自己完全置身于虚拟世界中，如图 1-18 所示。

扫描仪：扫描仪（Scanner，见图 1-19）是一种高精度的光电一体化的高科技产品，它是将各种形式的图像信息输入计算机的重要工具，是继键盘和鼠标之后的第三代计算机输入设备。它是功能极强的一种输入设备。

图 1-17 鼠标

图 1-18 操纵杆

图 1-19 扫描仪

人们通常将扫描仪用于计算机图像的输入，而图像这种信息形式是一种信息量最大的形式。从最直接的图片、照片、胶片到各类图纸图形以及各类文稿都可以用扫描仪输入计算机，进而实现对这些图像形式的信息的处理、管理、使用、存储、输出等。

（5）输出设备

输出设备用于输出计算机处理过的结果、用户文档、程序及数据等信息。常用的输出设备有显示器、打印机、绘图仪等。

显示器：显示器是计算机的主要输出设备，用来将系统信息、计算机处理结果、用户程序及文档等信息显示在屏幕上，是人机对话的一个重要工具。

显示器按结构分为两大类：CRT 显示器（见图 1-20）和 LCD 显示器（见图 1-21）。CRT 显示器是一种使用阴极射线管的显示器，其工作原理基本上和一般电视机相同，只是数据接收和控制方式不同。LCD 显示器又称液晶显示器，具有体积小、重量轻、只需要低压直流电源便可工作等特点。

显示器的主要指标有显示器的屏幕大小、显示分辨率等。屏幕越大，显示的信息越多；显示分辨率越高，显示的图像就越清晰。

提示：显示器与主机相连必须配置适当的显示适配器，即显卡。

图 1-20 CRT 显示器

图 1-21 LCD 显示器

打印机：打印机（Printer，见图 1-22）也是计算机系统中的标准输出设备之一，与显示器最大的区别是其将信息输出在纸上而非显示屏上。打印机并非是计算机中不可缺少的一部分，它是仅次于显示器的输出设备。用户经常需要用打印机将在计算机中创建的文稿、数据信息打印出来。

衡量打印机好坏的指标有 3 项：打印分辨率、打印速度和噪声。

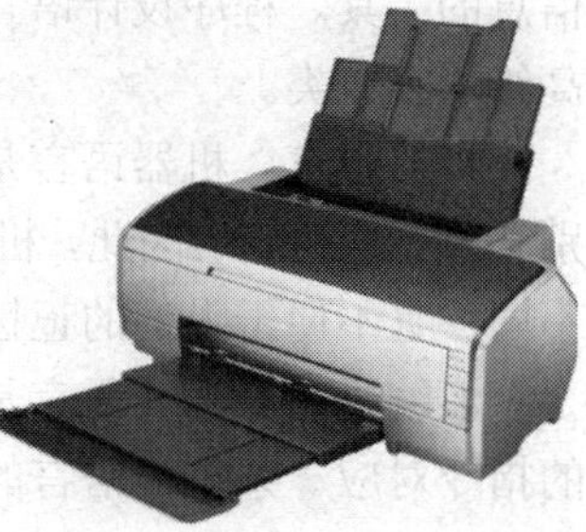
图 1-22 打印机

提示：将打印机与计算机连接后，必须安装相应的打印机驱动程序才可以使用打印机。

2. 计算机的灵魂——软件

一个完整的计算机系统是硬件和软件的有机结合。如果将硬件比作计算机系统的躯体，那么软件就是计算机系统的灵魂。

（1）软件的概念

计算机软件（Computer Software，也称软件）是指能指挥计算机工作的程序与程序运行时所需要的数据，以及与这些程序和数据有关的文字说明和图表资料，其中文字说明和图表资料又称文档。软件是用户与硬件之间的接口界面，用户主要是通过软件与计算机进行交流。

程序是计算任务的处理对象和处理规则的描述；文档是为了便于了解程序所需的阐明性资料。程序必须装入机器内部才能工作，文档一般是给人看的，不一定装入机器。

（2）硬件与软件的关系

硬件和软件是一个完整的计算机系统中互相依存的两大部分，硬件是软件赖以工作的物质基础，同时，软件的正常工作是硬件发挥作用的唯一途径。计算机系统必须要配备完善的软件系统才能正常工作，且充分发挥其硬件的各种功能。

随着计算机技术的发展，在许多情况下，计算机的某些功能既可以由硬件实现，也可以由软件来实现。因此，硬件与软件在一定意义上说没有绝对严格的界线。计算机软件随硬件技术的迅速发展而发展，软件的不断发展与完善，又促进了硬件的新发展。

（3）软件的分类

软件内容丰富、种类繁多，通常根据软件的用途可将其分为系统软件和应用软件两类，这些软件都是用程序设计语言编写的程序。系统软件是软件系统的核心，应用软件以系统软件为基础。

系统软件。系统软件是指控制计算机的运行，管理计算机的各种资源，为计算机的使用提供支持和帮助的软件，可分为操作系统、程序设计语言、语言处理程序、数据库管理系统等，其中操作系统是最基本的软件。

操作系统（Operating System，OS）。OS 是管理计算机硬件与软件资源的程序，同时也是计算机系统的内核与基石。它的职责包括对硬件的直接监管、对各种计算资源（如内存、处理器时间等）的管理以及提供诸如作业管理之类的面向应用程序的服务等。

操作系统是对计算机硬件的第一级扩充，是对硬件的接口、对其他软件的接口、对用户的接口以及对网络的接口。

目前常用的操作系统有 Windows 8、Windows 7、Windows Vista、Windows XP、Windows 2000、Linux、UNIX 等。

程序设计语言。程序设计语言就是用户用来编写程序的语言，它是人与计算机之间交换信息的工具。程序设计语言是软件系统的重要组成部分。一般可分为机器语言、汇编语言和高级语言 3 类。

机器语言。机器语言是一种用二进制代码“0”和“1”形式表示的，能被计算机直接识别和执行的语言。因此，机器语言的执行速度快，但它的二进制代码会随 CPU 型号的不同而不同，且不便于人们的记忆、阅读和书写，所以通常不用机器语言编写程序。

汇编语言。汇编语言是一种使用助记符表示的面向机器的程序设计语言。每条汇编语言的指令对应一条机器语言的代码，不同型号的计算机系统一般有不同的汇编语言。

由于计算机硬件只能识别机器指令，用助记符表示的汇编指令是不能执行的。所以要执行汇编语言编写的程序，必须先用一个程序将汇编语言翻译成机器语言程序，用于翻译的程序称为汇编程序。用汇编语言编写的程序称为源程序，翻译后得到的机器语言程序称为目标程序。

高级语言。机器语言和汇编语言都是面向机器的语言，一般称为低级语言。由于它们对机器的依赖性大，程序的通用性差，要求程序员必须了解计算机硬件的细节，因此它们只适合计算机专业人员。

为了解决上述问题，满足广大非专业人员的编程需求，高级语言应运而生。高级语言是一种比较接近自然语言（英语）和数学表达式的一种计算机程序设计语言，其与具体的计算机硬件无关，易于人们接受和掌握。常用的高级语言有 C 语言、VC、VB、Java 等。其中，Java 是目前使用最为广泛的网络编程语言之一，它具有简单、面向对象、稳定、与平台无关、多线程、动态等特点。

但是，任何高级语言编写的程序都要翻译成机器语言程序后才能被计算机执行，与低级语言相比，用高级语言编写的程序的执行时间和效率要差一些。

语言处理程序：由于计算机只认识机器语言，所以使用其他语言编写的程序都必须先经过语言处理（也称翻译）程序的翻译，才能使计算机接受并执行。不同的语言有不同的翻译程序。

汇编语言的翻译。用汇编语言编写的程序称为汇编语言源程序。必须用相应的翻译程序（称为汇编程序）将汇编语言源程序翻译成机器能够执行的机器语言程序（称为目标程序），这个翻译过程叫作汇编。图 1-23 所示为具体的汇编运行过程。

高级语言的翻译。用高级语言编写的程序称为高级语言源程序，高级语言源程序也必须先翻译成机器语言目标程序后计算机才能识别和执行。高级语言翻译执行方式有编译方式和解释方式两种。

编译方式是用相应语言的编译程序将源程序翻译成目标程序，再用连接程序将目标程序与函数库连接，最终成为可执行程序即在计算机上运行，其编译运行过程如图 1-24 所示。

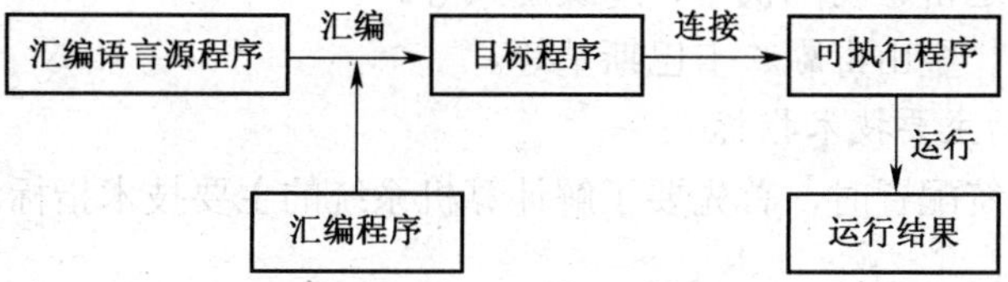

图 1-23　源程序的汇编运行过程

解释方式是通过相应的解释程序将源程序逐句翻译成机器指令，并且是每翻译一句就执行一句。解释程序不产生目标程序，执行过程中如果不出现错误，就一直进行到完毕，否则将在错误处停止执行。其解释执行过程如图 1-25 所示。

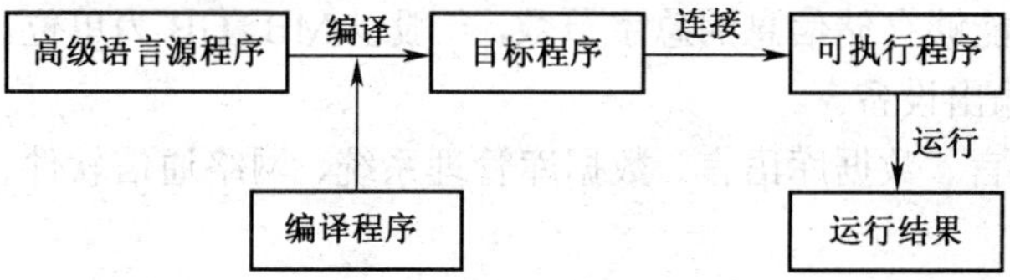

图 1-24　源程序的编译运行过程

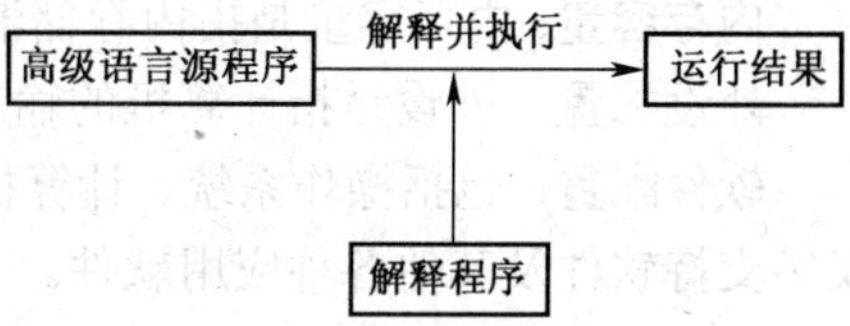

图 1-25　源程序的解释执行过程

提示：同一个程序，如果是解释执行的，那么它的运行速度通常比编译为可执行的机器代码的运行速度慢一些。因此，目前大部分高级语言均采用编译方式。

数据库管理系统：数据处理是计算机应用的重要方面，为了有效地利用、保存和管理大量数据，在 20 世纪 60 年代末人们开发出了数据库系统（Data Base System，DBS）。

一个完整的数据库系统是由数据库（DB）、数据库管理系统（Data Base Management System，DBMS）和用户应用程序 3 部分组成的。其中数据库管理系统按照其管理数据库的组织方式分为 3 大类：关系型数据库、网络型数据库和层次型数据库。

目前，常用的数据库系统有 Access、SQL Server、MySQL、Orcale 等。

应用软件：计算机之所以能迅速普及，除了因为其硬件性能不断提高、价格不断降低之外，大量实用的应用软件的出现满足了各类用户的需求也是重要原因之一。

除了系统软件以外的所有软件都称为应用软件，是由计算机生产厂家或软件公司为支持某一应用领域、解决某个实际问题而专门研制的应用程序。例如，Office 组件、计算机辅助设计软件、各种图形处理软件、解压缩软件、反病毒软件等。

用户通过这些应用程序完成自己的任务。例如，利用 Office 组件创建文档、利用反病毒软件清理计算机病毒、利用解压缩软件解压缩文件、利用 Outlook 收发电子邮件、利用图形处理软件绘制图形等。

常见的应用软件如下。

文字处理软件：Office、WPS 等。

辅助设计软件：AutoCAD、Photoshop、Fireworks 等。

媒体播放软件：暴风影音、Windows Media Player、RealPlayer 等。

图形图像软件：CorelDraw、Painter、3DS MAX、MAYA 等。

网络聊天软件：QQ、MSN 等。

音乐播放软件：酷我音乐、酷狗音乐等。

下载管理软件：迅雷、网际快车、超级旋风等。

杀毒软件：瑞星、金山毒霸、卡巴斯基等。

3. 计算机系统的主要技术指标

对计算机进行系统配置时，首先要了解计算机系统的主要技术指标。衡量计算机性能的指标主要有以下几个。

字长：字长是 CPU 能够直接处理的二进制数据位数，它直接关系到计算机的计算精度、功能和速度。字长越长，处理能力就越强，精度就越高，速度也就越快。

运算速度：运算速度是指计算机每秒中所能执行的指令条数，一般用 MIPS（Million Instructions Per Second，每秒百万条指令）为单位。

主频：主频是指计算机的时钟频率，单位用兆赫兹（MHz）或吉赫兹（GHz）表示。

内存容量：内存容量是指内存储器中能够存储信息的总字节数，一般以 MB、GB 为单位。

外设配置：外设是指计算机的输入/输出设备。

软件配置：包括操作系统、计算机语言、数据库语言、数据库管理系统、网络通信软件、汉字支持软件及其他各种应用软件。

实践拓展

在老师的帮助和参谋下，小明买回了一台心仪的计算机。从“新大地”搬回这些大家伙后，小明迫不及待地要试试他的计算机了。当然，要先接好所有的线。

和小明一起到配套的实训指导中学习各种线的连接吧。

情境二 计算机名片

作为学校与微软公司实施校企合作订单班的学生，开学初学校组织大家到校企合作实训基地参观学习。通过企业技术人员的讲解介绍和参观后，小明切实感受到了现代信息技术浪潮下计算机领域的威力，同时也产生了些许困惑：最早的计算机是怎么样的呢？为什么计算机能“听懂”我们的话？……

学习目标

① 了解计算机发展史。

② 了解计算机的原理和应用。

③ 掌握计算机数制的转换。

课前准备

① 到图书馆查阅并了解计算机的发展。

② 了解计算机的简单应用。

知识储备——计算机数据与编码

1. 计算机的发展史及分类

计算机（Computer），原是指从事数据计算的人，而他们往往都需要借助某些机械计算设备或模拟计算机。即使在今天，我们也还能在许多地方看到这些早期计算设备的祖先之一——算盘的身影。有一种看法认为算盘是最早的数字计算机，而珠算口诀则是最早的体系化的算法。

（1）计算机的发展史

在了解计算机的发展史之前，有必要先弄清楚什么是计算机。

计算机是一种能按照事先存储的程序，自动、快速、高效地对各种信息进行存储和处理的现代化智能电子设备。

计算机是一种现代化的信息处理工具，它对信息进行处理并提供所需结果，其结果（输出）取决于所接收的信息（输入）及相应的程序。计算机概念图解如图 1-26 所示。

下面，让我们把时钟拨回到 370 多年前，从计算机诞生的源头开始谈起，从一个历史旁观者的角度去观察计算机的发展历程。

源头：机械式计算机（1642～1945 年）

1642 年——齿轮式加减法器。1642 年，法国数学家帕斯卡（B.Pascal）采用与钟表类似的齿轮传动装置，研制出了世界上第一台十进制加减法器（见图 1-27），这是人类历史上的第一台机械式计算机。此后，科学家们在这个领域里继续研究能够完成各种计算的机器，想方设法扩充和完善这些机械装置的功能。

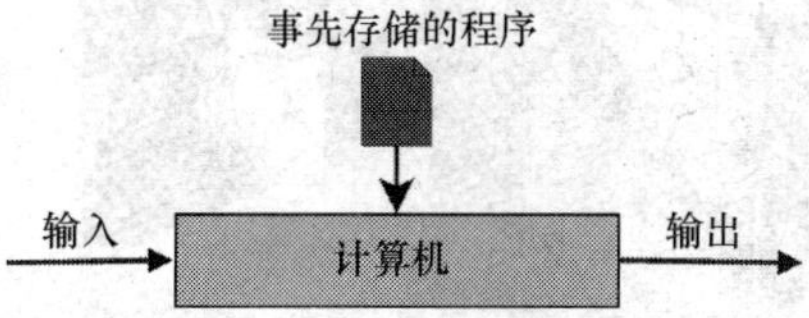

图 1-26　计算机概念图解

图 1-27　齿轮式加减法器

1821 年——差分机。1821 年，英国数学家巴贝奇（C.Babbage）构想和设计了第一台完全可编程计算机——差分机，这是第一台可自动进行数学变换的机器。但由于技术条件、经费限制以及巴贝奇无法忍耐对设计不停的修补，这台计算机最终没有问世。

1884 年——制表机。1884 年，美国人口普查局的统计学家霍列瑞斯（H.Hollerith）受到提花织机的启发，想到用穿孔卡片来表示数据，制造出了制表机（见图 1-28），并获得了专利。制表机的发明是机械计算机向电气技术转化的一个里程碑，标志着计算机作为一个产业开始初具雏形。

20 世纪初，电子技术飞速发展，其代表产物有真空二极管和真空三极管，这些都促成了真正的电子计算机的产生。根据组成电子计算机的基本逻辑组件的不同，我们可以把电子计算机的发展分为四个阶段，每一阶段在技术上都是一次新的突破，在性能上都是一次质的飞跃，四个阶段的特点具体如下。

第一代：电子管计算机（1946 年至 20 世纪 50 年代后期）

图 1-29 中左侧的是世界上第一只电子管，也就是人们常说的真空二极管。直到真空三极管（见图 1-29）发明后，电子管才成为实用的器件。后来，人们又发现，真空三极管除了可以处于放大状态外，还可充当开关器件，其速度要比继电器快成千上万倍。于是，电子管很快受到计算机研制者的青睐，计算机的历史也由此跨进电子的纪元。

第一代计算机采用电子真空管及继电器作为逻辑组件构成处理器和存储器，并用绝缘导线将它们连接在一起。电子管计算机相比之前的机电式计算机来讲，无论是运算能力、运算速度还是体积等都有了很大的进步。

图 1-28　制表机

图 1-29　真空晶体管

埃尼阿克 ENIAC（Electronic Numerical Integrator and Computer，电子数值积分计算器），是历史上第一台真正意义上的计算机，如图 1-30 所示。1946 年 2 月 5 日，出于美国军方对弹道研究的计算需要，世界上第一台电子计算机埃尼阿克（ENIAC）问世。这个重达 30 吨、由 18800 个电子管组成的庞然大物就是所有现代计算机的鼻祖。第一台电子计算机诞生的目的是为军事提供服务，但它也和其他军工产品一样，随着技术的成熟逐渐走向民用。

图 1-30　第一台电子计算机 ENIAC

ENIAC 的诞生，宣告了人类从此进入电子计算机时代。从那一天到现在的半个多世纪里，伴随着电子器件的发展，计算机技术有了突飞猛进的发展，造就了如 IBM、SUN、Microsoft 等若干大型计算机软硬件公司，人类开始步入以电子科技为主导的新纪元。

第二代：晶体管计算机（20 世纪 50 年代后期至 20 世纪 60 年代中期）

晶体管的发明，标志着人类科技史进入了一个新的电子时代。图 1-31 所示为第一只晶体管。与电子管相比，晶体管具有体积小、重量轻、寿命长、发热少、功耗低、速度快等优点。晶体管的发明及其实用性的研究为半导体和微电子产业的发展指明了方向，同时也为计算机的小型化和高速化奠定了基础。采用晶体管组件代替电子管成为第二代计算机的标志。

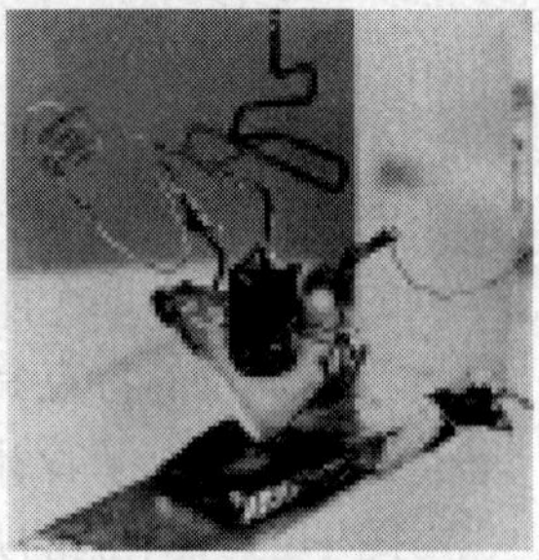

图 1-31　第一只晶体管

1955 年，贝尔实验室研制出世界上第一台全晶体管计算机 TRADIC（见图 1-32），装有 800 只晶体管，仅 100W 功率，占地也只有 3 立方英尺。

第三代：中、小规模集成电路计算机（20 世纪 60 年代中期至 20 世纪 70 年代初）

1958 年，美国物理学家基尔比（J.Kilby）和诺伊斯（N.Noyce）同时发明集成电路，图 1-33 所示为第一个集成电路。集成电路的问世催生了微电子产业，采用集成电路作为逻辑组件成为第三代计算机的最重要特征，微过程控制开始普及。

第三代计算机的杰出代表有 IBM 公司的 IBM 360（见图 1-34）及 CRAY 公司的巨型计

算机 CRAY-1（见图 1-35）等。

图 1-32 TRADIC 计算机

图 1-33 第一个集成电路

图 1-34 IBM 360

图 1-35 CRAY-1

1964 年，英特尔（Intel）创始人之一戈登·摩尔（Gordon Moore）以三页纸的短小篇幅，发表了一个奇特的理论。摩尔天才地预言：集成电路上能被集成的晶体管数目每 18～24 个月会翻一番，并在今后数十年内保持着这种势头。

摩尔的这个预言，因集成电路芯片后来的发展曲线得以证实，并在较长时期内保持着有效性，被人们称为"摩尔定律"。

第四代：大规模、超大规模集成电路计算机（20 世纪 70 年代初至今）

随着集成电路技术的迅速发展，采用大规模和超大规模集成电路及半导体存储器的第四代计算机开始进入社会的各个角落，计算机逐渐开始分化为通用大型机、巨型机、小型机和微型机。

1971，Intel 发布了世界上第一个商业微处理器 4004（其中第一个 4 表示它可以一次处理 4 位数据，第二个 4 代表它是这类芯片的第 4 种型号），如图 1-36 所示，每秒可执行 60 000 次运算。图 1-37 中，一个小于 1/4 平方英寸的集成电路就可以含有超过 100 万个电路元器件。

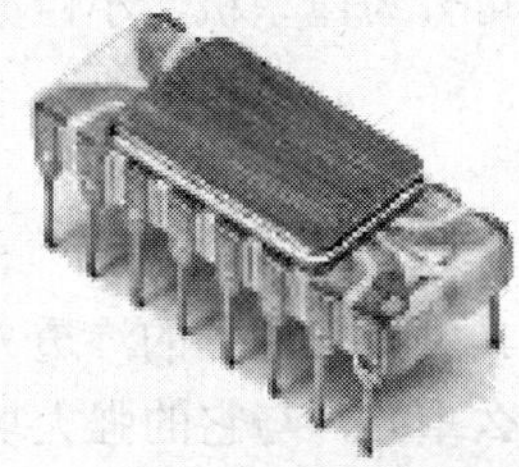
图 1-36 Intel 4004 外观

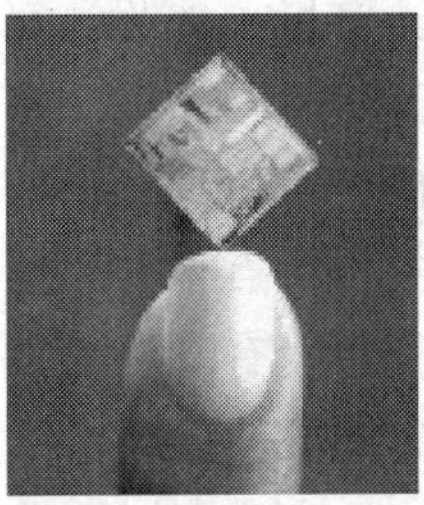
图 1-37 大规模集成电路

新一代计算机：新一代计算机过去习惯上称为第五代计算机，是对第四代计算机以后的各种未来型计算机的总称。它能够最大限度地模拟人类大脑的机制，具有人的智能，能够进行图像识别、研究学习和联想等。

随着计算机科学技术和相关学科的发展，在不远的未来，研制成功新一代计算机的目标必定会实现。

2010 年 1 月 27 日，苹果公司在美国旧金山发布 iPad 平板计算机，如图 1-38 所示。iPad 的定位介于苹果的智能手机 iPhone 和笔记本计算机产品之间，提供浏览互联网、收发电子邮件、观看电子书、播放音频或视频、玩游戏等功能。

图 1-38 iPad 平板计算机

（2）计算机的发展趋势

回顾计算机的发展历程，不难看出计算机的发展趋势：现代计算机的发展正朝着巨型化、微型化的方向发展，计算机的传输和应用正朝着网络化、智能化的方向发展。如今计算机越来越广泛地应用于我们的工作、学习、生活中，对社会和生活起到不可估量的影响。图 1-39 所示为计算机发展的趋势图。

图 1-39　计算机发展趋势

巨型化：指具有运算速度高、存储容量大、功能更完善等特点的计算机系统。

微型化：基于大规模和超大规模集成电路的飞速发展。

网络化：计算机技术的发展已经离不开网络技术的发展。

智能化：要求计算机具有人的智能，能够进行图像识别、定理证明、研究学习等。

（3）计算机的分类

计算机种类很多，可以从不同的角度对计算机进行分类。按照计算机原理分类，可分为数字式电子计算机、模拟式电子计算机和混合式电子计算机；按照计算机用途分类，可分为通用计算机和专用计算机；按照计算机性能分类，可分为巨型机、小巨型机、大型机、小型机、工作站和个人计算机 6 大类。

2. 计算机的特点及应用领域

（1）计算机的主要特点

在人类发展过程中没有一种机器像计算机这样具有如此强劲的渗透力，可以毫不夸张地说，人类现在已经离不开计算机。计算机之所以这么重要，与它的强大功能是分不开的，与以往的计算工具相比，它具有以下几个主要特点。

运算速度快：运算速度是计算机的一个重要性能指标。计算机的运算速度通常用每秒执行定点加法的次数或平均每秒钟执行指令的条数来衡量。

世界上第一台计算机的运算速度为每秒 5 000 次，目前世界上最快的计算机每秒可运算万兆次，普通 PC 每秒也可处理上百万条指令。这不仅极大地提高了工作效率，而且使时限性强的复杂处理可在限定的时间内完成。

计算精度高：计算机的运算精度随着数字运算设备的技术发展而提高，加上采用了二进制数字进行计算的先进算法，因此可以得到很高的运算精度。

在计算机诞生前 1500 多年的时间里，虽然人们不懈努力，但也仅能计算到小数点后 500 位，而使用计算机后，目前已可达到小数点后上亿位的精度。

存储容量大，记忆能力强：计算机的存储器类似于人的大脑，可以记忆大量的数据和计算机程序，随时提供信息查询、处理等服务，这使计算机具有了“记忆”功能。目前计算机的存储容量越来越大，已高达吉（千兆）数量级（10^9）的容量。计算机具有"记忆"功能，是与传统计算工具的显著区别。

具有逻辑判断能力：计算机不仅能进行算术运算，同时也能进行各种逻辑运算，具有逻辑判断能力，这是计算机的又一重要特点。布尔代数是建立计算机的逻辑基础，计算机的逻辑判断能力也是计算机智能化必备的基本条件，是计算机能实现信息处理自动化的重要原因。

计算机奠基人——冯·诺依曼（John Von Neumann），如图 1-40 所示。1903 年 12 月 28 日生于匈牙利布达佩斯的一个犹太人家庭，是著名美籍匈牙利数学家。

图 1-40　冯·诺依曼

他提出程序存储在计算机内，计算机再自动地逐步执行程序的"存储程序和过程控制"的思想。虽然计算机一直在不断地发展，但计算机原理一直延用该思想，因此我们把迄今为止的计算机称为冯·诺依曼型计算机。

冯·诺依曼型计算机的基本思想就是将程序预先存储在计算机中。在程序执行过程中，计算机根据上一步的处理结果，能运用逻辑判断能力自动决定下一步应该执行哪一条指令。这样，计算机的计算能力、逻辑判断能力和记忆能力三者结合，使计算机的能力远远超过了任何一种工具而成为人类脑力延伸的有力助手。

自动化程度高。只要预先把处理要求、处理步骤、处理对象等必备元素存储在计算机系统内，计算机启动工作后就可以在无人参与的条件下自动完成预定的全部处理任务。这是计算机区别于其他工具的本质特点。其中，向计算机提交任务主要是通过程序、数据和控制信息的形式。

计算机中可以存储大量的程序和数据。存储程序是计算机工作的一个重要原则，这是计算机能够自动处理的基础。

支持人机交互。计算机具有多种输入输出设备，配上适当的软件后，可支持用户进行方便的人机交互。以广泛使用的鼠标为例，用户手握鼠标，只需轻轻单击鼠标，计算机便可随之完成某种操作功能。

随着计算机多媒体技术的发展，人机交互设备的种类也越来越多，如手写板、扫描仪、触摸屏等。这些设备使计算机系统以更接近人类感知外部世界的方式输入或输出信息，使计算机更加人性化。

通用性强。计算机能够在各行各业得到广泛的应用，原因之一就是具有很强的通用性。计算机采用存储程序原理，程序可以是各个领域中的用户自己编写的应用程序，也可以是厂家提供的供多用户共享的程序；丰富的软件，多样的信息，使计算机具有相当大的通用性。

（2）计算机的应用领域

计算机的高速发展全面促进了计算机的应用。在当今信息社会中，计算机的应用极其广泛，已遍及经济、政治、军事及社会生活的各个领域。计算机的具体应用可以归纳为以下几个方面。

科学计算。科学计算又称为数值计算，是计算机最早的应用领域。同人工计算相比，计算机不仅速度快，而且精度高。利用计算机的高速运算和大容量存储的能力，可进行人工难以完成或根本无法完成的各种数值计算。

其中一个著名的例子是圆周率值的计算。美国一位数学家在 1873 年宣称，他花了 15 年的时间把圆周率π的值计算到小数点后 707 位。111 年之后，日本有人宣称用计算机将π值计算到 1000 万位，却只用了 24 小时。

对要求限时完成的计算，使用计算机可以赢得宝贵时间。以天气预报（见图 1-41）为例，如果用人工进行计算，预报一天的天气情况就需要计算几个星期，这就失去了时效。若改用高性能的计算机系统，取得 10 天的预报数据只需要计算几分钟，这就使中、长期天气预报成为可能。

科学计算是计算机成熟的应用领域，由大量经过“千锤百炼”的实用计算程序组成的软件包早已商品化，成为了计算机应用软件的一部分。

数据处理。数据处理又称为信息处理（见图 1-42），是目前计算机应用的主要领域。在信息社会中需要对大量的、以各种形式表示的信息资源进行处理，计算机因其具备的种种特点，自然成为处理信息的得力工具。

图 1-41 计算机的传统应用——天气预报

图 1-42 计算机的传统应用——数据处理

早在 20 世纪 50 年代，人们就开始把登记、统计账目等单调的事务工作交给计算机处理。60 年代初期，大银行、大企业和政府机关纷纷用计算机来处理账册、管理仓库或统计报表，从数据的收集、存储、整理到检索统计，应用的范围日益扩大。数据处理很快就超过了科学计算，成为最广泛的计算机应用领域。

随着数据处理应用的扩大，在硬件上刺激着大容量存储器和高速度、高质量输入/输出设备的发展，同时，也在软件上推动了数据库管理系统、表格处理软件、绘图软件以及用于分析和预测等应用的软件包的开发。

自动控制。自动控制也称为过程控制或实时控制，是指用计算机作为控制部件对生产设备或整个生产过程进行控制。其工作过程是：首先用传感器在现场采集受控制对象的数据，求出它们与设定数据的偏差；接着由计算机按控制模型进行计算；然后产生相应的控制信号，驱动伺服装置对受控对象进行控制或调整。

计算机辅助功能。计算机辅助功能是指能够部分或全部代替人完成各项工作的计算机应用系统，目前主要包括计算机辅助设计、计算机辅助制造、计算机辅助测试和计算机辅助教学。

计算机辅助设计（Computer Aided Design，CAD）。CAD 可以帮助设计人员进行工程或产品的设计工作，采用 CAD 能够提高工作的自动化程度，缩短设计周期，并达到最佳的设计效果。目前，CAD 技术广泛应用于机械、电子、航空、船舶、汽车、纺织、服装、化工、建筑等行业，已成为现代计算机应用中最活跃的领域之一。

计算机辅助制造（Computer Aided Manufacturing，CAM）。CAM 是指用计算机来管理、计划和控制加工设备的操作。采用 CAM 技术可以提高产品质量、缩短生产周期、提高生产率、降低劳动强度，并改善生产人员的工作条件。

计算机辅助设计和计算机辅助制造结合产生了 CAD/CAM 一体化生产系统，再进一步发展，则形成计算机集成制造系统（Computer Integrated Manufacturing System，CIMS），CIMS 是制造业的未来。

计算机辅助测试（Computer Aided Test，CAT）。CAT 是指利用计算机协助对学生的学习效果进行测试和学习能力估量。一般分为脱机测试和联机测试两种方法。

脱机测试是由计算机从预置的题目库中按教师规定的要求挑选出一组适当的题目，打印为试卷，给学生回答后，答案纸卡可通过"光电阅读机"送入计算机，进行评卷和评分。标准答案在计算机中早已存储，以作对照用。联机测试是从计算机的题目库中逐个地选出题目，并通过显示器和输出打印机等交互手段向学生提问，学生将自己的回答通过键盘等输入设备，送入计算机，由计算机批阅并评分。

计算机辅助教学（Computer Aided Instruction，CAI）。CAI 是指利用计算机来辅助教学工作。CAI 改变了传统的教学模式，它使用计算机作为教学工具，把教学内容编制成教学软件——课件。学习者可根据自己的需要和爱好选择不同的内容，在计算机的帮助下学习，实现教学内容的多样化和形象化。

随着计算机网络技术的不断发展，特别是全球计算机网络 Internet 的实现，计算机远程教育已成为当今计算机应用技术发展的主要方向之一，它有助于构建个人的终生教育体系，是现代教育中的一种教学模式。

人工智能。人工智能（Artificial Intelligence）简称 AI，是指用计算机来模拟人的智能，代替人的部分脑力劳动。人工智能既是计算机当前的重要应用领域，也是今后计算机发展的主要方向。几十年来，围绕 AI 的应用主要表现在以下几个方面。

机器人。机器人诞生于美国，但发展最快的是日本。机器人可分为两类，一类叫"工业机器人"，它由事先编制好的过程控制，只能完成规定的重复动作，通常用于车间的生产流水线上：另一类叫"智能机器人"，具有一定的感知和识别能力，能说话和回答一些简单问题。

定理证明。借助计算机来证明数学猜想或定理，这是一项难度极大的人工智能应用。最著名的例子是四色猜想的证明。四色猜想是图论中的一个世界级难题，它的内容是：任意一张地图只需要四种颜色来着色，就可以使地图上的相邻区域具有不同的颜色。换言之，用四种颜色就可以绘制任何地图，三种颜色不够，而五种颜色多余。这个猜想的证明不知难倒了多少数学家，虽然经过无数次的验证，但却一直无法在理论上给出证明。1976 年，美国数学家哈根和阿贝尔用计算机进行了 100 亿次逻辑判断，成功地证明了四色猜想。

专家系统。专家系统是一种能够模仿专家的知识、经验、思想，代替专家进行推理和判断，并做出决策处理的人工智能软件。著名的"关幼波肝病诊疗程序"就是根据我国著名中医关幼波的经验制成的一个医疗专家系统。

模式识别。这是 AI 最早的应用领域之一，是通过抽取被识别对象的特征，与存放在计算机内的已知对象的特征进行比较及判别，从而得出结论的一种人工智能技术。公安机关的指纹分辨、手写汉字识别、语音识别等都是模式识别的应用实例。

网络应用。网络应用是计算机技术与通信技术结合的产物，计算机网络技术的发展将处在不同地域的计算机用通信线路连接起来，配以相应的软件，达到资源共享的目的。

网络应用是当前及今后计算机应用的主要方向。目前 Internet 的用户遍布全球，计算机网络作为信息社会的重要基础设施，其影响已深入人心，上网已成为人们日常生活中不可或缺的一部分。

总之，在现代生活中，在我们的身边，计算机无处不在，其应用已渗透到社会的各个领域，改变了人们传统的工作、生活方式。并且可以预见的是，它对人类的影响会越来越大。

3. 计算机的基本工作原理

计算机之所以能高速、自动地进行各种操作，一个重要的原因就是采用了冯·诺依曼提出的存储程序和过程控制的思想。虽然计算机的制造技术从计算机出现到今天已经发生了翻天覆地的变化，但迄今为止所有进入实用的电子计算机都是按冯·诺依曼提出的结构体系和工作原理设计制造的。

（1）结构体系

计算机由5个基本部分组成：运算器、控制器、存储器、输入设备和输出设备。各基本部分的功能是：存储器能存储数据和指令；控制器能自动执行指令；运算器可以进行加、减、乘、除等基本运算；操作人员可以通过输入、输出设备与主机进行通信。

（2）工作原理

存储程序是指必须事先把计算机的执行步骤（即程序）及运行中所需的数据，通过输入设备输入并存储在计算机的存储器中。过程控制是指计算机运行时能自动地逐一取出程序中的一条条指令，加以分析并执行规定的操作。

根据存储程序和过程控制的思想，在计算机运行过程中，实际上有两种信息在流动。一种是数据流，这包括原始数据和指令，它们在程序运行前已经预先送至主存中，而且都是以二进制形式编码的。在运行程序时，数据被送往运算器参与运算，指令被送往控制器。另一种是控制信号，它是由控制器根据指令的内容发出的，指挥计算机各部件执行指令规定的各种操作或运算，并对执行流程进行控制。计算机各部分工作过程如图1-43所示。

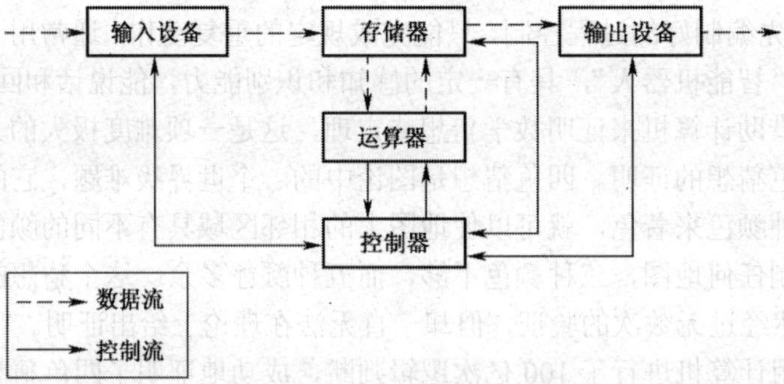

图1-43　计算机各部分工作过程

一般而言，计算机的基本工作原理可以简单概括为输入、处理、输出和存储4个步骤。我们可以利用输入设备（键盘或鼠标等）将数据或指令"输入"计算机中，然后再由中央处理器（CPU）发出命令进行数据的"处理"工作，最后，计算机会把处理的结果"输出"至屏幕、音箱或打印机等输出设备。而且，由CPU处理的结果也可送到储存设备中进行"存储"，以便日后再次使用它们。这4个步骤组成一个循环过程，输入、处理、输出和存储并不一定按照上述的顺序操作。在程序的指挥下，计算机根据需要而决定采取哪一个步骤。

4．计算机语言发展史

和人类语言发展史一样，计算机语言也经历了一个不断演化的过程，从最开始的机器语言到汇编语言到各种结构化高级语言，最后到支持面向对象技术的面向对象语言。

（1）机器语言

20世纪40年代，计算机刚刚问世的时候，程序员必须手动控制计算机，但这项工作过于复杂，很少有人能掌握。加上当时的计算机十分昂贵，主要还是用于军事方面。

随着计算机的价格大幅度下跌，为了让更多人也能控制计算机，科学家发明了机器语言，就是用一组 0 和 1 组成的代码符号替代手工拨动开关来控制计算机。

（2）汇编语言

由于机器语言枯燥难以理解，人们使用英文字母代替特定的 01 代码，形成了汇编语言，相比于 01 代码，汇编代码更容易学习。

汇编语言的实质和机器语言是相同的，都是直接对硬件操作，只不过指令采用了英文缩写的标识符，更容易识别和记忆。用汇编语言所能完成的操作不是一般高级语言所能实现的，而且源程序经汇编生成的可执行文件不仅比较小，执行速度也很快。

（3）高级语言

虽然汇编语言有无法比拟的优点，但它的逻辑不符合人们的思维习惯，为了让编程更容易，人们发明了高级语言，用英语单词和符合人们思维习惯的逻辑来进行编程。

高级语言主要是相对于汇编语言而言的，它并不是特指某一种具体的语言，而是包括了很多编程语言，如常用的 C++、Java、C#、VB、Pascal 等，这些语言的语法、命令格式都各不相同。

高级语言所编制的程序不能直接被计算机识别，必须经过转换才能被执行，按转换方式可将它们分为两类：解释类和编译类。

随着计算机程序的复杂度越来越高，新的集成、可视的开发环境越来越流行。它们减少了所付出的时间、精力和金钱。只要轻敲几个键，一整段代码就可以使用了。

（4）计算机语言的发展趋势

面向对象程序设计以及数据抽象在现代程序设计思想中占有很重要的地位，未来语言的发展将不再是一种单纯的语言标准，将会完全面向对象，更易表达现实世界，更易为人编写。

计算机语言的未来可以描述为：只需要告诉程序你要干什么，程序就能自动生成算法，自动进行处理，这就是非过程化的程序语言。

5. 计算机中数据的表示

（1）数制的基本概念

按进位的原则进行计数称为进位计数制，简称"数制"，其特点有两个。

逢 N 进 1。N 是指数制中所需要的数字字符的总个数，称为基数。例如，人们日常生活中常用 0、1、2、3、4、5、6、7、8、9 十个不同的符号来表示十进制数值，即数字字符的总个数有 10 个，基数为 10，表示逢十进一。二进制数，逢二进一，它由 0、1 两个数字符号组成，基数为 2。

采用位权表示法。处在不同位置上的数字所代表的值不同，一个数字在某个固定位置上所代表的值是确定的，这个固定位置上的值称为位权，简称权。

位权与基数的关系是：各进制中位权的值是基数的若干次幂，任何一种数制表示的数都可以写成按位权展开的多项式之和。

例如，我们习惯使用的十进制数。每一个数字处于十进制数中不同的位置时，它所代表的实际数值是不一样的，这就是经常所说的个位、十位、百位、千位……的意思。

【例 1.1】 2009.7 可表示成：

$$2\times1000+0\times100+0\times10+9\times1+7\times0.1$$
$$=2\times10^3+0\times10^2+0\times10^1+9\times10^0+7\times10^{-1}$$

提示：位权的值是基数的若干次幂，其排列方式是以小数点为界，整数自右向左 0 次幂、1 次幂、2 次幂，小数自左向右负 1 次幂、负 2 次幂、负 3 次幂，依次类推。

（2）计算机中采用的数制

所有信息在计算机中都是使用二进制的形式来表示的，这是由计算机所使用的逻辑器件决定的。这种逻辑器件是具有两种状态的电路（触发器），其好处是运算简单，实现方便，成本低。二进制数只有0和1两个基本数字，它很容易在电路中利用器件的电平高低来表示。

计算机采用二进制数进行运算，可通过进制的转换将二进制数转换成人们熟悉的十进制数，在常用的转换中为了计算方便，还会用到八进制和十六进制的计数方法。

一般我们用“()下标”的形式来表示不同进制的数。例如：十进制用$()_{10}$表示，二进制数用$()_2$表示。也有在数字的后面，用特定字母表示该数的进制。不同字母代表不同的进制，具体如下：

B—二进制　D—十进制（D可省略）O—八进制　H—十六进制

十进制数。日常生活中人们普遍采用十进制，十进制的特点如下：有10个数码——0，1，2，3，4，5，6，7，8，9；以10为基数的计数体制——“逢十进一、借一当十”。利用0到9这10个数字来表示数据。

例如：$(169.6)_{10}=1\times10^2+6\times10^1+9\times10^0+6\times10^{-1}$。

二进制数。计算机内部采用二进制数进行运算、存储和控制。二进制的特点如下：只有两个不同的数字符号，即0和1；以2为基数的计数体制——“逢二进一、借一当二”。只利用0和1这两个数字来表示数据。

例如：$(1010.1)_2=1\times2^3+0\times2^2+1\times2^1+0\times2^0+1\times2^{-1}$。

八进制数。八进制数的特点如下：有8个数码——0，1，2，3，4，5，6，7；以8为基数的计数体制。“逢八进一、借一当八”。只利用0到7这8个数字来表示数据。

例如：$(133.3)_8=1\times8^2+3\times8^1+3\times8^0+3\times8^{-1}$。

十六进制数。十六进制数的特点如下：有16个数码——0，1，2，3，4，5，6，7，8，9，A，B，C，D，E，F；以16为基数的计数体制。“逢十六进一、借一当十六”，除利用0到9这10个数字之外还要用A、B、C、D、E、F代表10、11、12、13、14、15来表示数据。

例如：$(2A3.F)_{16}=2\times16^2+10\times16^1+3\times16^0+15\times16^{-1}$。

计算机中采用二进制数，二进制数书写时位数较长，容易出错，所以常用八进制、十六进制来书写。表1-1所示为常用整数各数制间的对应关系。

表1-1　常用整数各数制间的对应关系

十进制	二进制	八进制	十六进制	十进制	二进制	八进制	十六进制
0	0000	0	0	8	1000	10	8
1	0001	1	1	9	1001	11	9
2	0010	2	2	10	1010	12	A
3	0011	3	3	11	1011	13	B
4	0100	4	4	12	1100	14	C
5	0101	5	5	13	1101	15	D
6	0110	6	6	14	1110	16	E
7	0111	7	7	15	1111	17	F

（3）常用进制数之间的转换

十进制数转换成二进制数。将十进制整数转换成二进制整数时，只要将它一次一次地被

2 除，得到的余数由下而上排列就是二进制表示的数。

【例 1.2】 将十进制整数$(109)_{10}$转换成二进制整数的方法如下：

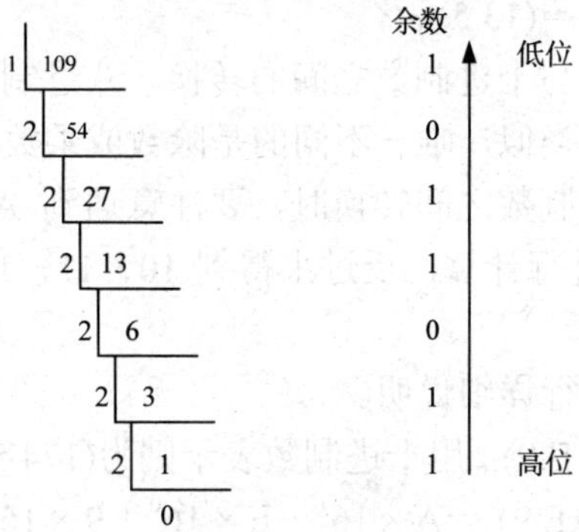

余数由下而上排列得到：1101101，于是，$(109)_{10}=(1101101)_2$。

如转换的十进制有小数部分，则将十进制小数部分乘基数取整数，直到小数部分的当前值为 0，或者满足精度要求为止，将每次取得的整数由上而下排列就是二进制小数部分。

【例 1.3】 将十进制$(109.6875)_{10}$转换成二进制。

首先对整数部分进行转换。整数部分$(109)_{10}$转换成二进制的方法与例 1.2 一样，得到$(1101101)_2$。

然后对小数部分进行转换。小数部分（0.6875）$_{10}$转换成二进制的方法如下：

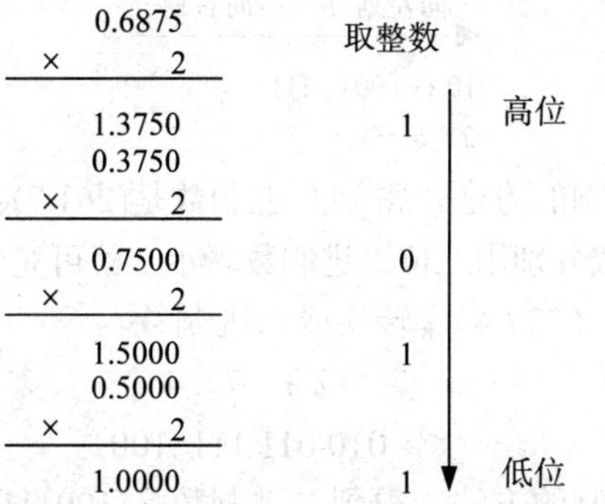

每次取得的整数由上而下排列得到：1011，于是，$(0.6875)_{10}=(0.1011)_2$。

整数、小数两部分分别转换后，将得到的两部分合并即得到十进制$(109.6875)_{10}=(1101101.1011)_2$，

二进制数转换成十进制数。将一个二进制整数转换成十进制整数，只要将它的最后一位乘以 2^0，最后第二位乘以 2^{-1}，依次类推，然后将各项相加，就得到用十进制表示的数。如果有小数部分，则小数点后第一位乘以 2^{-1}，第二位乘以 2^{-2}，依次类推，然后将各项相加。

【例 1.4】 二进制数$(1101)_2$用十进制数表示则为$(13)_{10}$，如下所示：

$$
\begin{aligned}
(1101)_2 &= 1\times 2^3+1\times 2^2+0\times 2^1+1\times 2^0 \\
&= 8+4+0+1 \\
&= (13)_{10}
\end{aligned}
$$

【例 1.5】 二进制数（1101.1）$_2$用十进制数表示则为$(13.5)_{10}$，如下所示：

$$(1101.1)_2 = 1\times2^3+1\times2^2+0\times2^1+1\times2^0+1\times2^{-1}$$
$$=8+4+0+1+0.5$$
$$=(13.5)_{10}$$

八进制数（十六进制数）与十进制数之间的转换。八进制数（十六进制数）与十进制数之间的转换的方法与二进制数类似，唯一不同的是除数或乘数要换成相应的基数：8 或 16。

此外，十六进制数与十进制数之间转换时，要注意遇到 A、B、C、D、E、F 时要使用 10、11、12、13、14、15 来进行计算，反过来得到 10、11、12、13、14、15 数码时，也要用 A、B、C、D、E、F 来表示。

下面以一个具体例子来进行详细说明。

【例 1.6】　十六进制数$(AE.9)_{16}$用十进制数表示则为$(174.5625)_{10}$，如下所示：

$$(AE.9)_2 = A\times16^1+E\times16^0+9\times16^{-1}$$
$$=10\times16^1+14\times16^0+9\times16^{-1}$$
$$=160+14+0.5625$$
$$=(174.5625)_{10}$$

二进制数与八进制数之间的转换。由于二进制数和八进制数之间存在的特殊关系，即 $8=2^3$，因此转换方法比较容易。二进制数转换成八进制数时，只要从小数点位置开始，向左或向右每三位二进制划分为一组（不足三位用 0 补足），然后写出每一组二进制数所对应的八进制数码即可。

【例 1.7】　将二进制数$(10110001.111)_2$转换成八进制数。

向左划分 ←　　→ 向右划分

010 110 001 . 111

2 6 1 7

使用二进制转换为八进制的方法，得到八进制数是$(261.7)_8$。

反过来，将每位八进制数分别用三位二进制数表示，就可完成八进制数和二进制数的转换。

【例 1.8】　将八进制数（237.4）$_8$转换成二进制数。

2 3 7 . 4

010 011 111 .100

使用八进制转换为二进制的方法，得到二进制数是$(10011111.1)_2$。

提示：二进制转换成八进制时，不足三位用 0 补足时要注意补 0 的位置，对于整数部分，如最左边一组不足三位时，补 0 是在最高位补充的；对于小数部分，最右边一组如不足三位时，补 0 是在最低位补充的。反过来，八进制转换成二进制时，整数部分的最高位或小数部分的最低位有 0 时可以省略不写。

二进制与十六进制之间的转换。二进制数转换成十六进制数时，只要从小数点位置开始，向左或向右每四位（$2^4=16$）二进制划分为一组（不足四位时可补 0），然后写出每一组二进制数所对应的十六进制数码即可。

【例 1.9】　将二进制数$(11011100110.1101)_2$转换成十六进制数：

0110 1110 0110. 1101

6 E 6 D

即二进制数（11011100110.1101）$_2$转换成十六进制数是（6E6.D）$_{16}$。反之，将每位十六进制数分别用四位二进制数表示，就可完成十六进制数和二进制数的转换。

八进制数与十六进制数之间的转换。这两者转换时，可把二进制数作为媒介，先把待转换的数转换成二进制（或十进制）数，然后将二进制（或十进制）数转换成要求转换的数制形式。

6. 字符与汉字编码

（1）字符编码

在计算机中不能直接存储英文字母或其他字符。要将一个字符存放到计算机内存中，就必须用二进制代码来表示，也就是需要将字符和二进制内码对应起来，这种对应关系就是字符编码（Encoding）。由于这些字符编码涉及世界范围内的有关信息表示、交换、存储的基本问题，因此必须有一个标准。

目前，计算机中用得最广泛的字符编码是由美国国家标准局（ANSI）制定的 ASCII 码（American Standard Code for Information Interchange，美国信息交换标准码），它已被国际标准化组织（ISO）定为国际标准，有 7 位码和 8 位码两种形式。

7 位 ASCII 码一共可以表示 128 个字符，具体包括 10 个阿拉伯数字 0～9、52 个大小写英文字母、32 个标点符号和运算符以及 34 个控制符。其中，0～9 的 ASCII 码为 48～57，A～Z 为 65～90，a～z 为 97～122。

在计算机的存储单元中，一个 ASCII 码值占一个字节（8 个二进制位），其最高位（b7）用作奇偶校验位，如图 1-44 所示。所谓奇偶校验，是指在代码传送过程中用来检验是否出现错误的一种方法，一般分奇校验和偶校验两种。

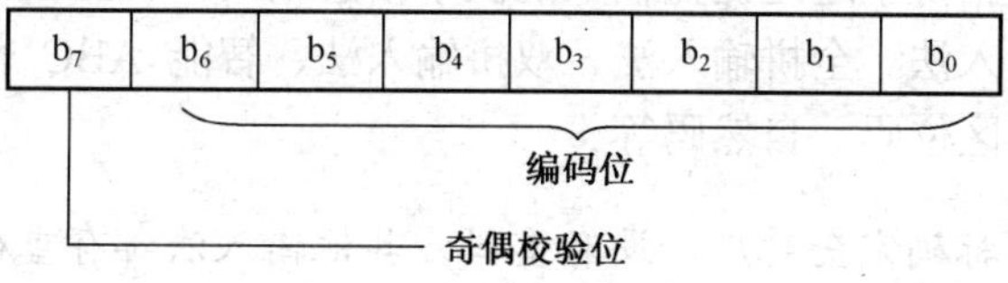

图 1-44　ASCII 编码位

ASCII 码的字符编码表一共有 2^4=16 行，2^3=8 列。低 4 位编码 $b_3b_2b_1b_0$ 用作行编码，而高 3 位 $b_7b_6b_5$ 用作列编码，如表 1-2 所示。

表 1-2　ASCII 码字符编码表

$b_6b_5b_4$ \ $b_3b_2b_1b_0$	000	001	010	011	100	101	110	111
0000	NUL	DLE	SP	0	@	P	`	p
0001	SOH	DC1	!	1	A	Q	a	q
0010	STX	DC2	"	2	B	R	b	r
0011	ETX	DC3	#	3	C	S	c	s
0100	EOT	DC4	$	4	D	T	d	t
0101	ENQ	NAK	%	5	E	U	e	u
0110	ACK	SYN	&	6	F	V	f	v
0111	BEL	ETB	'	7	G	W	g	w
1000	BS	CAN	(	8	H	X	h	x

续表

$b_3b_2b_1b_0$ \ $b_6b_5b_4$	000	001	010	011	100	101	110	111
1001	HT	EM	)	9	I	Y	i	y
1010	LF	SUB	*	:	J	Z	j	z
1011	VT	ESC	+	;	K	[	k	{
1100	FF	FS	,	<	L	\	l	|
1101	CR	GS	-	=	M	]	m	}
1110	SO	RS	.	>	N	^	n	~
1111	SI	US	/	?	O	_	o	DEL

（2）汉字编码

汉字编码是指将汉字转换成二进制代码的过程。一套汉字根据其计算机操作不同，一般应有四套编码：国标码（交换码）、机外码（输入码）、机内码和字形码。

国标码。1980 年颁布的国家标准 GB2312-80，即《中华人民共和国国家标准信息交换汉字编码》，简称国标码。国标码中共收录一、二级汉字和图形符号 7445 个。国标码中的每个字符用两个字节表示，第一个字节为“区”，第二个字节为“位”，共可以表示的字符（汉字）有 94 × 94 = 8836 个。为表示更多汉字以及少数民族文字，国家标准于 2000 年进行了扩充，共收录了 27000 多个汉字字符，采用单、双、四字节混合编码表示。

机外码。机外码是指汉字通过键盘输入的汉字信息编码，就是我们常说的汉字输入法。常用的输入法有五笔输入法、全拼输入法、双拼输入法、智能 ABC 输入法、紫光拼音输入法、微软拼音输入法、区位码、自然码等。

提示：区位码与国标码完全对应，没有重码；其他输入法都有重码，通过数字选择。

机内码。计算机内部存储、处理汉字所用的编码，通过汉字操作系统转换为机内码；每个汉字的机内码用 2 个字节表示，为与 ASCII 码有所区别，通常将第二个字节的最高位置“1”，大约可表示 16000 多个汉字。尽管汉字的输入法不同，但机内码是一致的。

字形码。汉字经过字形编码才能够正确显示，一般采用点阵形式（又称字模码），每一个点用“1”或“0”表示，“1”表示有，“0”表示无；一个汉字可以有 16 × 16、24 × 24、32 × 32、128 × 128 等点阵表示；点阵越大，汉字显示越清楚。

字形码所占内存比其机内码大得多，如：16 × 16 点阵汉字需要 16 × 16/8=32（字节），如图 1-45 所示。

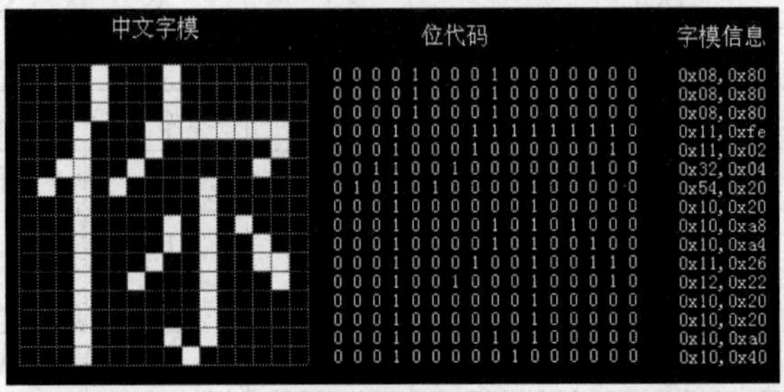

图 1-45　点阵形式

机外码、机内码与字形码三者之间的关系如图 1-46 所示。

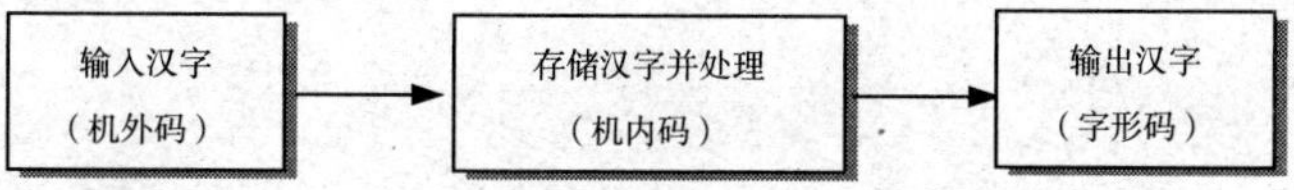

图 1-46　汉字编码的使用关系

计算机在汉字处理的整个过程中都离不开汉字编码。输入汉字可以通过输入汉字的机外码（即各种输入法）来实现；存储汉字则是将各种汉字机外码统一转换成汉字机内码进行存储，以便于计算机内部对汉字进行处理；输出汉字则是利用汉字库将汉字机内码转换成对应的字形码，再输出至各种输出设备中。

实践拓展

学了计算机系统的组成和其他基础知识，小明对自己买来的计算机内部结构产生了兴趣。计算机买来时销售已经给他装好，主机中大致有什么东西小明也知道，但这个高科技的东西总是那么神秘，不自己搞懂总有一点茫然。那打开机箱看看里面的部件怎样拆装吧。

请参照实训指导完成组装主机的任务。

故事二 2 网络联系你和我

小明的计算机买来已经一个星期了，新生军训已经开始，严格而大负荷的军训生活给这批新生很大的压力。同班同学课余时间都在上网玩游戏，以缓解压力。小明觉得，网络的世界应该很大，上网不仅仅是玩游戏，它肯定还有很多功能。

情境一 打通上网关节

小明首先是让自己的计算机能上网，他到学校电信营业厅询问关于上网的事情，营业厅的前台告诉小明必须先购买路由器或调制解调器。小明不明白这是什么，再问前台，前台也解释不清楚。当天下午，小明来到计算机教研室请教老师，怎样才能在寝室上网？

下面，我们一起来跟着老师做吧。

学习目标

① 认识计算机与网络的各种接口。
② 知道计算机网络的基本组成及分类。
③ 学会组建小型局域网。
④ 会 Internet 的连接方法。

课前准备

① 到学校电信营业厅询问学校寝室是否安装有网络接口。
② 购买学校电信营业厅告知的所有设备。

解决方案

【步骤 1】 测量计算机放置的位置和寝室现有的有线网络接口（见图 2-1）位置的距离。
【步骤 2】 自制或到学校计算机实训室购买一根有水晶头（见图 2-2）的双绞线（见图 2-3）。

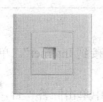

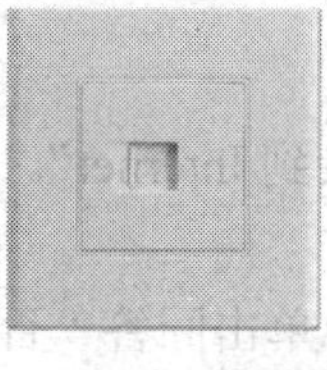

图 2-1 网络接口插座

图 2-2 水晶头

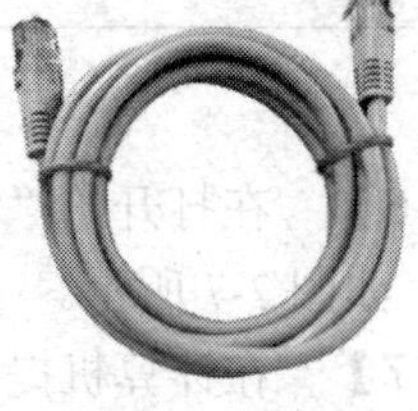

图 2-3 双绞线

【步骤 3】 将双绞线的一端连接寝室的有线网络接口，一端接入计算机的网络接口，如图 2-4 所示。

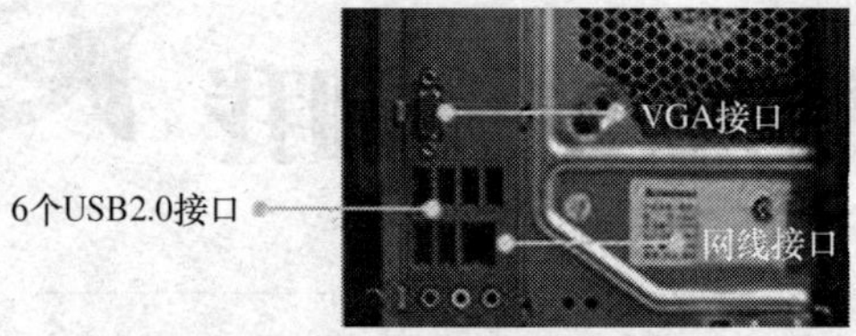

图 2-4　计算机网络接口

【步骤 4】　到学校电信营业厅办理网络连接业务，获取网络连接账号和密码。

【步骤 5】　打开计算机桌面上的“网络”图标，如图 2-5 所示，单击“网络和共享中心”更改网络设置，如图 2-6 所示，单击“设置新的连接或网络”。

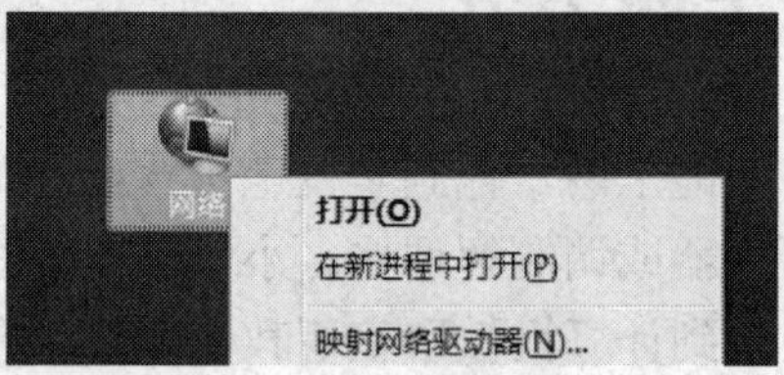

图 2-5　桌面网络图标

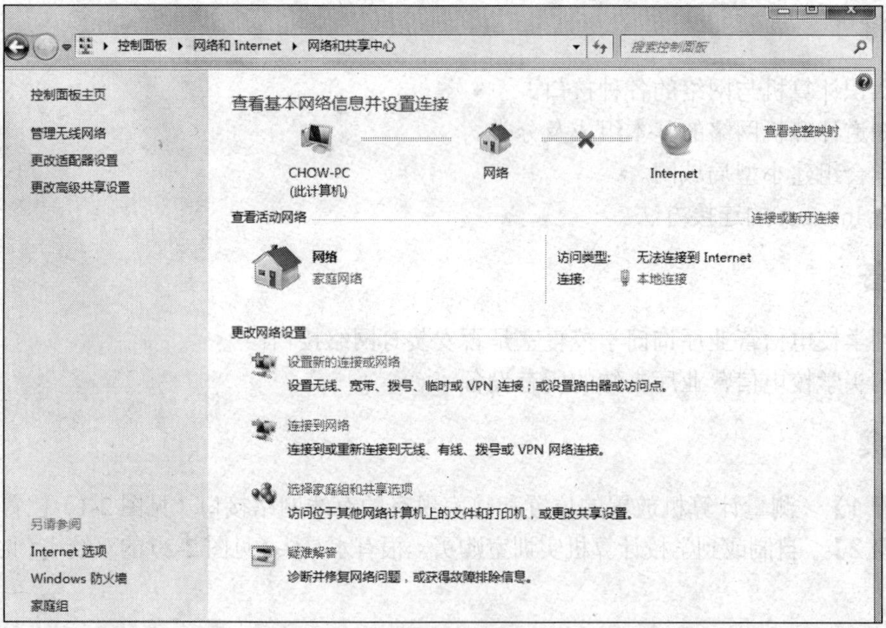

图 2-6　网络和共享中心

【步骤 6】　在打开的“设置连接或网络”对话框中单击“连接到 Internet”。单击“下一步”按钮，如图 2-7 所示。

【步骤 7】　在计算机提问“你想设置一个已有的连接吗？”中单击回答“否，创建新连接”。单击“下一步”按钮。

【步骤 8】　计算机提问“你想如何连接？”中单击回答“宽带”，如图 2-8 所示。

【步骤 9】　现在你可以输入你的网络连接账号和密码了（见图 2-9），输入连接名称后，单击“连接”按钮，你就完成网络连接了！

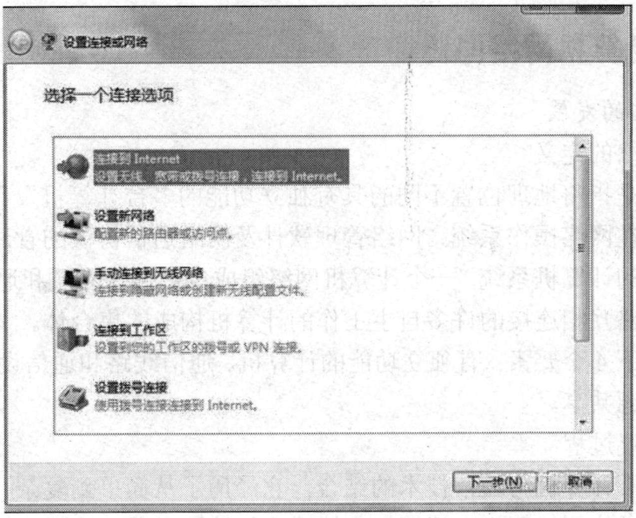

图 2-7 设置连接或网络

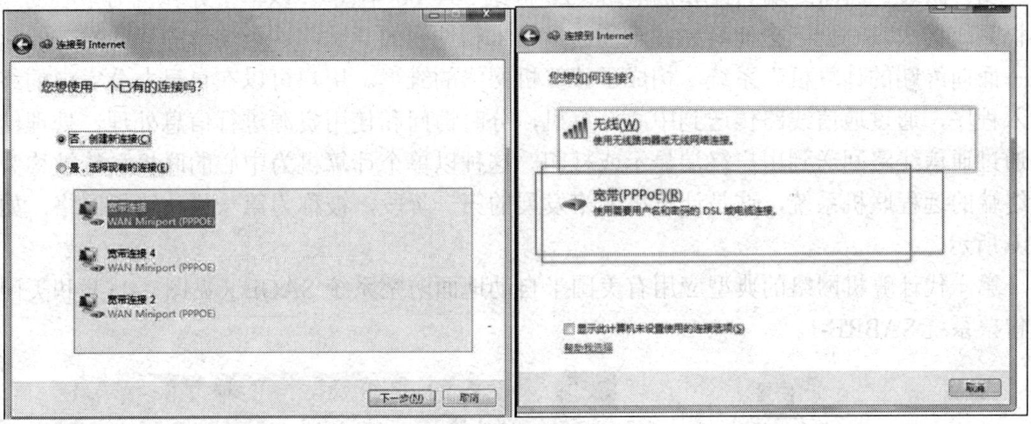

图 2-8 连接到 Internet

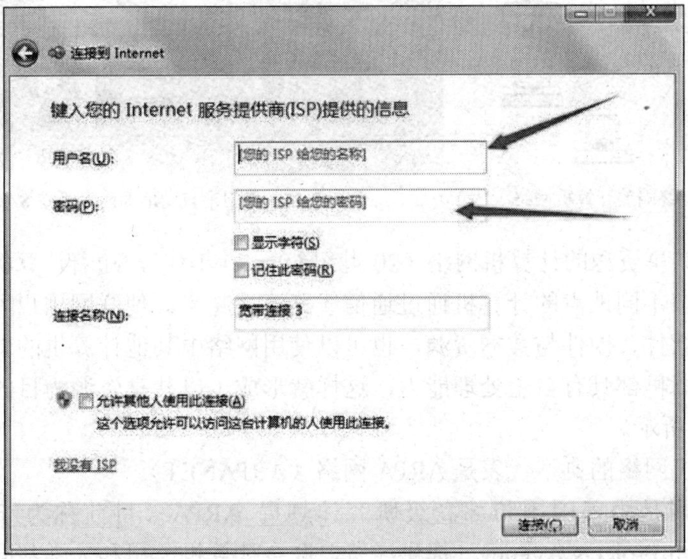

图 2-9 输入用户名和密码

知识储备——计算机网络概述

1. 计算机网络的发展

（1）计算机网络的定义

计算机网络，是指将地理位置不同的具有独立功能的多台计算机及其外部设备，通过通信线路连接起来，在网络操作系统、网络管理软件及网络通信协议的管理和协调下，实现资源共享和信息传递的计算机系统。一个计算机网络组成包括传输介质和通信设备。简单来说，网络就是由通信线路互相连接的许多自主工作的计算机构成的集合体。

实现网络有如下 4 个要素：有独立功能的计算机、通信线路和通信设备、网络软件支持、实现数据通信与资源共享。

（2）网络的发展过程

计算机网络源于计算机与通信技术的结合，它经历了从简单到复杂、从单机到多机、从终端与计算机之间通信到计算机与计算机直接通信的发展时期。

第一阶段：面向终端的计算机网络（20 世纪 50～60 年代）。以单个计算机为中心的远程联机系统构成，开创了把计算机技术和通信技术相结合的尝试。这类简单的“终端—通信线路—面向终端的计算机”系统，构成了计算机网络的雏形。用户可以在自己办公室内的终端键入程序，通过通信线路传送到中心计算机，分时访问和使用资源进行信息处理，处理结果再通过通信线路回送到用户终端显示或打印。这种以单个计算机为中心的联机系统被称为面向终端的远程联机系统，这是计算机网络发展的第一阶段，被称为第一代计算机网络，如图 2-10 所示。

第一代计算机网络的典型应用有美国半自动地面防空系统 SAGE（见图 2-11）和美国飞机售票系统 SABRE-1。

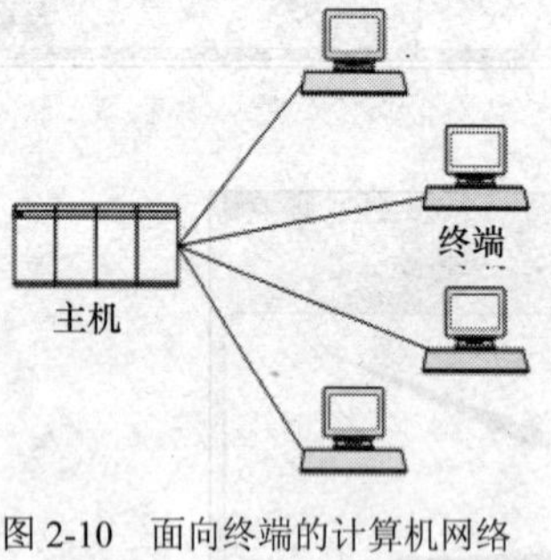

图 2-10　面向终端的计算机网络

图 2-11　美国半自动地面防空系统 SAGE

第二阶段：共享资源的计算机网络（20 世纪 60～70 年代）。随着计算机技术和通信技术的进步，将分布在不同地点的计算机通过通信线路连接起来，使联网用户可以通过计算机使用本地计算机的软件、硬件与数据资源，也可以使用网络中其他计算机的软件、硬件与数据资源，即每台计算机都具有自主处理能力，这样就形成了以共享资源为目的的第二代计算机网络，如图 2-12 所示。

第二代计算机网络的典型代表是 ARPA 网络（ARPANET）。

ARPANET 网是由美国国防部高级研究计划局 ARPA（目前称为 DARPA，Defense Advanced Research Projects Agency）提供经费，联合计算机公司和大学共同研制而发展起来的，主要目标是借助通信系统，使网内各计算机系统间能够相互共享资源，它最初投入使用的是一个有 4 个节点的实验性网络。ARPANET 网的出现，代表着计算机网络的兴起。很多有关计算机网络的基本概念都与 APRA 网的研究成果有关，如分组交换、网络协议、资源共享等。

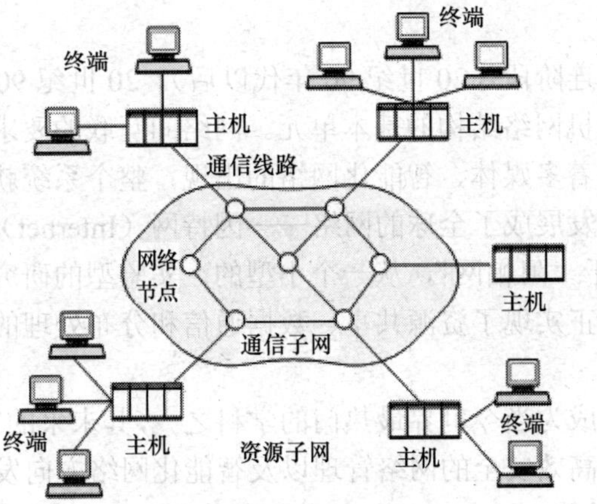

图 2-12　共享资源的计算机网络

第三阶段：20 世纪 70 年代以后，计算机网络得到了迅速发展，通信技术和计算机技术互相促进，结合更加紧密。各大计算机公司纷纷制定自己的网络技术标准，最终促成国际标准的制定。为了使不同体系结构的网络也能相互交换信息，国际标准化组织（ISO）于 1978 年成立了专门机构并制定了世界范围内的网络互联标准，称为开放系统互联参考模型（Open Systems Interconnection / Reference Model，OSI/RM，简称 OSI）。OSI 标准确保了各厂家生产的计算机和网络产品之间的互连，推动了网络技术的应用和发展。人们称之为第三代计算机网络。

视角延伸：

OSI 将网络通信工作分为七层，由低到高依次为物理层、数据链路层、网络层、传输层、会话层、表示层和应用层，如图 2-13 所示。

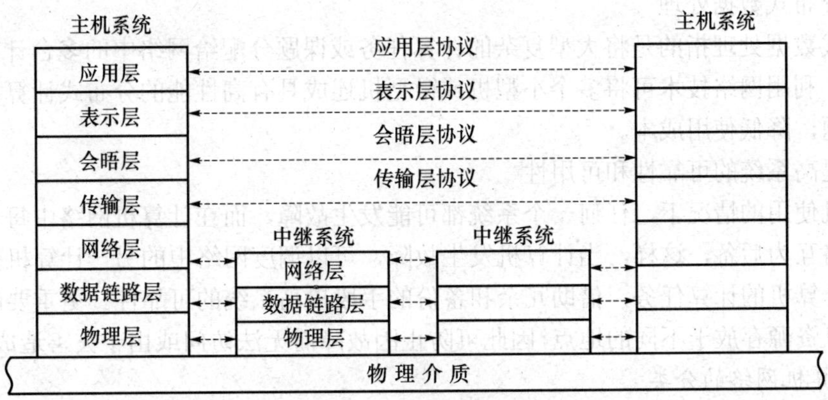

图 2-13　OSI 七层模型

OSI 七层模型的每一层都具有不同的作用。物理层、数据链路层、网络层属于 OSI 模型的低三层，负责创建网络通信连接的链路；传输层、会话层、表示层和应用层是 OSI 模型的高四层，具体负责端到端的数据通信。每层完成一定的功能，每层都直接为其上层提供服务，并且所有层次都互相支持，而网络通信则可以自上而下（在发送端）或者自下而上（在接收端）双向进行。

OSI 模型用途相当广泛。如交换机、集线器、路由器等很多网络设备的设计都是参照 OSI 模型设计的。

第四阶段：网络互连阶段（20 世纪 90 年代以后）。20 世纪 90 年代，局域网技术发展成熟，局域网已成为计算机网络结构的基本单元。网络间互联的要求越来越强烈，并出现了光纤及高速网络技术。随着多媒体、智能化网络的出现，整个系统就像一个对用户透明的大计算机系统，计算机网络发展成了全球的网络——因特网（Internet）。

Internet 最初起源于“阿帕网”，从一个小型的、实验型的研究项目，发展成为世界上最大的计算机网，从而真正实现了资源共享、数据通信和分布处理的目标。我们把它称为第四代计算机网络。

计算机网络目前已成为当今世界最热门的学科之一，其未来的发展方向正朝着高速网络、多媒体网络、开放性、高效安全的网络管理以及智能化网络方向发展。

2. 计算机网络的功能

计算机网络依据不同的目的需求设计组建，所提供的服务和功能也有所不同。计算机网络的主要功能如下。

（1）信息交换与通信

信息交换与通信是计算机网络最基本的功能。网络中的计算机之间或计算机与终端之间，可以快速可靠地相互交换各种数据和信息、程序或文件，从而方便地进行信息收集、处理、交换。例如，自动定票系统、银行财政及各种金融系统、电子购物、远程教育、电子会议等都具有选择的功能。

（2）资源共享

资源共享包括计算机硬件资源、软件资源和数据资源的共享。用户可以使用计算机网络范围内的系统硬件、软件、数据、信息等各种资源。随着计算机网络覆盖区域的扩大，信息交流已越来越不受地理位置、时间的限制，大大提高了资源的利用率和信息的处理能力。

（3）分布式数据处理

分布式数据处理指的是将大型复杂的计算任务或课题分配给网络中的多台计算机分工协作来完成。利用网络技术可将多个小型机或微型机连成具有高性能的分布式计算机系统，解决复杂问题，降低使用成本。

（4）提高系统的可靠性和可用性

在单机使用的情况下，任何一个系统都可能发生故障，而在计算机网络中每台计算机都可通过网络互为后备，这样，当计算机发生故障，可以调度网络中的另一计算机接替完成出现故障的计算机的计算任务，借助冗余和备份的手段提高系统的可靠性。更重要的是，由于数据和信息资源存放于不同的地点，因此可防止因故障而无法访问或由于灾害造成数据破坏。

3. 计算机网络的分类

计算机网络可按不同的分类标准进行划分。

（1）按网络的覆盖范围划分

根据计算机网络所覆盖的地理范围，计算机通常可以分为局域网、城域网和广域网。

局域网（Local Area Network，LAN）：LAN 一般在几百米到 10km 的范围之内。使用专

用的高速数字通信线路和通信设备把较小地理范围（10km 以内）内的多台计算机相互连接而形成的网络。LAN 是最常见的、应用最广的网络，它随着整个计算机网络技术的发展和提高得到充分的应用和普及，几乎每个单位都有自己的局域网，甚至家庭中都有小型局域网。

城域网（Metropolitan Area Network）：MAN 的地理范围可以从几十千米到上百千米，通常覆盖一个城市或地区，如城市银行的通存通兑网。MAN 使用与局域网相似的技术，如 FDDI、ATM 等，因此 MAN 基本上是一种大型局域网。

广域网（Wide Area Network）：WAN 是网络系统中最大型的网络，WAN 使用公用或专用的高速数字通信线路和分组交换机把相距遥远（几十千米到几千千米范围）的许多局域网和主机相互连接形成网络。广域网对接入的主机数量通常没有限制，可连接任意多个场地的任意多台主机。Internet 就是最典型的广域网，如图 2-14 所示。

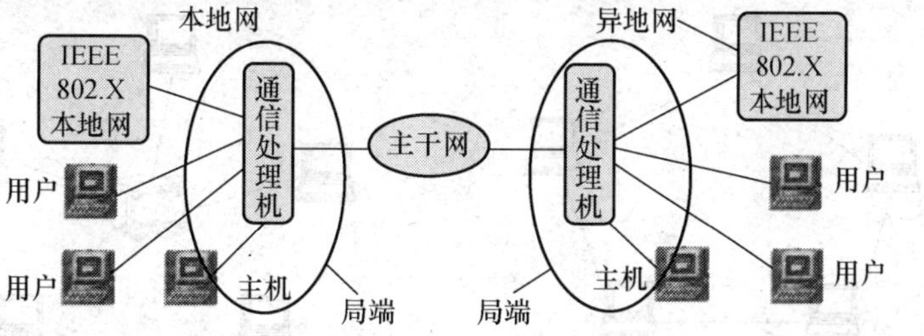

图 2-14　局域网与广域网

（2）按通信方式划分

根据通信方式的不同，可以分为“广播网络”和“点对点网络”两大类。

广播网络（Broadcasting Network）：广播网络中的计算机或设备使用一个共享的通信介质进行数据传播，网络中的所有节点都能收到其他任何节点发出的数据信息。局域网大多数都是广播网络。

点对点网络（Point to Point Network）：点对点网络中的计算机或设备以点对点的方式进行数据传输，任意两个节点间都可能有多条单独的链路。这种传播方式常应用于广域网中。

（3）按拓扑结构划分

网络拓扑结构是指用传输媒体互连各种设备的物理布局，就是用什么方式把网络中的计算机等设备连接起来。计算机网络中常见的拓扑结构有总线型结构、星型结构、环型结构、树型结构和网状结构等。除这些之外，还有包含了两种以上基本拓扑结构的混合结构。

总线型结构：使用一根中心传输线作为主干网线，所有计算机和其他共享设备都连在这条总线上。当一个节点发送信息，信息会通过总线传送到其他节点上，属于广播方式的通信，如图 2-15 所示。

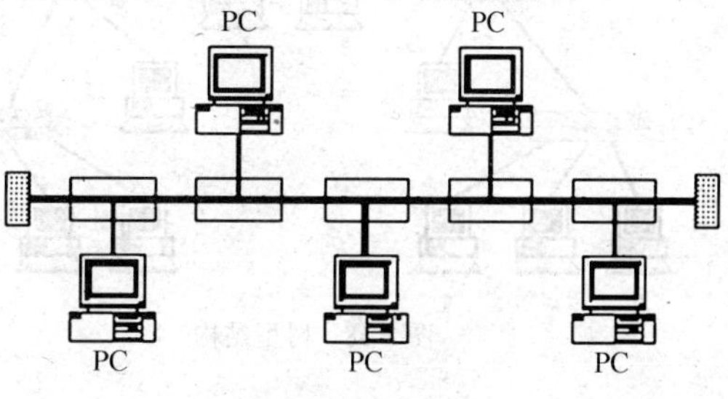

图 2-15　总线型结构

总线型结构计算机网络布局简单便于安装，价格相对较低，网络上终端增加或减少不影响整个网络的运行，适用于小型、临时的网络。如果总线电缆发生断裂，整个网络将陷于瘫痪，总线型结构网络因稳定性差不适合大规模的网络。

环型结构：将各台联网的计算机用通信线路连接成一个闭合的环，在环型结构中，每台计算机都要与另外两台相连，信号可以按照环型传播，如图 2-16 所示。

在环型结构计算机网络中，信息沿固定方向流动，两个节点间有唯一的通路，可靠性高，实时性强，安装简便，有利于进行故障排除。但环型结构网络的吞吐能力差，仅适用于数据信息量小和节点少的情况。而且由于整个网络构成闭合环，网络扩充不方便。

星型结构：用集线器或交换机作为网络的中央节点，每台计算机通过网卡连接到中央节点，计算机之间通过中心节点与其他站点通信，各节点呈星状分布。星型结构几乎是 Ethernet（以太网）网络专用，是目前局域网中应用最普遍的一种，企业网络几乎都采用这一方式。如图 2-17 所示。

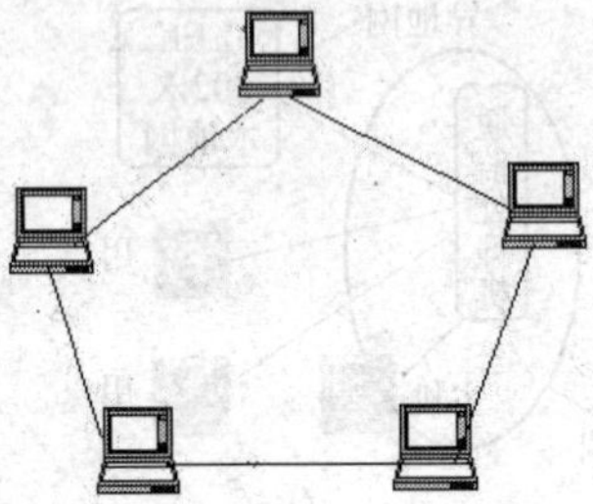

图 2-16　环型结构

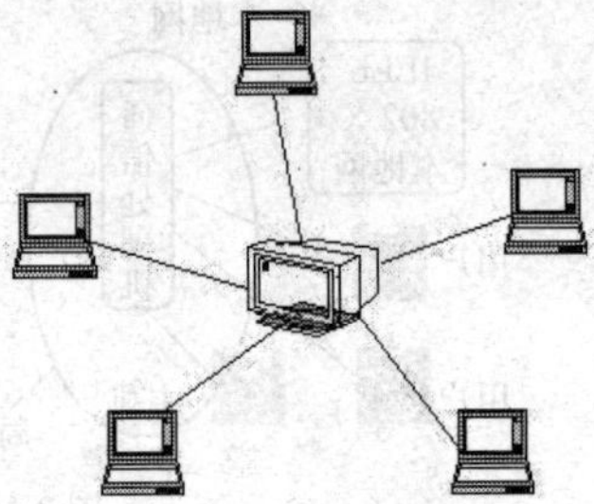

图 2-17　星型结构

星型结构系统稳定性好，故障率低，容易增加新的工作站，一个工作站出现故障不会影响其他工作站的正常工作。与总线型和环型结构相比，星型结构的电缆消耗量较大，中心节点负担较重。

树型结构：网络节点呈树状排列，整体看来就像一棵朝上的树，树根接收各站点发送的数据，然后再广播到整个网络。如图 2-18 所示。

树型结构可以延伸出很多分支和子分支易于扩展。如果某一分支的节点或线路发生故障，很容易将故障分支与整个网络隔离。这种结构，有较强的可折叠性，非常适用于构建网络主干，还能够有效地保护布线投资，拓扑结构的网络一般采用光纤作为网络主干，用于军事单位、政府单位等上、下界限相当严格和层次分明的部门。

网状结构：指各节点通过传输线互联，并且每个节点至少要和其他两个节点相连，它是一种不规则的网络结构，如图 2-19 所示。

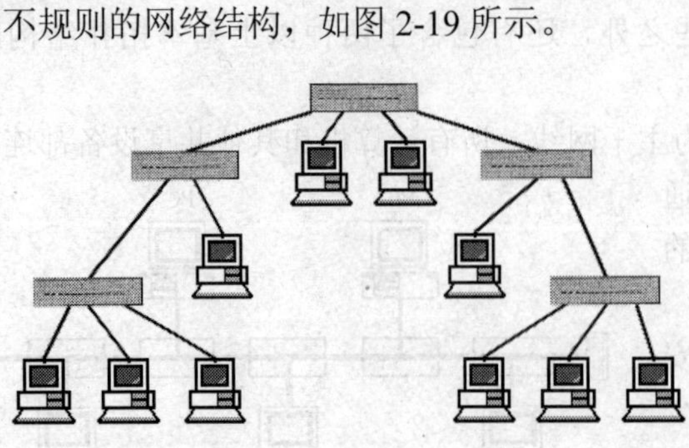

图 2-18　树型结构

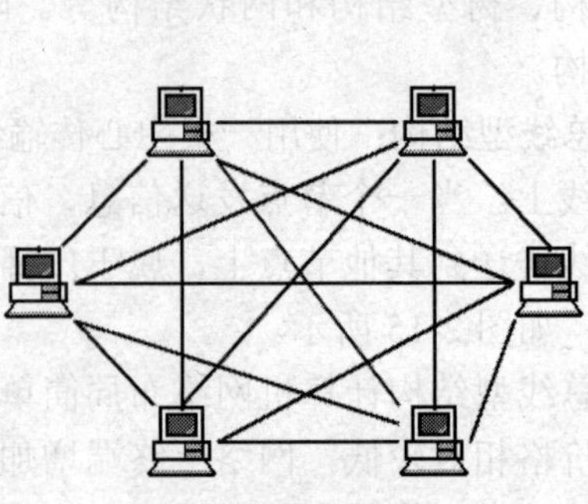

图 2-19　网状结构

网状拓扑结构单个节点及链路的故障不会影响整个网络系统，可靠性最高。但其结构复杂，成本比较高，不易管理和维护。

混合结构：混合结构泛指一个网络中结合了两种或两种以上标准拓扑形式的拓扑结构。混合结构比较灵活，适用于现实中的多种环境。广域网中通常采用混合拓扑结构。

（4）按数据交换方式划分

根据数据交换方式可分为电路交换网、报文交换网、分组交换网。

4. 计算机网络的组成

计算机网络的组成一般有两种分法：一种是按照计算机技术的标准，将计算机网络分成硬件和软件两个组成部分；另一种是按照网络中各部分的功能，将网络分成通信子网和资源子网两部分。

按照计算机技术的标准划分，计算机网络系统和计算机系统一样，也是由硬件和软件两大部分组成的。

（1）网络硬件

网络硬件是计算机网络系统的物质基础。要构成一个计算机网络系统，首先要将计算机及其附属硬件设备与网络中的其他计算机系统连接起来。不同的计算机网络系统在硬件方面是有差别的。

网络硬件包括计算机终端设备、通信介质和网络互连设备等。随着计算机技术和网络技术的发展，网络硬件日趋多样化，功能更加强大，更加复杂。

服务器：服务器是提供计算服务的设备，如图 2-20 所示，作为硬件来说，通常是指那些具有较高计算能力，能够提供给多个用户使用的计算机。在网络环境下，根据服务器提供的服务类型不同，分为文件服务器、数据库服务器、应用程序服务器、Web 服务器等。

工作站：工作站是连接在局域网上的供用户使用网络的微型计算机。它通过网卡和传输介质连接至文件服务器上。每个工作站一定要有自己独立的操作系统及相应的网络软件。工作站可分为有盘工作站和无盘工作站。图 2-21 所示为一体化工作站。

图 2-20　服务器

图 2-21　一体化工作站

连接设备：网络连接设备有网络适配器（网卡）（见图 2-22）、调制解调器（见图 2-23）、集线器（见图 2-24）和中继器（见图 2-25）、网桥（见图 2-26）、交换机（见图 2-27）、路由器等，计算机网络连接设备的作用见表 2-1。

图 2-22　网卡

图 2-23　调制解调器

图 2-24　集线器

图 2-25　中继器

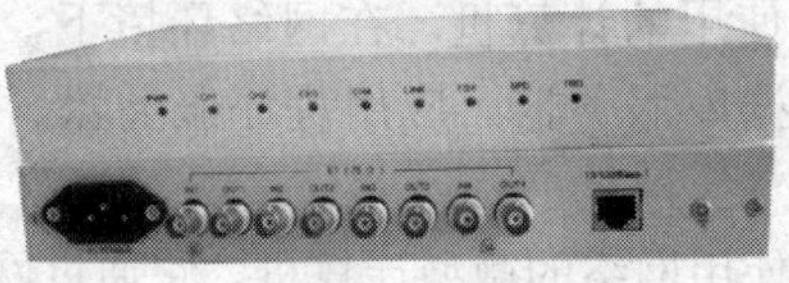

图 2-26　网桥

图 2-27　交换机

表 2-1　　计算机网络连接设备

设备名称	作用
网络适配器（网卡）	工作在链路层的网络组件，是局域网中连接计算机和传输介质的接口，不仅能实现与局域网传输介质之间的物理连接和电信号匹配，还涉及帧的发送与接收、帧的封装与拆封、介质访问控制、数据的编码与解码以及数据缓存的功能等
调制解调器（Modem）	把计算机的数字信号翻译成可沿普通电话线传送的模拟信号，而这些模拟信号又可被线路另一端的另一个调制解调器接收，并译成计算机可懂的语言。这一简单过程完成了两台计算机间的通信
集线器（Hub）	对接收到的信号进行再生整形放大，以扩大网络的传输距离，同时把所有节点集中在以它为中心的节点上。它是工作于 OSI 模型的物理层设备
中继器（Repeater）	是网络物理层上面的连接设备。适用于完全相同的两类网络的互连，主要功能是通过对数据信号的重新发送或者转发，来扩大网络传输的距离。中继器是对信号进行再生和还原的网络设备
网桥（Bridge）	也叫桥接器，是连接两个局域网的一种存储/转发设备，它能将一个大的 LAN 分割为多个网段，或将两个以上的 LAN 互联为一个逻辑 LAN，使 LAN 上的所有用户都可访问服务器。网桥可以是专门硬件设备，也可以由计算机加装的网桥软件来实现

续表

设备名称	作用
交换机（Switch）	是一种用于电（光）信号转发的网络设备。它可以为接入交换机的任意两个网络节点提供独享的电信号通路。交换机是工作于OSI模型的数据链路层设备。最常见的交换机是以太网交换机。其他常见的还有电话语音交换机、光纤交换机等
路由器（Router）	是连接因特网中各局域网、广域网的设备，它会根据信道的情况自动选择和设定路由，以最佳路径，按前后顺序发送信号。路由是工作于OSI模型第三层网络层的设备
网关（Gateway）	又称网间连接器、协议转换器，是一种充当转换重任的计算机系统或设备，是一个翻译器。网关在网络层以上实现网络互连，是最复杂的网络互连设备，仅用于两个高层协议不同的网络互连。与网桥只是简单地传达信息不同，网关对收到的信息要重新打包，以适应目的系统的需求

传输介质：传输介质是通信网络中发送方和接收方之间的物理通路。

常用的传输介质有双绞线、同轴电缆、光缆、无线传输介质。

双绞线（twisted pair，TP）：是综合布线工程中最常用的传输介质，是两根22～26号绝缘铜导线按一定密度相互缠绕而成，外面包有绝缘电缆套管，每一根导线在传输中辐射出来的电波会被另一根线上发出的电波抵消，有效降低信号干扰的程度如图2-28所示。双绞线分为两大类：屏蔽双绞线（Shielded Twisted Pair，STP）和无屏蔽双绞线（Unshielded Twisted Pair，UTP）。

同轴电缆（Coaxial Cable）：是导体和屏蔽层为同一轴心的电缆如图2-29所示。最常见的同轴电缆由绝缘材料隔离的铜线导体组成，里层为绝缘材料、外部是另一层环形导体及其绝缘体，整个电缆由聚氯乙烯或特氟纶材料的护套包住。同轴电缆一般分为基带同轴电缆和宽带同轴电缆。基带同轴电缆通常用于数字信号传输；宽带同轴电缆用于宽带模拟信号的传输。

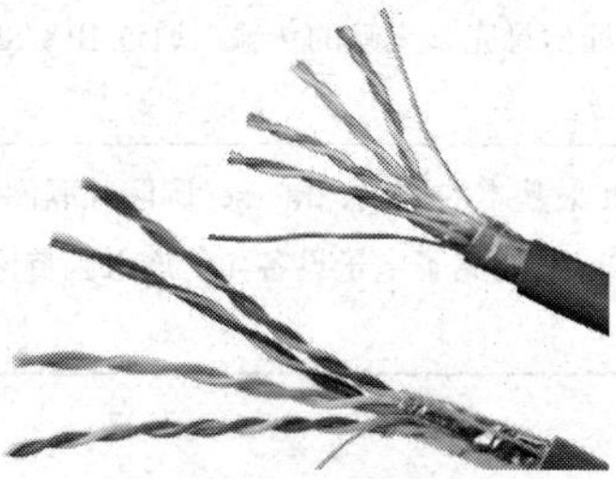

图2-28　双绞线

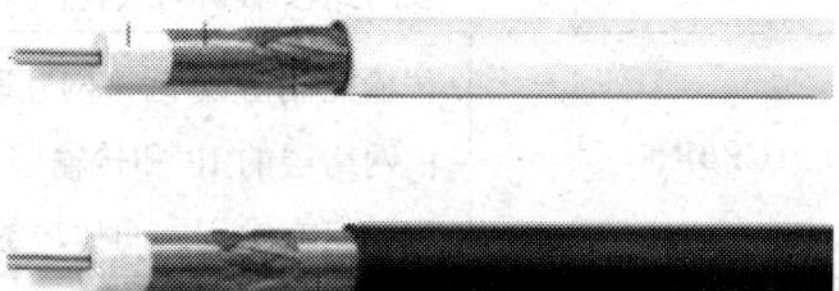

图2-29　同轴电缆

光纤：是光导纤维的简写，是一种由玻璃或塑料制成的纤维，多数光纤在使用前必须由几层保护结构包覆，包覆后的缆线即被称为光缆如图2-30所示。光纤和同轴电缆相似，只是没有网状屏蔽层。中心是光传播的玻璃芯。通信领域的重大进展是光缆的广泛应用。光纤可提供极宽的频带且功率损耗小，传输距离长（20km以上），传输率高（可达数千Mbit/s），抗干扰性强（不会受到电子监听），是构建安全性网络的理想选择。

图2-30　光缆

（2）网络软件

网络软件是实现网络功能不可缺少的软环境。网络软件通常包括网络操作系统、网络协议和各种网络应用软件等。

网络操作系统（Web-based Operating System，WebOS）：网络的心脏和灵魂，网络操作系统的作用在于实现网络中计算机之间的通信，对网络用户进行必要的管理，提供数据存储和访问的安全性，提供对其他资源的共享和访问，以及提供其他的各种网络服务。

目前，Windows 类、Netware 类、UNIX 系统、Linux 等网络操作系统都被广泛应用。不同计算机网络操作系统支持不同计算环境。因此，对于不同的网络应用，需要我们有目的地选择合适的网络操作系统。

网络协议：为计算机网络中进行数据交换而建立的规则、标准或约定的集合。是一种网络通用语言，为连接不同操作系统和不同硬件体系结构的互联网络提供通信支持。

根据网络的不同，常用的 4 种网络协议有 Ethernet、NetBEUI、IPX/SPX 以及 TCP/IP，协议说明如表 2-2 所示。

表 2-2　常用网络协议

网络协议	协议说明
Ethernet（以太网）	是由 Xerox 公司创建并由 Xerox、Intel 和 DEC 公司联合开发的基带局域网规范，是当今现有局域网采用的最通用的通信协议标准。属网络低层协议，通常在 OSI 模型的物理层和数据链路层操作
NetBEUI	NetBIOS 用户扩展接口协议。是一种短小精悍、通信效率高的广播型协议，安装后不需要进行设置，特别适合于在“网络邻居”传送数据。不需要附加的网络地址和网络层头尾，所以很快并很有效且适用于只有单个网络或整个环境都桥接起来的小工作组环境
IPX/SPX	IPX 主要实现网络设备之间连接的建立维持和终止；SPX 协议是 IPX 的辅助协议，主要实现发出信息的分组、跟踪分组传输，保证信息完整无缺的传输。通过 IPX/SPX 协议可以跨路由器访问其他网络
TCP/IP	传输控制协议/因特网互联协议，是 Internet 最基本的协议、Internet 国际互联网络的基础，由网络层的 IP 和传输层的 TCP 组成。TCP/IP 定义了电子设备如何连入因特网，以及数据如何在它们之间传输的标准

实践拓展

小明的计算机占用了寝室唯一的外接网络接口，同寝室另外三位同学的计算机怎样上网呢？其中有一位同学购买了笔记本计算机，希望使用无线上网功能，怎样做到呢？

请跟着配套实训指导的练习题来解决问题吧。

情境二　Internet 的爱你不懂

在老师的帮助下，小明的计算机不仅能上网，寝室所有计算机还组建了一个小型局域网。看到别的同学每天在网上点这点那，很是享受，小明坐在计算机前，只能和朋友聊 QQ，别的什么都不会做。他开始怀疑，网络的世界真的有那么大吗？

带着这个疑问，小明找老师谈了谈。老师和他说，不要着急，网络的世界慢慢才能摸清。今天老师就先带你领略 Internet 的简单使用。

学习目标

① 学会浏览指定网站内容并保存网页。

② 学会下载网络资源。

③ 学会使用搜索引擎查找学习资料。

课前准备

① 检查计算机的 Internet Explorer 的版本号，试试是否安装了 FlashPlayer 播放器。

② 找出学校开学时教务处发给大家的教务系统用户名和密码。

解决方案

【步骤 1】 单击计算机桌面的 IE 浏览器图标，打开网页窗口，如图 2-31 所示。

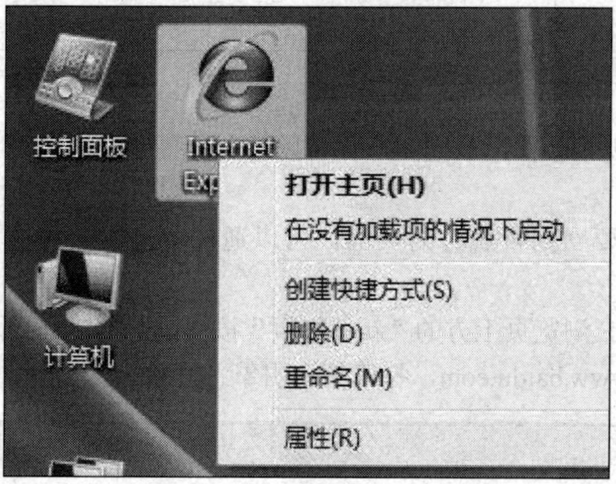

图 2-31 桌面 IE 图标及右键快捷菜单

【步骤 2】 在窗口地址栏输入网址 www.51zxw.net，如图 2-32 所示，打开“我要自学网”网站首页，如图 2-33 所示。

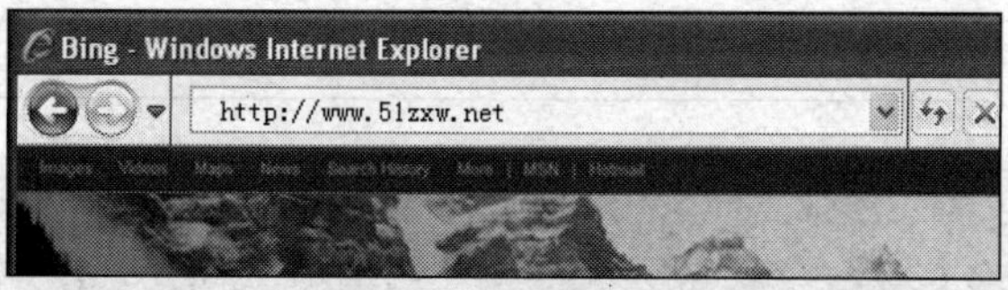

图 2-32 地址栏输入网址

图 2-33 我要自学网首页

【步骤 3】 移动鼠标至网站首页右侧导航，鼠标指针变为“”状态，单击“计算机基础知识教程”，如图 2-34 所示，实现页面之间的跳转，打开教程列表，打到列表中的“安装驱动程序（1）”，打开在线视频教程，如图 2-35 所示。

图 2-34　首页右侧导航

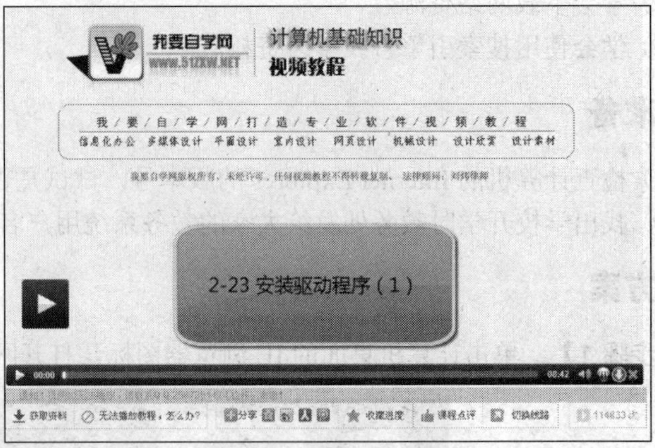

图 2-35　视频教程播放器

【步骤 4】 在线视频教程播放期间，你可以单击屏幕下方的 获取资料 按钮，下载相关课件及素材。

【步骤 5】 如果要回到查看过的页面，可以通过单击工具栏中的“后退”按钮来实现。

【步骤 6】 单击 IE 浏览页上方的“新标签页”按钮，如图 2-36 所示，增加一个标签页，在地址栏中写入地址 www.baidu.com，打开搜索引擎百度首页，如图 2-37 所示。

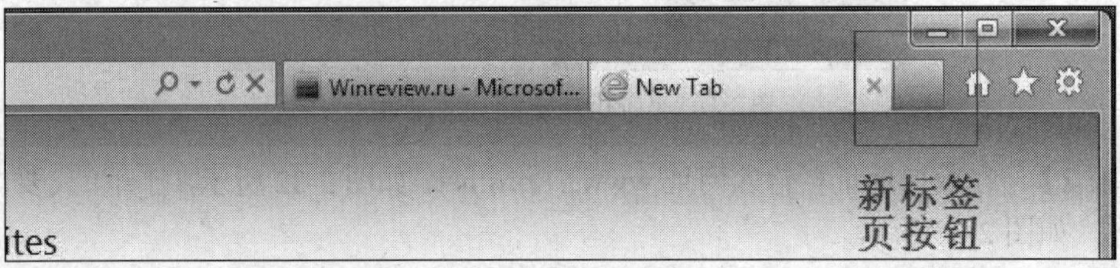

图 2-36　新标签面按钮

图 2-37　百度首页

【步骤 7】 输入搜索关键字“中国大学 mooc”或“网易公开课”，学习使用搜索引擎找到自己想要的资料，如图 2-38 所示。

图 2-38 中国大学 mooc 网站、网易公开课网站

【步骤 8】 如果要查看更长时间范围内的已访问网站，可以单击工具栏中的“☆”按钮，选择“历史记录”选项卡，这时在 IE 窗口的右端会显示“历史记录”窗格，如图 2-39 所示。

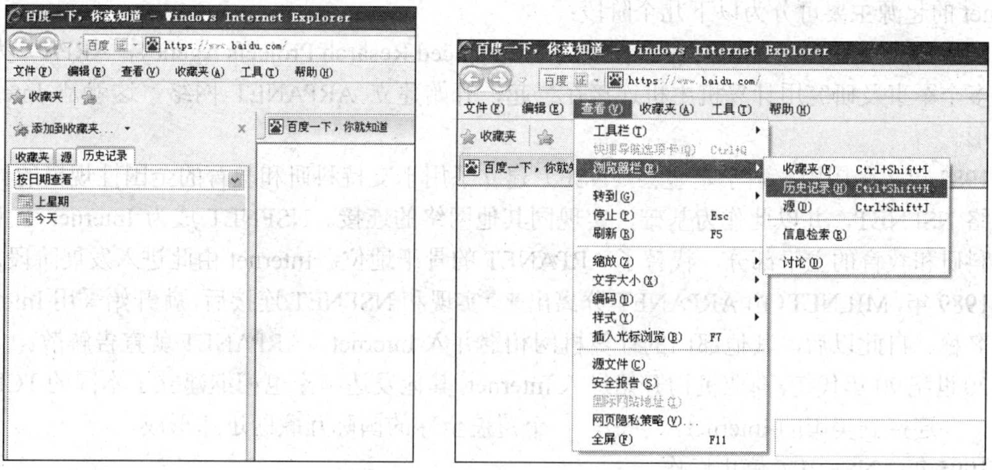

图 2-39 历史记录按钮和历史记录菜单

【步骤 9】 增加一个标签页，输入网址 www.jxqy.com.cn，打开学校首页，找到“数字化校园”，单击打开，进入教务管理系统，如图 2-40 所示。

【步骤 10】 单击“收藏”菜单，单击“添加到收藏夹”，如图 2-41 所示，弹出“添加收藏”对话框，如图 2-42 所示，再单击“添加”按钮，将教务管理系统网页收藏，最后下次就不用输入网址，可以一次性打开网页了。

图 2-40　教务管理系统界面

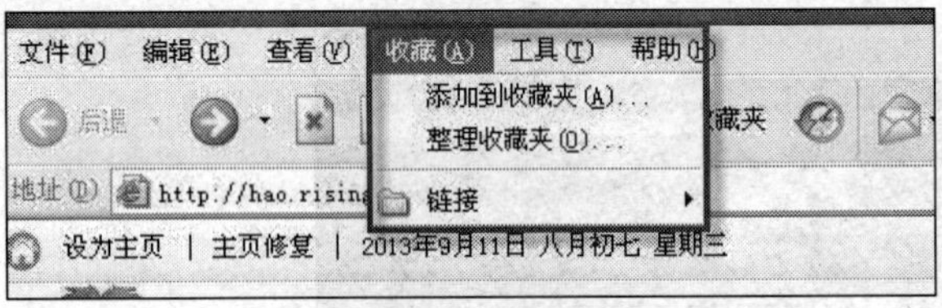

图 2-41　收藏菜单

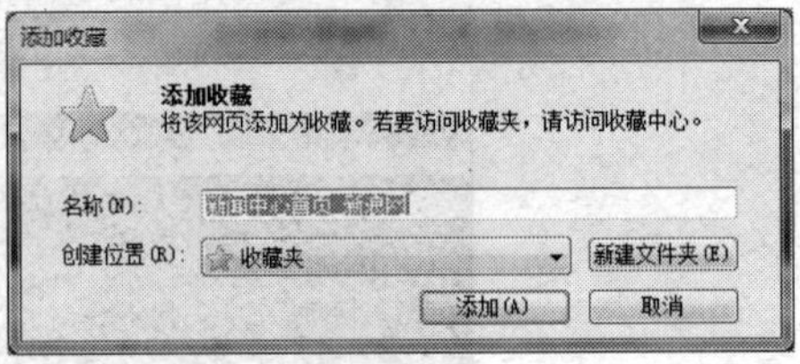

图 2-42　添加收藏对话框

知识储备——Internet 概述

1. Internet 起源和发展

（1）Internet 的起源和发展

Internet 是在美国较早的军用计算机网 ARPANET 的基础上经过不断发展变化而形成的。Internet 的起源主要可分为以下几个阶段：

1969 年，美国国防部研究计划管理局（Advanced Resarch Projects Agency，ARPA）为将美国多个军事及研究用计算机主机连接在一起，开始建立 ARPANET 网络，这就是 Internet 的雏形。

1985 年，美国国家科学基金会（NSF）建立了用于支持科研和教育的全国性规模的计算机网络 NSFNET，并以此作为基础，实现同其他网络的连接。NSFNET 成为 Internet 上主要用于科研和教育的主干部分，代替了 ARPANET 的骨干地位。Internet 由此进入发展阶段。

1989 年，MILNET（由 ARPANET 分离出来）实现和 NSFNET 连接后，就开始采用 Internet 这个名称。自此以后，其他部门的计算机网相继并入 Internet，ARPANET 就宣告解散。

20 世纪 90 年代初，商业机构开始进入 Internet，其他发达国家也相继建立了本国的 TCP/IP 网络，并连接到美国的 Internet。于是，一个覆盖全球的国际互联网迅速形成。

1995 年，NSFNET 停止运作。

Internet 能为用户提供更多的服务，Internet 彻底商业化使互联网迅速普及和发展。

现在的 Internet 发展已经呈现多元化，它不仅仅单纯为科研服务，互联网正逐步进入日常生活的各个领域。近几年来，Internet 在规模和结构上都有了很大的发展，已经发展成为一个名副其实的“全球网”。

网络的出现，改变了人们使用计算机的方式；而 Internet 的出现，又改变了人们使用网络的方式。Internet 使计算机用户不再被局限于分散的计算机上，同时，也使他们脱离了特定网络的约束。任何人只要进入了 Internet，就可以利用计算机网络中的丰富资源。

（2）中国互联网的发展

1989 年 8 月，中国科学院开始国家计委立项的“中关村教育与科研示范网络”（NCFC）——中国科技网（CSTNET）前身的建设。

1989 年，中国开始建设国家级四大骨干网络联网。

1991 年，在中美高能物理年会上，美方提出把中国纳入互联网络的合作计划。

1994 年 4 月，NCFC 率先与美国 NSFNET 直接互联，实现了中国与 Internet 全功能网络连接，标志着我国最早的国际互联网络的诞生。中国科技网成为中国最早的国际互联网络。

1994 年，中国第一个全国性 TCP/IP 互联网——CERNET 示范网建成。同年，中国教育与科研计算机网、中国科学技术网、中国金桥信息网、中国公用计算机互联网开放。

1995 年，张树新创立首家互联网服务供应商——瀛海威，从此老百姓进入互联网。

2000 年，中国三大门户网站搜狐、新浪、网易在美国纳斯达克挂牌上市。

截至 2015 年 7 月，我国网民规模达 6.5 亿，网站总量接近 400 万个。

视角延伸

目前，我国与 Internet 联接的主干网主要有：

我国第一个与 Internet 联接的网络——中国科学技术网（CSTNET），主要包括中科院网、清华大学校园网和北京大学校园网。

“中国教育和科研计算机网示范工程”（CERNET），1995 年开始建设，网络管理中心设在清华大学，负责主干网的规划、实施、管理和运行。它是为教育、科研和国际学术交流服务的网络。

ChinaNET 网络，俗称“163”。1996 年中国电信建设了只能访问国内站点的“中国公众多媒体通信网”，俗称“169”。

“国家公用经济信息通信网”（GBNET），也叫金桥网，计划建成覆盖全国 30 多个省、自治区、直辖市的 500 个中心城市，12 000 个大型企业联接的信息通信网。

另外，1999 年，中国联通网（Uninet）、中国网通网（CNCNET）开始运行。

2. IP 地址和域名

（1）IP 地址

IP 地址（Internet Protocol Address）——互联网协议地址（又称网际协议地址），是 IP 提供的一种统一的地址格式，它为互联网上的每一个网络和每一台主机分配一个逻辑地址，以此来屏蔽物理地址的差异。每台计算机的 IP 地址必须是唯一的，不能有重复。

早期厂家生产的网络系统和设备，它们所传送数据的基本单元的格式不同。为了实现网络互联，IP 规定各种数据的基本单元的不同格式统一转换成“IP 数据报”格式，实现了所有计算机在 Internet 上的互通。

IP 地址是一个 32 位的二进制数，在表示的时候分割为 4 个“8 位二进制数”，用“点分十进制数”表示，如图 2-43 所示。

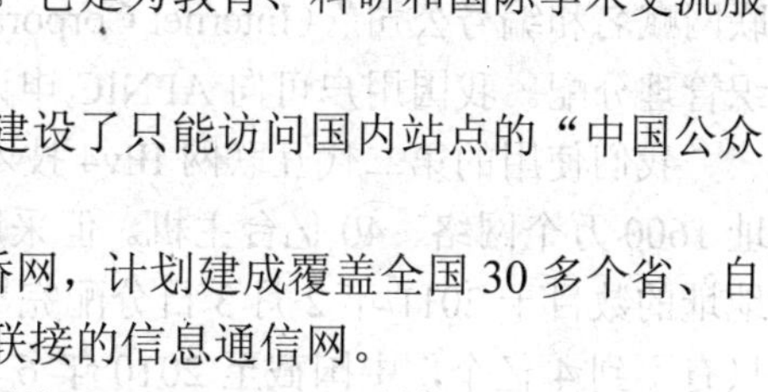

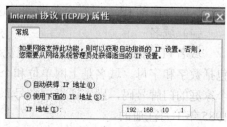

图 2-43 IP 地址

（2）IP 地址分类

为了便于寻址以及层次化构造网络，每个 IP 地址包括两个标识码（ID），即网络 ID 和主机 ID。同一个物理网络上的所有主机都使用同一个网络 ID，网络上的一个主机（包括网络上工作站，服务器和路由器等）有一个主机ID与其对应。Internet委员会定义了5种IP地址类型以适合不同容量的网络，即A类～E类，如表2-3所示。

表2-3　IP地址分类

类别	网络地址	使用部门	地址范围	保留地址
A类	第1字节	政府机关	1.0.0.1—126.155.255.254	127.×.×.×
B类	第1、2字节	大中型企业	128.0.0.1—191.255.255.254	169.254.×.×
C类	第1、2、3字节	个人使用	192.0.0.1—223.255.255.254	192.168.×.×
D类	不分网络地址、主机地址，第1个字节前四位固定1110		224.0.0.1—239.255.255.254	
E类	不分网络地址和主机地址，它的第1个字节的前五位固定为11110		240.0.0.1—255.255.255.254	

每一个字节都为0的地址（“0.0.0.0”）对应于当前主机；

IP地址中的每一个字节都为1的IP地址，（“255.255.255.255”）是当前子网的广播地址；

IP地址中不能以十进制数“127”作为开头，该类地址中数字127.0.0.1到127.255.255.255用于回路测试。

网络ID的第一个8位组也不能全置为“0”，全“0”表示本地网络。

（3）IP地址分配

目前IP技术下可能使用的IP地址最多可有约42亿个。互联网上的IP地址统一由“互联网赋名和编号公司”（Internet Corporation for Assigned Names and Numbers，ICANN）的组织管理分配。我国用户可向APNIC申请。

我们使用的第二代互联网IPv4技术，最大的问题是网络地址资源有限。从理论上讲，编址1600万个网络、40亿台主机。但采用A、B、C三类编址方式后，可用的网络地址和主机地址的数目于2011年2月3日分配完毕。其中北美占有3/4，约30亿个，而人口最多的亚洲只有不到4亿个，中国截至2010年6月IPv4地址数量达到2.5亿个，落后于实际的需求。地址不足，严重地制约了中国及其他国家互联网的应用和发展。

在这样的环境下，IPv6应运而生。

IPv6地址长度相比IPv4增加到128位，地址空间增加了2的96次方倍；IPv6中报文头部格式灵活，使路由器可以简单路过选项而不做任何处理，加快了报文处理速度；简化了报文头部格式，字段只有7个，加快报文转发，提高了吞吐量；IPv6的身份认证和隐私权提高安全性；IPv6支持更多的服务类型，对DHCP的改进和扩展，使得网络（尤其是局域网）的管理更加方便和快捷；同时允许协议继续演变，增加新的功能，使之适应未来技术的发展。

试验阶段的IPv6是完全免费的，这是目前IPv6的最大优势。

（4）域名

域名（Domain Name），是便于记忆和沟通的一组服务器的地址。域名是由若干部分组成，包括数字和字母。域名是上网单位和个人在网络上的重要标识，通俗地说，域名就相当于一个家庭的门牌号码，别人通过这个号码可以很容易地找到你。世界上第一个注册的域名是在1985年1月注册的。

域名可分为不同级别，包括顶级域名、二级域名、三级域名、注册域名。如域名

www.cctv.com，其中，www.cctv 为主机名（www 表示提供超文本信息的服务器，cctv 表示中央电视台）；com 为顶级域名（表示商业机构）。

顶级域名有国家地区代码和组织机构代码两种表示，常见的顶级域名分类如表 2-4 所示。

表 2-4 常见顶级域名分类

国家、地区代码	表示含义	组织、机构代码	表示含义
.au	澳大利亚	.com	商业机构
.ca	加拿大	.edu	教育机构
.ru	俄罗斯	.gov	政府部门
.fr	法国	.int	国际组织
.it	意大利	.mil	美国军事部门
.jp	日本	.net	网络组织
.uk	英国	.org	非营利组织
.sg	新加坡	.info	网络信息服务组织
缺省	美国	.pro	用于会计、律师和医生

3. URL 地址和 HTTP

（1）URL

统一资源定位器（Uniform Resource Locator，URL）是用来指示某一信息资源所在的位置及访问的方法，是互联网上的每个文件唯一的标准资源地址，用来指出文件的位置以及浏览器应该怎么处理它。

基本 URL 包含模式（或称协议）、服务器名称（或 IP 地址）、路径和文件名。

例如：http://www. 163.com/15/0619/08/ASF9KS9100294M9N.html 这个 URL 地址中，

“http://”表示 WWW 服务器，指服务器提供的服务类型。

“www. 163.com”指出要访问的网页所在的服务器域名。指服务器地址。

“/15/0619/08/”指明这个文件的存储路径。

“ASF9KS9100294M9N.html”指出资源文件的名称。

提示：WWW 上的服务器都是区分大小写字母的，书写 URL 时需注意大小写。

（2）HTTP

超文本传输协议（Hyper Text Transfer Protocol，HTTP）是用于从 WWW 服务器传输超文本到本地浏览器的传送协议，是一个客户端和服务器端请求和应答的标准（TCP）。它可以使浏览器更加高效，使网络传输减少，保证计算机正确快速地传输超文本文档。

当在浏览器的地址框中输入一个 URL 后，就确定了要浏览的地址。浏览器通过超文本传输协议（HTTP），将 Web 服务器上站点的网页代码提取出来，并翻译成相应的网页。

实践拓展

小明学会了上网浏览网页，还知道了几个自学的网站，很兴奋。他利用下午课余时间，连续在不同的网站注册账号，选择了多门课程，打算晚上学习。吃完晚饭后，小明坐到计算机前，却想不起他在哪个网站选择了课程。怎样才能看到自己曾经浏览过的网页呢？

请跟着配套实训指导的练习题查找网页浏览的历史记录吧。

情境三 空中信使

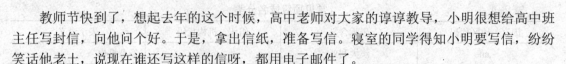

教师节快到了，想起去年的这个时候，高中老师对大家的谆谆教导，小明很想给高中班主任写封信，向他问个好。于是，拿出信纸，准备写信。寝室的同学得知小明要写信，纷纷笑话他老土，说现在谁还写这样的信呀，都用电子邮件了。

小明没用过电子邮件，只有等到上计算机课时问问老师了。

学习目标

① 了解网络电子邮箱的作用。

② 学会利用网上资源申请免费的电子邮箱。

③ 掌握收发电子邮件的操作方法。

课前准备

① 获取高中老师的 QQ 号或其他邮箱地址。

② 用搜索引擎查找一张好看的图片，下载后放在计算机桌面。

解决方案

【步骤 1】 打开 IE 浏览器，输入网址 www.126.com，打开网易免费邮箱网站，如图 2-44 所示，单击“注册”按钮，进入注册页面，如图 2-45 所示。

图 2-44 126 网站首页

图 2-45 126 邮箱注册页面

【步骤 2】 依照要求填写内容，单击“立即注册”按钮。依次根据要求完善内容。

【步骤 3】 注册成功后，进入邮箱，如图 2-46 所示。

【步骤 4】 进入邮箱后单击左侧“写信”按钮。在收件人、主题后分别添加老师的邮箱地址和这封信的主要事项，单击“添加图片”按钮，如图 2-47 所示，打开“添加图片”对话框，单击“浏览”按钮，放入已经下载在桌面的图片，如图 2-48 所示。

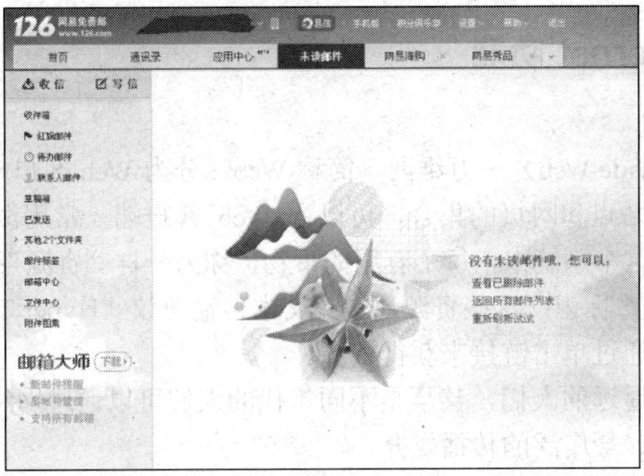

图 2-46　进入邮箱

图 2-47　邮箱写信界面

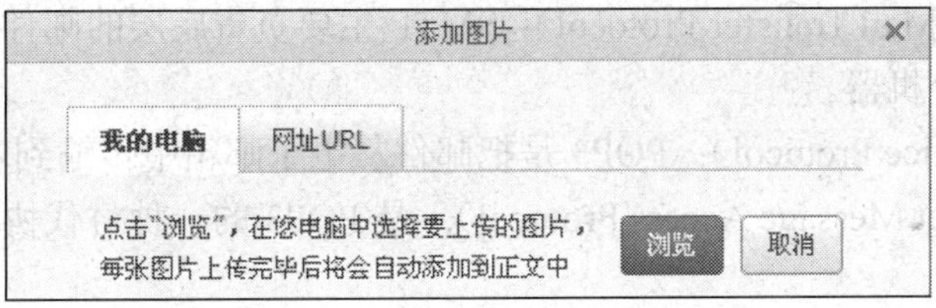

图 2-48 “添加图片”对话框

【步骤 5】　在已经添加进来的图片后方单击鼠标左键，出现闪烁的光标，写入信件的内容。单击下方的“发送”按钮，信件就发给老师了，如图 2-49 所示。

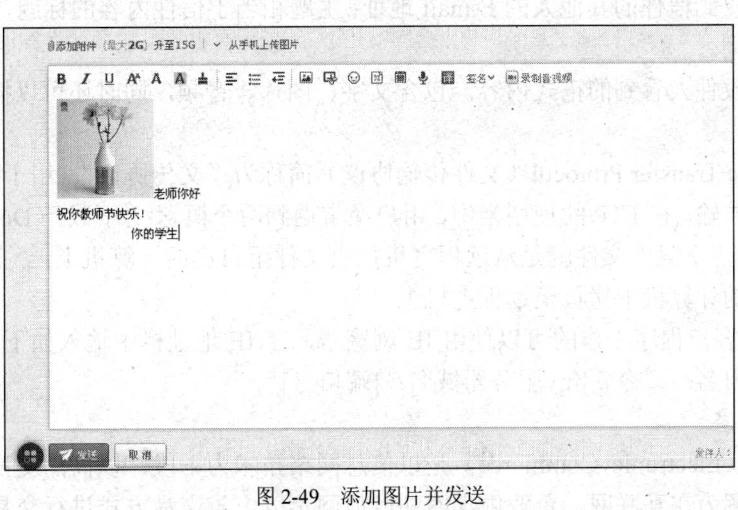

图 2-49　添加图片并发送

知识储备——Internet 功能

1. WWW

WWW（World Wide Web）—万维网，简称 Web，分为 Web 客户端和 Web 服务器程序。万维网是无数个网络站点和网页的集合，可以让 Web 客户端（常用浏览器）访问浏览 Web 服务器上的页面。在这个系统中，每个有用的事物，称为一样“资源”；并且由一个全局“统一资源标识符”（URI）标识；这些资源通过超文本传输协议（Hyper Text Transfer Protocol）传送给用户，而后者通过单击链接来获得资源。

万维网使得相距遥远的人们，甚至是不同年代的人们可以通过网络发展亲密的关系。它是人类历史上最深远、最广泛的传播媒介。

2. 电子邮件

电子邮件是一种用电子手段提供信息交换的通信方式，邮件内容可以是文字、图像、声音等多种形式，是互联网应用最广的服务之一，它极大地方便了人与人之间的沟通与交流，促进了社会的发展。

电子邮件地址的格式由“用户标识符+@+域名”三部分组成。第一部分“USER”代表用户信箱的账号，第二部分“@”是分隔符，第三部分是用户信箱的邮件接收服务器域名，用以标志其所在的位置。例如：pc3893309@126.com。

常见的电子邮件协议有以下几种：SMTP（简单邮件传输协议）、POP3（邮局协议）、IMAP（Internet 邮件访问协议）。

SMTP（Simple Mail Transfer Protocol）：SMTP 主要负责底层的邮件系统如何将邮件从一台机器传至另外一台机器。

POP3（Post Office Protocol）：POP3 是把邮件从电子邮箱中传输到本地计算机的协议。

IMAP4（Internet Message Access Protocol）：是 POP3 的一种替代协议，提供邮件检索和邮件处理的新功能。

电子邮件的书写格式有两个基本部分：信头和信体。信头相当于日常的信封，信体则是信件内容。

信头书写往往要写入这几项：收件人的 E-mail 地址，如有多人，用分号（；）隔开；抄送项填写同时收到信件的其他人的 E-mail 地址；主题相当于信件内容的标题，可以是一名词，也可以是一个词。

信体就是收件人看到的正式内容，包含文字、图片、音频，同时还可以插入附件。

3. FTP

FTP 是 File Transfer Protocol（文件传输协议）简称为“文传协议”。用于 Internet 上的控制文件的双向传输。在 FTP 的使用当中，用户经常遇到两个概念：“下载”（Download）和“上传”（Upload）。“下载”文件就是从远程主机拷贝文件至自己的计算机上；“上传”文件就是将文件从自己的计算机中拷贝至远程主机上。

启动 FTP 客户程序工作的可以使用 IE 浏览器，在 IE 地址栏中输入如下格式的 URL 地址“ftp：//[用户名：口令@]ftp 服务器域名：[端口号]”。

4. 电子商务

电子商务（Electronic Commerce）是以信息网络技术为手段，以商品交换为中心的商务活动。也可理解为在互联网、企业内部网和增值网上以电子交易方式进行交易活动和相关服务的活动，是传统商业活动各环节的电子化、网络化、信息化。

电子商务买卖双方通常不谋面，实现消费者的网上购物、商户之间的网上交易和在线电子支付以及各种商务活动、交易活动、金融活动。各国政府、学者、企业界人士根据自己所处的地位和对电子商务参与的角度和程度的不同，给出了许多不同的定义。电子商务分为 ABC、B2B、B2C、C2C、B2M、M2C、B2A（即 B2G）、C2A（即 C2G）、O2O 等。

电子商务的四要素是：商城、消费者、产品、物流。电子商务的形成与交易离不开交易平台（第三方电子商务平台）、平台经营者（第三方交易平台经营者）、站内经营者（第三方交易平台站内经营者）、支付系统。

在消费者信息多元化的 21 世纪，电子商务让消费者通过网络在网上购物、网上支付，节省了客户与企业的时间和空间，大大提高了交易效率，并逐渐成为消费者的生活习惯。

实践拓展

学会了 E-mail 的小明很兴奋，他躺在床上谋划着，是不是给每个高中同学都发一封呢。要是能有个电子贺卡就好了。小明想万能的网络一定会解决他的问题的。

制作贺卡再给每人发封能花多少时间呢，请跟着配套的实训指导练习制作吧。

情境四 网络安全小秘诀

学会了网络冲浪，小明在网上交了很多朋友，有本校的，有远在首都北京的。一天网友用邮件给小明传来附件，并盛情邀请小明马上打开。小明下载后，马上打开了文件，突然，计算机的屏幕一片漆黑，吓得小明不知所措，赶紧打电话向计算机教研室的老师求助。

学习目标

① 了解计算机数据的安全知识。

② 学会使用杀毒软件和系统维护软件。

③ 培养计算机网络安全意识。

课前准备

① 请老师将计算机修复。

② 确定计算机中没有安装其他杀毒软件，上网下载 360 杀毒软件和 360 安全卫士并安装。

③ 准备一个 U 盘。

解决方案

【步骤 1】 安装 360 杀毒软件和 360 安全卫士后，如图 2-50 所示，重新启动计算机。再次开机后，在任务栏右下角（屏幕右下方）右键单击 360 杀毒软件的图标，打开快捷菜单，如图 2-51 所示。

图 2-50　360 杀毒软件图标

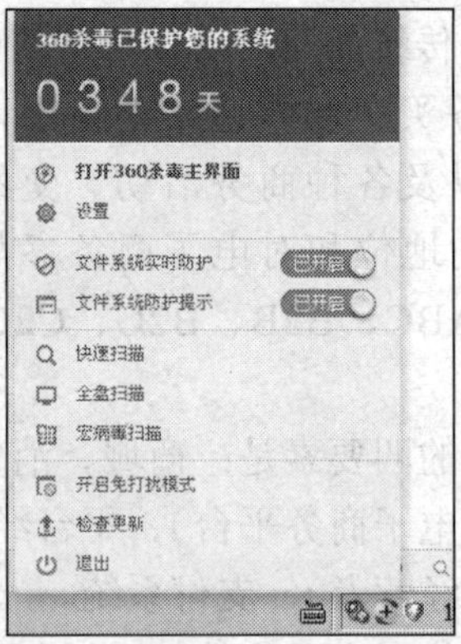

图 2-51　360 杀毒软件快捷菜单

【步骤 2】　单击“打开 360 杀毒主菜单”，在对话框中单击“全盘扫描”，如图 2-52 所示，开始查杀，如图 2-53 所示。

图 2-52　360 杀毒

图 2-53　全盘查杀

【步骤 3】　查杀完成后，360 给出结果报告，勾选全部选项，单击“立即处理”按钮处理异常，如图 2-54 所示。

图 2-54　360 查杀报告

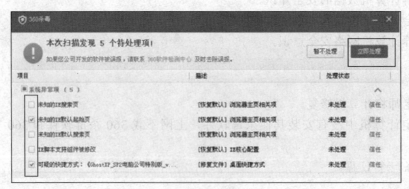

【步骤 4】　回到 360 杀毒主菜单，插入 U 盘，单击“自定义扫描/U 盘”，开始查杀 U 盘是，如图 2-55 所示。

【步骤 5】　回到 360 杀毒主菜单，单击右下方的“更多”，如图 2-56 所示，右侧打开 360 增加的功能，如图 2-57 所示。

图 2-55　自定义扫描

图 2-56　360 杀毒软件更多按钮

【步骤 6】　在任务栏右下角右键单击 360 安全卫士的图标，打开快捷菜单。单击“打开卫士”打开主窗口，如图 2-58 所示。

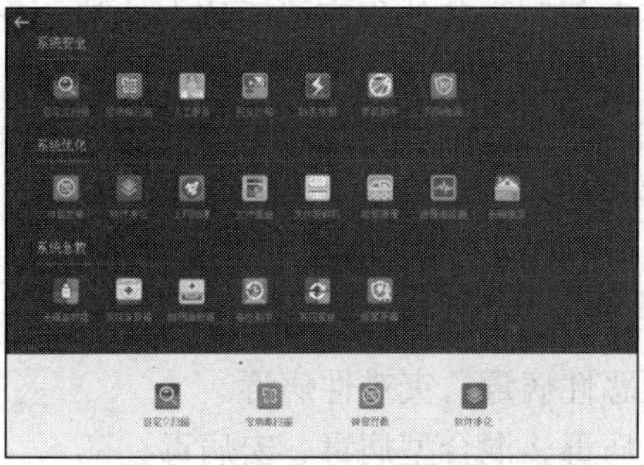

图 2-57　360 杀毒软件其他功能

图 2-58　360 安全卫士主窗口

【步骤 7】　安全评估会给出相应分数，如图 2-59 所示。

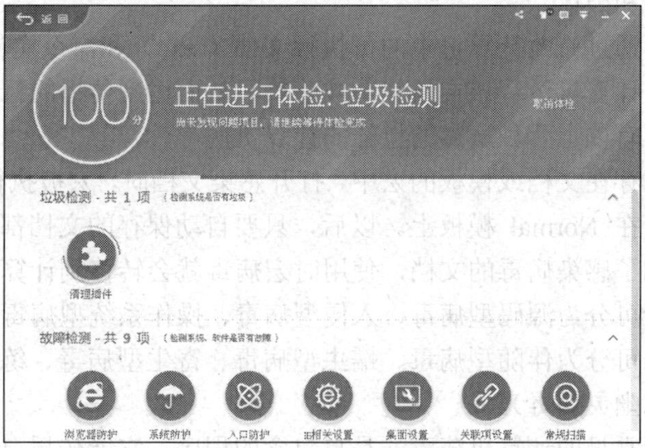

图 2-59　360 安全卫士安全评估

【步骤 8】　除了整体体检外，也可以对不同的选择进行单独的处理，修复系统漏洞、查找木马、清理插件等。

知识储备——计算机网络安全

（1）计算机病毒的定义

计算机病毒（Computer Virus）是编制者在计算机程序中插入的破坏计算机功能或者数据

的代码，能影响计算机使用，能自我复制的一组计算机指令或者程序代码。

第一次明确提出计算机病毒的概念是美国学者科恩，科恩在 1983 年 11 月国际计算机安全学术会议上演示了计算机病毒。1987 年，第一个计算机病毒 C-BRAIN 诞生，由巴基斯坦兄弟（巴斯特和阿姆捷特）编写。在盗版软件拷贝者盗拷他们的软件时会把剩余硬盘空间给“吃掉”。业界公认 C-BRAIN 是真正具备完整特征的计算机病毒始祖。

（2）计算机病毒的特征

计算机病毒具有潜伏性、破坏性、隐蔽性、传染性、可触发性的特点。

潜伏性：计算机病毒依附于其他媒体寄生，潜伏到条件成熟才发作。

破坏性：计算机中毒后，可能会导致正常的程序无法运行、删除或损坏计算机的文件、破坏引导扇区及 BIOS，破坏硬件环境。

隐蔽性：可以通过病毒软件检查出少数计算机病毒，隐蔽性计算机病毒时隐时现、变化无常。

传染性：计算机病毒通过修改别的程序将自身的病毒复制到其他程序或系统中的某一个部件。

可触发性：病毒程序一般都设定了一定的触发条件，一旦条件满足，计算机病毒就会“发作”，使系统遭到破坏。

（3）计算机病毒的分类

计算机病毒根据不同的划分方法有不同的分类。

根据破坏性分类：可分为良性病毒、恶性病毒、极恶性病毒、灾难性病毒。

根据传染方式分类：可分为引导区型病毒、文件型病毒、混合型病毒、宏病毒。

引导型病毒指寄生在磁盘引导区或主引导区的计算机病毒。此种病毒利用系统引导时，不对主引导区的内容正确与否进行判别，在引导型系统的过程中侵入系统，驻留内存，监视系统运行，待机传染和破坏。

文件型病毒主要通过修改计算机中的可执行文件（.exe）和命令文件（.com），使其成为新的带毒文件。一旦计算机运行该文件就会被感染，从而达到传播的目的。

混合型病毒指具有以上两种病毒的特征的计算机病毒。

宏病毒是主要寄存在文档或模板的宏中，打开感染文档时，宏被执行，宏病毒立即激活，转移到计算机并驻留在 Normal 模板上。以后，只要自动保存的文档都会“感染”宏病毒，如果其他计算机复制了感染病毒的文档，使用时宏病毒就会转移到计算机。

根据连接方式：可分为源码型病毒、入侵型病毒、操作系统型病毒、外壳型病毒。

根据算法分类：可分为伴随型病毒、蠕虫型病毒、寄生型病毒、练习型病毒、诡秘型病毒、变型病毒（又称幽灵病毒）。

蠕虫病毒是一种常见的计算机病毒，是自包含的程序，它能传播自身功能的拷贝或自身的某些部分到其他的计算机系统中。与一般病毒不同，蠕虫不需要将其自身附着到宿主程序。蠕虫病毒有两种类型：主机蠕虫与网络蠕虫。主机蠕虫完全包含在它们运行的计算机中，使用网络连接时仅将自身拷贝到其他计算机中，而后终止自身。

视角延伸：

引导型病毒，具有代表性的是小球病毒。

小球病毒是新中国成立以来发现的第一例计算机病毒（1986 年）。发作条件是系统进行读盘操作的同时时钟处于半点或整点，发作时屏幕出现一个活蹦乱跳的小圆点，作斜线运动，当碰到屏幕边沿或者文字就立刻反弹，碰到的文字，英文会被整个削去，中文会削去半个或整个削去，也可能留下制表符乱码。小球病毒后期经过一些好事者的改造，后期的变种运动的规律开始逐渐复杂化。

从2007年起，熊猫烧香病毒在我国计算机用户中引起一片恐慌。熊猫烧香是一种蠕虫病毒的变种，中毒计算机的可执行文件会出现熊猫烧香图案，所以也被称为熊猫烧香病毒。熊猫烧香中等病毒变种，用户计算机中毒后可能会出现蓝屏、频繁重启以及系统硬盘中数据文件被破坏等现象。同时，该病毒的某些变种可以通过局域网进行传播，进而感染局域网内所有计算机系统，最终导致企业局域网瘫痪（见图2-60）。

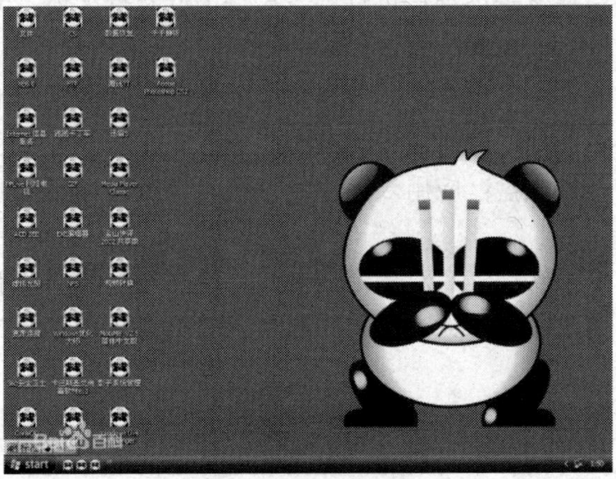

图2-60　熊猫烧香病毒发作时计算机桌面

（4）计算机病毒的传播途径

计算机病毒传播主要通过文件的拷贝、传送、执行等方式进行，因此，病毒传播与文件传播媒体的变化有着直接关系。通过认真研究各种计算机病毒的传染途径，在源头上对抗计算机病毒，能更好地防止病毒对计算机系统的侵袭。

计算机病毒的主要传播途径有以下几种。

光盘与硬盘：非法盗版软件的光盘制作过程中，很难避免病毒的传入、传染、流行和扩散。带有病毒的硬盘在本地或移到其他设备使用、维修时也会将其他干净计算机传染。

Internet 网络：现代通信技术的巨大进步在为人们开辟方便的网络生活的同时，也为计算机病毒的传播提供了新的"高速公路"。计算机病毒的威胁可能会来自网络文件下载、电子邮件、BBS通讯站点、浏览网页和下载软件或者网络游戏等方式途径。总的来说，网络使用的简易性和开放性使得这种威胁越来越严重，已经成为计算机病毒传播的第一大媒介。

其他移动设备：更多的计算机病毒逐步转为利用移动存储设备进行传播。移动存储设备包括我们常见的软盘、磁带、移动硬盘、U盘、数码相机、MP3等。这些携带方便，使用广泛、移动频繁的存储介质，也成了计算机病毒的寄生"温床"。

局域网传播：局域网是数据共享和相互协作的需要。组成网络的每一台计算机都能连接到其他计算机，数据也能从一台计算机发送到其他计算机上。如果发送的数据感染了计算机病毒，接收方的计算机将自动被感染，因此，有可能在很短的时间内感染整个网络中的计算机。

无线设备传播：随着智能手机的普及，通过彩信、上网浏览等方式下载到手机中的程序越来越多，不可避免的会对手机安全产生隐患，手机病毒会成为新一轮计算机病毒危害的"源头”。手机上网用户数量的大幅度增加使手机病毒的传播速度和危害程度与日俱增。无线传播很有可能发展成为第二大病毒传播媒介。

（5）计算机病毒的防治

通过采取技术上和管理上的措施，计算机病毒是可以防范的。虽然仍有新病毒，采用更隐秘的手段，利用计算机系统安全漏洞，进行某种破坏，但是只要在思想上有反病毒的警惕性，依靠使用反病毒技术和管理措施，新病毒就无法逾越计算机安全保护屏障，从而不能广泛传播。

养成良好的使用计算机的习惯：上网时，不要打开来历不明的电子邮件和陌生网站；网络下载的文件或软件一定要杀毒处理后再打开；尽量做好数据备份，尤其是对关键性数据，其重要性有时比安装防御产品更有效。

做好病毒预防：定时补全系统补丁；安装正版的杀毒软件和防火墙，并及时升级到最新版本；关闭不必要的共享；使用即时通讯工具时，不要随意接收好友发来的文件；经常用杀毒软件检查硬盘和每一张外来盘；应用入侵检测系统，检测超过授权的非法访问和来自网络的攻击。

定期进行查杀毒：杀毒软件具有对特定病毒进行检测及清除的功能，定期使用杀毒软件查杀磁盘，及早发现病毒，及时杀灭。经常注意系统的工作状况，及时发现异常情况，不使病毒传染到整个磁盘。

视角延伸：

木马（Trojan），也称特洛伊木马病毒，是指通过特定的程序（木马程序）来控制另一台计算机。“木马”程序是目前比较流行的病毒文件，与一般的计算机病毒不同，它不会自我繁殖，也并不“刻意”地去感染其他文件，它通过将自身伪装吸引用户下载执行，向施种木马者提供打开被种主机的门户，使施种者可以任意毁坏、窃取被种者的文件，甚至远程操控被种主机。

木马和病毒都是人为的计算机程序，都属于病毒，为什么木马要单独提出来说呢？计算机病毒的主要作用是为了破坏计算机里的资料和数据，除了破坏之外其他无非就是有些病毒制造者为了达到某些目的而进行的威慑和敲诈勒索的作用，或为了炫耀自己的技术。“木马”与之不同的是，木马并不对计算机数据进行破坏，而主要监视计算机系统和盗窃密码等数据。鉴于木马的巨大危害性和它与早期病毒的作用性质不同，所以木马虽然属于计算机病毒中的一类，还是要单独的从病毒类型中间剥离，独立称之为“木马”程序。

实践拓展

下课之前老师还推荐了一款计算机杀毒和系统管理二合一的软件：电脑管家。小明听后，也想试试这款软件，而且，这款软件是腾讯公司的产品，还可以保护 QQ 账号。

快和小明一起练习配套实训指导吧。

故事三 3 计算机与“我的计算机”

天气一天比一天热，严格的军训生活好像没有止境。枯燥的“食堂—寝室—操场”三点一线的生活，计算机成了小明最好的朋友。小明每天与同学的谈资也是围绕“我的计算机”：“我的计算机上网很快……”“我从我的计算机上发现……”等。

情境一 我的系统我做主

小明的一个同班同学因为脚受伤，不能参加军训活动，被教官要求旁听，兼做班上的后勤。有一天，这位同学带来了一个 Microsoft surface pro，一看到这个最新的微软产品，同班同学都围上去了好奇地问这问那，这位同学很酷地演示着各种操作，然后对围着他密不透风的同学说：“不要好奇，你的计算机也能这么酷。”小明听后，心动了，难道我的计算机也能这么漂亮？

学习目标

① 学会 Windows 7 操作系统基本知识和基本操作。

② 学会定制自己的操作系统。

课前准备

① 检查计算机中的操作系统是不是 Windows 7。

② 到网上找一些漂亮的壁纸图片和图标图片。

解决方案

【步骤 1】 鼠标右键单击计算机桌面空白处，打开快捷菜单，如图 3-1 所示。单击最下方的“个性化”，打开“个性化”设置窗口，如图 3-2 所示。单击主题中的选项，可以整体修改计算机系统的包含不同的壁纸、窗口配色、系统声音等。还可以联机获得单击“联机获取更多主题”，在线下载更多的桌面主题包。

图 3-1 桌面右键快捷菜单

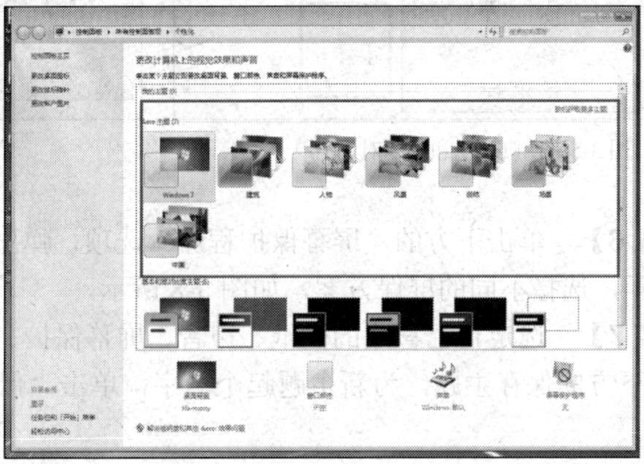

图 3-2 个性化窗口

【步骤 2】 单击下方的桌面背景选项，如图 3-3 所示，在打开的窗口中单击你喜欢的图片，桌面背景会随着你的选择而变化。单击上方的“图片位置”右侧的下拉箭头，如图 3-4 所示，可以把计算机中其他图片设置成壁纸。

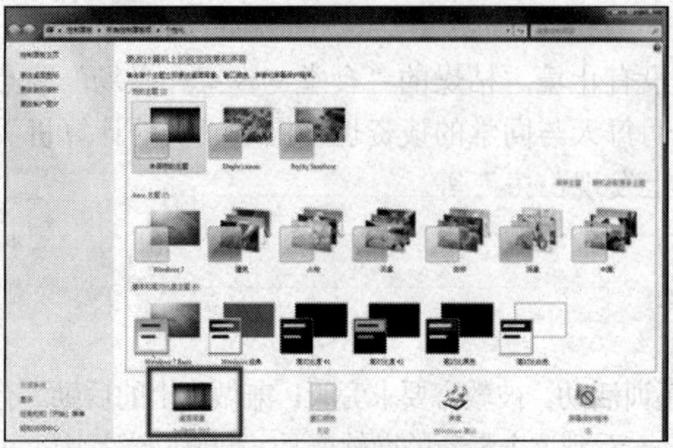

图 3-3 桌面背景选项

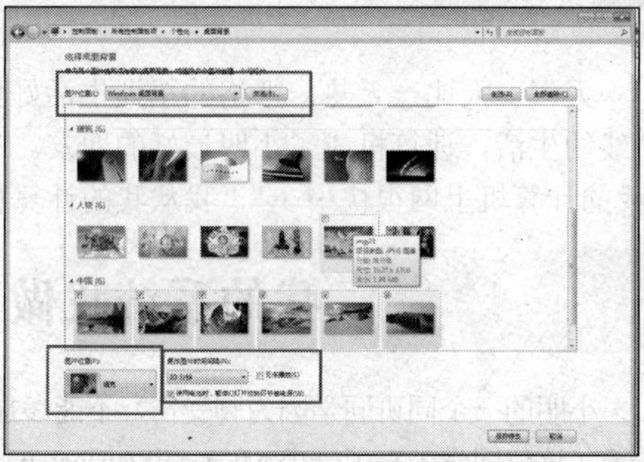

图 3-4 桌面背景对话框

【步骤 3】 可以一起选择多张图片，单击下方的“更改图片时间间隔”，这样系统会自动按时间多张图片切换成壁纸。单击下方的“图片位置”下拉按钮，可以转换图片在背景中的位置。

【步骤 4】 返回个性化窗口，单击下方的“窗口颜色”选项，弹出“窗口颜色和外观”对话框，如图 3-5 所示，单击“项目”的下拉按钮，选择颜色方案。

【步骤 5】 单击下方的“声音”选项，弹出“声音”对话框，如图 3-6 所示，单击“声音方案”的下拉按钮，选择不同的声音方案。

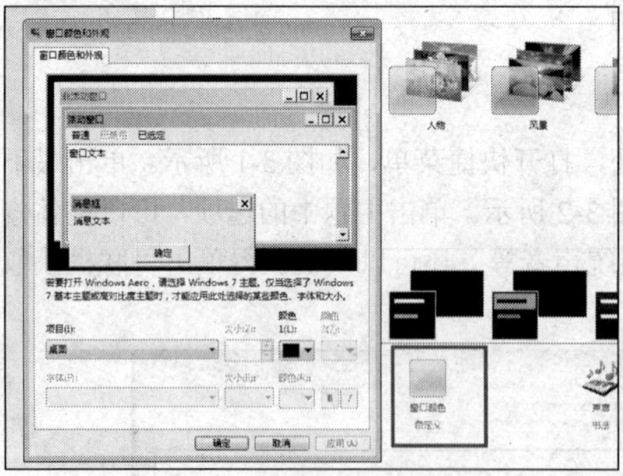

图 3-5 窗口颜色和外观对话框

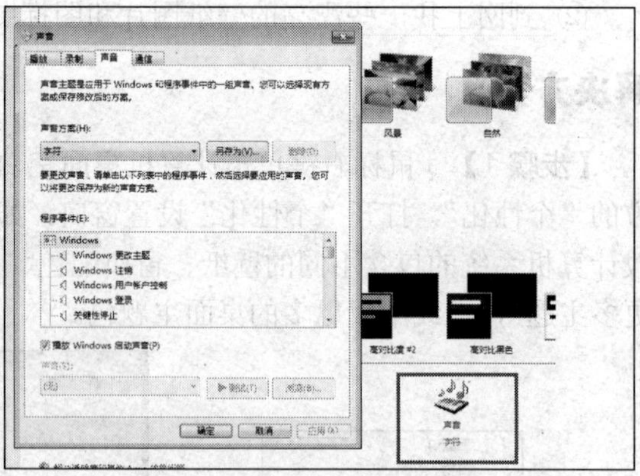

图 3-6 声音对话框

【步骤 6】 单击下方的“屏幕保护程序”选项，弹出“屏幕保护程序设置”对话框，如图 3-7 所示，选择不同的屏保方案，如图 3-8 所示。

【步骤 7】 选定自己喜欢的壁纸、声音、屏幕保护、窗口颜色等桌面主题以后，单击我的主题右下方的保存主题，为新主题起个名字，单击“保存”接钮，如图 3-9 所示。

图 3-7　屏幕保护程序设置对话框

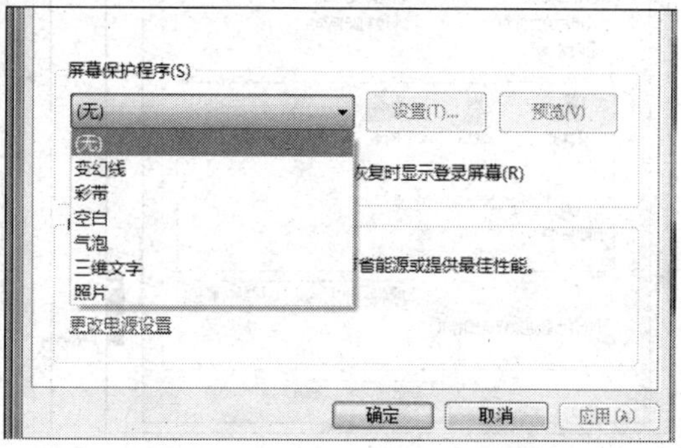

图 3-8　选择屏保

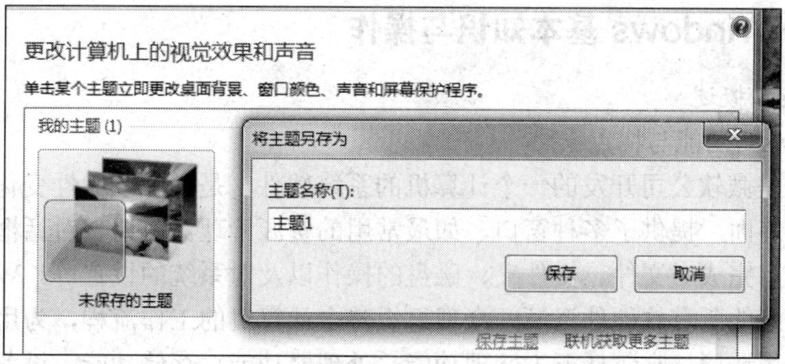

图 3-9　保存主题

【步骤 8】　回到个性化窗口，单击左侧的更改桌面图标，如图 3-10 所示，弹出桌面图标设置对话框，如图 3-11 所示，勾选要改变图标的名称，单击“更改图标”按钮，在弹出来的对话框中选择一个图标，单击“确定”按钮，替换现有桌面图标。还可以单击查找此文件中的图标旁边的“浏览”找到已经保存在计算机上的其他图标，如图 3-12 所示。

图 3-10　更改桌面图标选项

图 3-11 “桌面图标设置”对话框

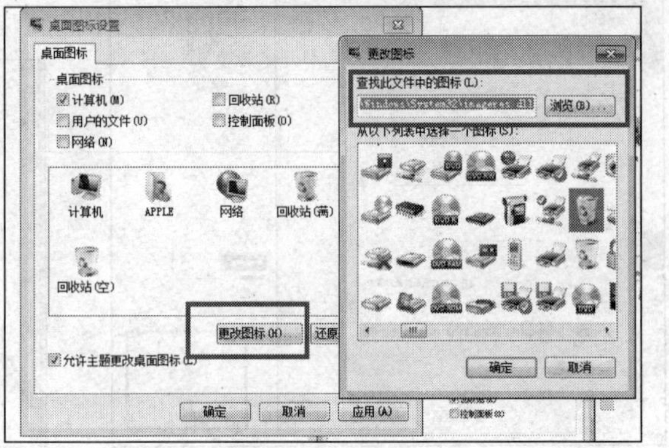

图 3-12 更改图标

知识储备——Windows 基本知识与操作

1. Windows 7 概述

（1）Windows 7 功能与特点

Windows 7 是微软公司开发的一个计算机的系统软件，是具有革命性变化的操作系统。它采用图形用户界面，提供了多种窗口，如最常用的资源管理器窗口、对话框窗口，利用鼠标和键盘通过窗口完成对文件、文件夹、磁盘的操作以及对系统的设置等。Windows 7 能有效管理计算机系统的所有软硬件资源，合理组织整个计算机的工作流程，为用户提供高效、方便、灵活的使用环境，它包括五大管理功能：处理器功能、存储功能、设备管理、文件管理、作业管理。

Windows 7 于 2009 年 10 月正式发布，相比之前的微软 Windows XP 操作系统，它主要围绕用户个性化的设计、娱乐视听的设计、用户易用性的设计以及笔记本计算机的特有设计等几方面进行改进，突出特色，添加了多种个性化功能。Windows 7 的标志如图 3-13 所示。

图 3-13 Windows 7 标志

系统运行更加快速：Windows 7 不仅仅在系统启动时间上进行了大幅度的改进，并且连从休眠模式唤醒系统这样的细节也进行了改善，使 Windows 7 成为一款反应更快速，令人感觉清爽的操作系统。

革命性的工具栏设计：Windows 7 工具栏上应用程序显示为一个图标，没有文字说明，同一个程序的不同窗口自动群组。鼠标覆盖图标时显示已打开窗口的缩略图，再次单击打开窗口。鼠标右键单击任何一个程序图标，显示相关选项的选单，微软称为 Jump List。在这个选单中除了更多的操作选项之外，还增加了强化功能，让用户更轻松地实现精确导航并找到搜索目标。

更个性化的桌面：Windows 7 用户能对自己的桌面进行更多的操作和个性化设置。Windows 7 内置主题包带来的不仅是系统局部的变化，更是整体风格的统一及壁纸、面板色调、系统声音的变化。

智能化的窗口缩放：半自动化的窗口缩放是 Windows 7 的有趣功能。用户可以把窗口拖到屏幕不同的地方，得出窗口的不同变化。当用户打开大量文档工作时，如果用户需要专注在其中一个窗口，只需要在该窗口上按住鼠标左键并且轻微晃动鼠标，其他所有的窗口便会自动最小化；重复该动作，所有窗口又会重新出现。

无缝的多媒体体验：Windows 7 远程媒体流控制功能支持从家庭以外的 Windows 7 个人计算机安全地从远程互联网访问家里 Windows 7 计算机中的数字媒体中心，随心欣赏保存在家庭计算机中的任何数字娱乐内容。

Windows Touch 极致触摸操控体验：Windows 7 用户可以通过触摸支持触控的屏幕来控制计算机。在配置有触摸屏的硬件上，用户可以通过自己的指尖来实现许许多多的功能。

Homegroups 和 Libraries 简化局域网共享：Windows 7 通过图书馆（Libraries）和家庭组（Homegroups）两大新功能对 Windows 网络进行了改进。

全面革新的用户安全机制：Windows 7 对用户账户控制这项安全功能进行了革新，不仅大幅降低提示窗口出现的频率，用户将在设置方面还将拥有更大的自由度，用户在互联网上能够更有效地保障自己的安全。

超强的硬件兼容性：总共有来自 10 000 家不同公司的 32 000 个人参与到围绕 Windows 7 的测试计划当中，其中包括 5 000 多个硬件合作伙伴和 5 700 个软件合作伙伴。全球知名的厂商比如 Sony、ATI、NVIDIA 等都表示将能够确保各自产品对 Windows 7 正式版的兼容性能。

Windows XP 模式：Windows 7 中新增了一项 Windows XP 模式，使 Windows 7 用户由 Windows 7 桌面启动，运行诸多 Windows XP 应用程序。

（2）Windows 7 的启动、退出、睡眠

Windows 7 的启动和关闭俗称为“开关机”，是操作 Windows 7 系统的第一步。掌握启动和关闭 Windows 7 的正确方法，能够保护系统软件的安全并延长计算机的硬件寿命。

Windows 7 的启动：在启动 Windows 7 系统前，首先应确保在通电情况下将计算机主机和显示器接通电源，然后按下主机箱上的 Power 按钮，启动计算机。在计算机启动过程中，BIOS 系统会进行自检并进入 Windows 操作系统。

Windows 7 的退出：当用户不再使用 Windows 7 时，应当及时关闭 Windows 7 操作系统，执行关机操作。在关闭计算机前，应先关闭所有的应用程序，以免数据的丢失。要关闭 Windows 7 系统，用户可以单击系统桌面上的“开始”按钮，在弹出的“开始”菜单中选择“关机”命令，如图 3-14 所示。

Windows 7 的睡眠：“睡眠”是操作系统的一种节能状态，是将运行中的数据保存在内存中并将计算机置于低功耗状态，可以用【Wake Up】键唤醒。睡眠选项如图 3-15 所示。

2. Windows 7 基本知识和基本操作

（1）认识 Windows 7 桌面

启动 Windows 7 后屏幕将显示 Windows 的桌面，如图 3-16 所示。

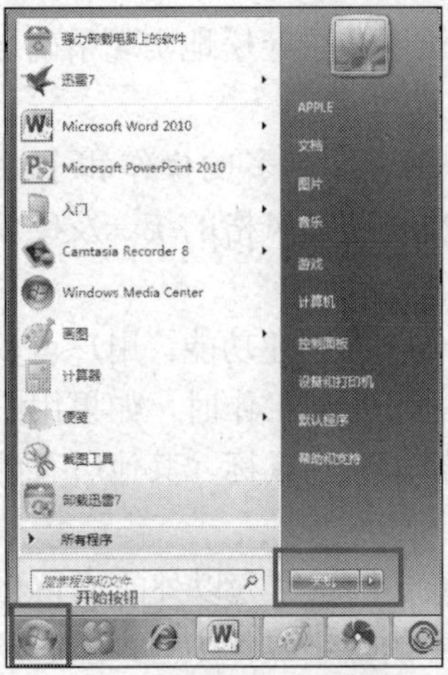

图 3-14　开始菜单与关机命令

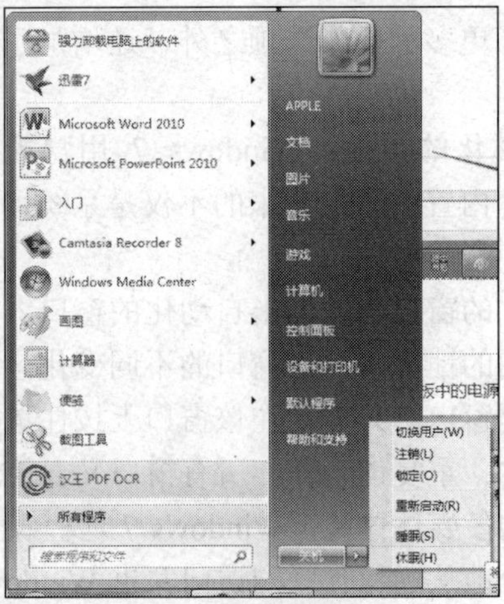

图 3-15　睡眠选项

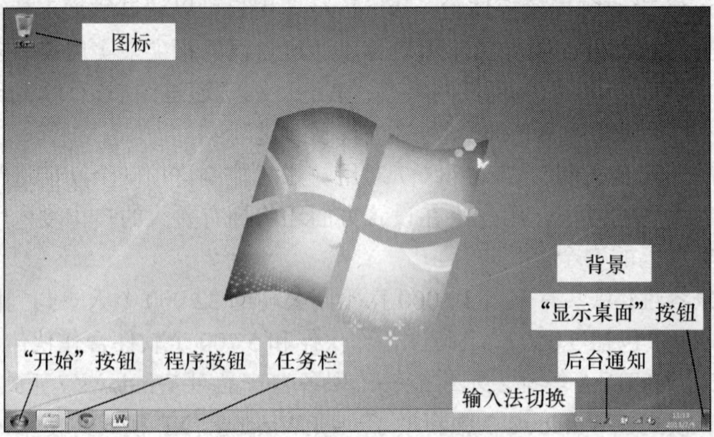

图 3-16　Windows 7 的桌面

桌面背景：桌面背景是指 Windows 7 桌面的背景图案，又称为桌布或墙纸，用户可以根据自己的喜好更改桌面的背景图案。

桌面图标：桌面图标是由图标图片和图标名称组成。在 Windows 7 中，各种程序、文件、文件夹以及应用程序的快捷方式等都用图标表示，双击这些图标就可以快速打开文件、文件夹或应用程序。

开始按钮：单击桌面左下角的“开始”按钮，弹出“开始”菜单，如图 3-17 所示。在开始菜单中，包括“搜索”框、“关机”按钮区、“所有程序”列表、“程序”列表和“启动”菜单。

任务栏：任务栏是桌面最下方的水平长条，它主要有“开始”按钮（见图 3-16）、程序按钮区、通知区域、输入法切换和“显示桌面”按钮 5 部分组成。

桌面小工具：Windows 7 操作系统新增了桌面小图标工具。在 Windows 7 操作系统中，用户可以将小工具的图标添加到桌面上方便使用。

在桌面的空白处单击鼠标右键，弹出快捷菜单，选择“小工具”选项，弹出“小工具库”窗口，拖动小工具到桌面或者直接双击小工具，选择的小工具就被成功地添加到计算机桌面上了。如图 3-18 所示。

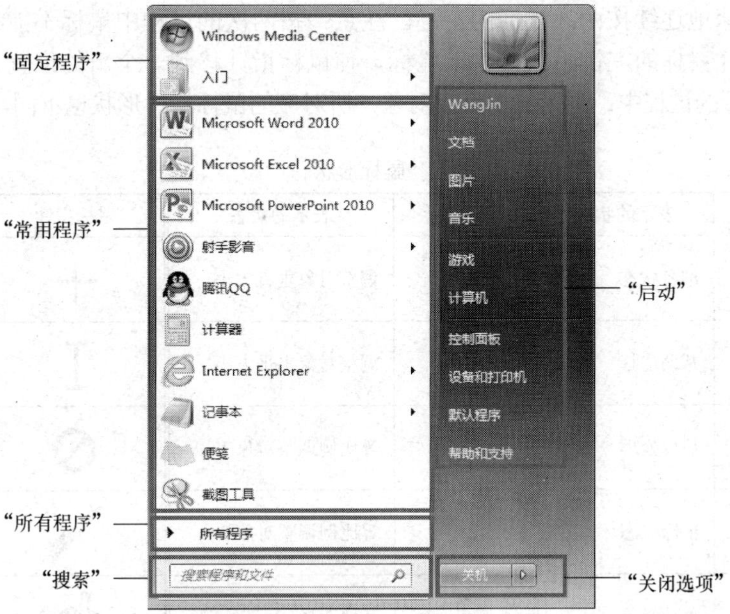

图 3-17 “开始”菜单

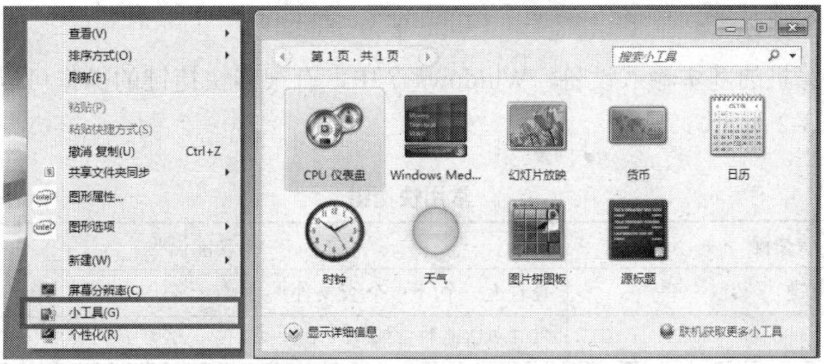

图 3-18 小工具选项和小工具窗口

（2）鼠标的操作

鼠标是计算机的输入设备，左键、右键、中间滚轮都可以配合起来使用，不同的鼠标操作方式起不同的作用，如图 3-19 所示。

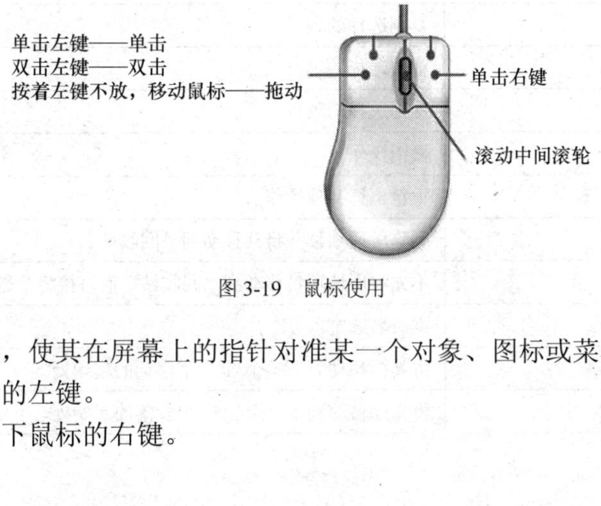

图 3-19 鼠标使用

指向：移动鼠标，使其在屏幕上的指针对准某一个对象、图标或菜单。

单击：轻按鼠标的左键。

右键单击：按一下鼠标的右键。

双击：快速地连续按两次鼠标的左键。注意：按两次的过程中鼠标不能移动。

拖动：按住鼠标的左键不放，移动鼠标，使鼠标指针移到一个新的位置，再松开左键。

在使用鼠标的过程中，不同的操作或对象，所对应的鼠标指针形状也不同，如表 3-1 所示。

表 3-1　鼠标形状

鼠标指针	表示的状态	鼠标指针	表示的状态	鼠标指针	表示的状态
	准备状态		调整对象垂直大小		精确调整对象
	帮助选择		调整对象水平大小		文本输入状态
	后台处理		等比例调整对象 1		禁用状态
	忙碌状态		等比例调整对象 2		手写状态
	移动对象		其他选择		链接状态

（3）键盘的操作

键盘是计算机的基本输入设备，Windows 7 中，有很多快捷键的操作可以完成一些常用的操作，如表 3-2 所示。

表 3-2　常用快捷键

快捷键	功能说明
【Alt】+向左/右/上键	查看上一个/下一个/父文件夹
【Win】+【E】	打开“资源管理器”
【Win】+【L】	锁定当前用户
【Ctrl】+【W】	关闭当前窗口
【Ctrl】+【F】	定位到搜索框
【F11】	最大化和最小化窗口切换。
【F1】	显示辅助
【Ctrl】+【C】	复制选择的项目
【Ctrl】+【X】	剪切选择的项目
【Ctrl】+【V】	粘贴选择的项目
【Ctrl】+【Z】	撤销操作
【Ctrl】+【Y】	重新执行某项操作
【Delete】	删除所选项目并将其移动到“回收站”
【Shift】+【Delete】	不先将所选项目移动到“回收站”而直接将其删除
【F2】	重命名选定项目
【Ctrl】+向右/左键	将光标移动到下一个/上一个字词的起始处
【Ctrl】+向下/上键	将光标移动到下一个/上一个段落的起始处

续表

快捷键	功能说明
【Ctrl】+【A】	选择文档或窗口中的所有项目
【F3】	搜索文件或文件夹
【Alt】+【Enter】	显示所选项的属性
【Alt】+【F4】	关闭活动项目或者退出活动程序
【Ctrl】+【F4】	关闭活动文档（在允许同时打开多个文档的程序中）
【Alt】+【Tab】	在打开的项目之间切换
【Ctrl】+【Alt】+【Tab】	使用箭头键在打开的项目之间切换
【Ctrl】+【Esc】	打开「开始」菜单
【Alt】+加下划线的字母	显示相应的菜单
【F5】	刷新活动窗口
【Ctrl】+【Shift】+【Esc】	打开任务管理器
【Win】	打开或关闭开始菜单
【Win】+【D】	显示桌面
【Win】+【M】	最小化所有窗口
【Win】+【Shift】+【M】	还原最小化窗口到桌面上

（4）窗口操作

启动应用程序或打开文档时，屏幕会出现已定义的工作区——窗口，每个应用程序都有一个窗口，窗口的元素组成，如图 3-20 所示。

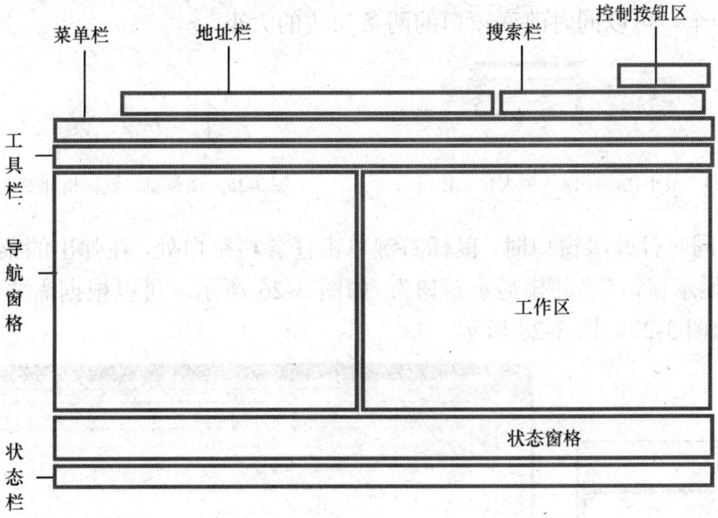

图 3-20 窗口界面

窗口的基本操作主要包括打开窗口、关闭窗口、调整窗口的大小、移动窗口及切换窗口等。

打开窗口：

- 双击桌面上的“计算机”图标，打开“计算机”窗口。
- 单击“开始”按钮，从弹出的“开始”菜单中选择“计算机”菜单项，打开“计算机”窗口。

关闭窗口：

- 单击“关闭”按钮，如图 3-21 所示。
- 在菜单栏中选择“文件”菜单下的“关闭”菜单项，如图 3-22 所示。
- 在窗口标题栏的空白区域单击鼠标右键，从弹出的控制菜单中选择“关闭”菜单项，如图 3-23 所示。

图 3-21　关闭按钮

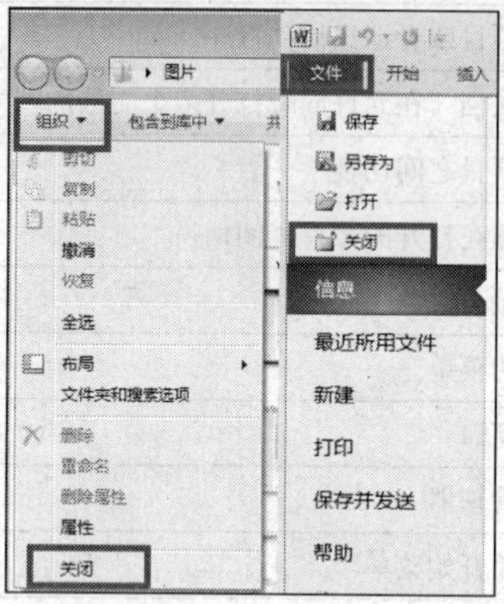

图 3-22　关闭菜单项

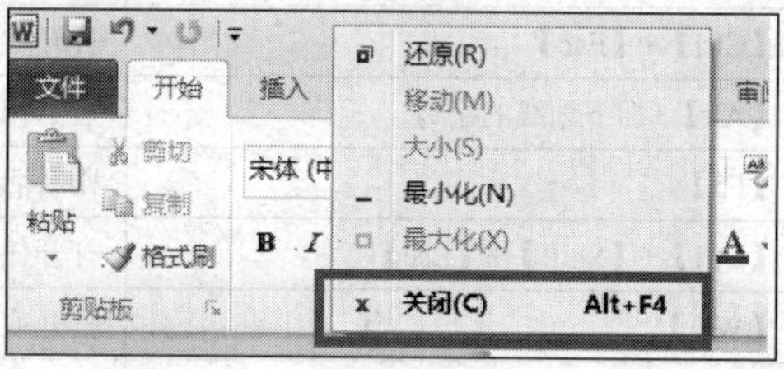

图 3-23　右键控制菜单关闭选项

调整窗口的大小：

- 单击窗口右上角窗口最大化（还原）、最小化按钮，如图 3-24 所示。
- 当窗口没有处于最大化或者最小化状态时，将鼠标指针移至窗口四周的边框，当指针呈现双向箭头显示时，如图 3-25 所示，用鼠标拖动上下左右 4 条边界的任意一条，可以随意改变窗口及工作区的大小，用鼠标拖动 4 个窗口对角中的任意一个，可以同时改变窗口的两条邻边的大小。

图 3-24　最小化、还原（最大化）按钮

图 3-25　调整窗口鼠标指针变化

排列窗口：同时打开多窗口时，鼠标右键单击任务栏空白处，在弹出的菜单栏中选择“层叠窗口”“堆叠显示窗口”“并排显示窗口”，如图 3-26 所示。可以根据需要，选择适用的显示窗口方式，如图 3-27、图 3-28 所示。

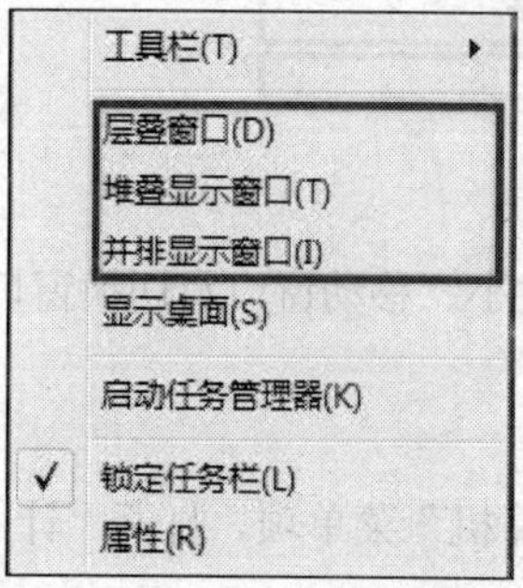

图 3-26　多窗口操作选项

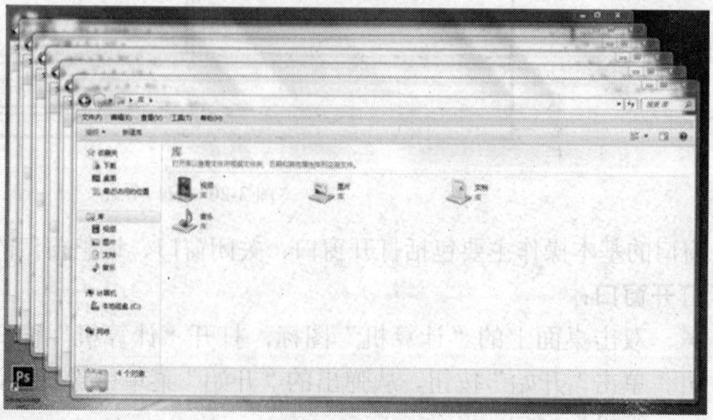

图 3-27　层叠窗口

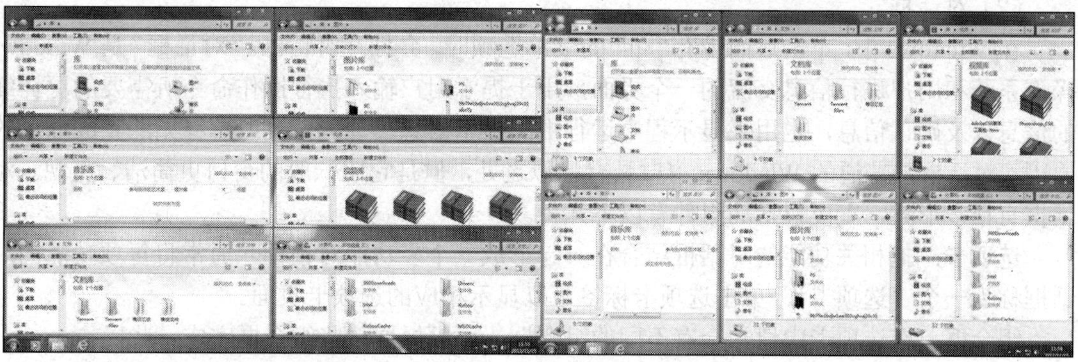

图 3-28 其他多窗口排列方式

窗口切换：

- 同时打开多窗口时，按【Alt】+【Tab】组合键进行切换窗口，在桌面中间会显示各程序的预览小窗口，如图 3-29 所示，按住【Alt】键不放，连续按【Tab】键，可以在各窗口之间选择。

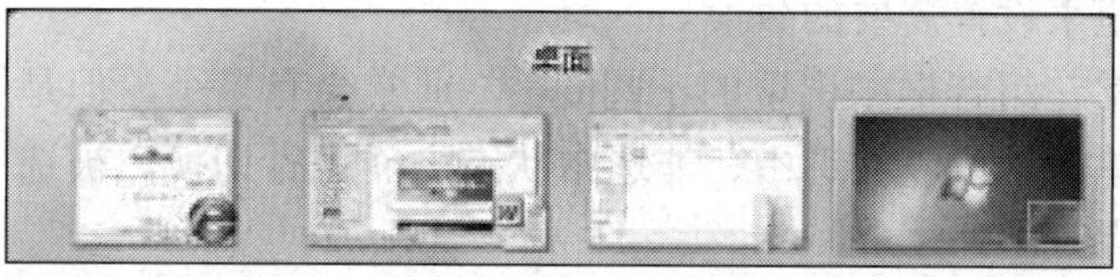

图 3-29 各程序预览小窗口

- 按【Win】+【Tab】组合键可以进行 3D 窗口切换。

（5）菜单

Windows 操作系统的功能和操作基本上体现在菜单中，菜单有四种类型：开始菜单、标准菜单（指菜单栏中的菜单）、控制菜单和快捷菜单。菜单命令的功能通常分类组织并分列在菜单栏中。

- 灰色的菜单项表示当前菜单命令不可用。
- 后面有三角形的菜单表示该菜单后还有子菜单。
- 后面有“…”的菜单表示单击它会弹出一个对话框。
- 后面有组合键的菜单表示可以用键盘按组合键来完成相应的操作。
- 菜单之间的分组线表示这些命令属于不同类型的菜单组。
- 前面有“ √ ”的菜单表示该选项已被选中，又称多选项，可以同时选择多项也可以不选。
- 前面有“ · ”的菜单表示该选项已被选中，又称单选项，只能选择且必须选中一项。
- 变化的菜单是指因操作情况不同而出现不同的菜单选项。

（6）搜索栏

在窗口右上角的搜索栏文本框中输入要查找的内容，如图 3-30 所示，按回车键或者单击“搜索”按钮进行查找。

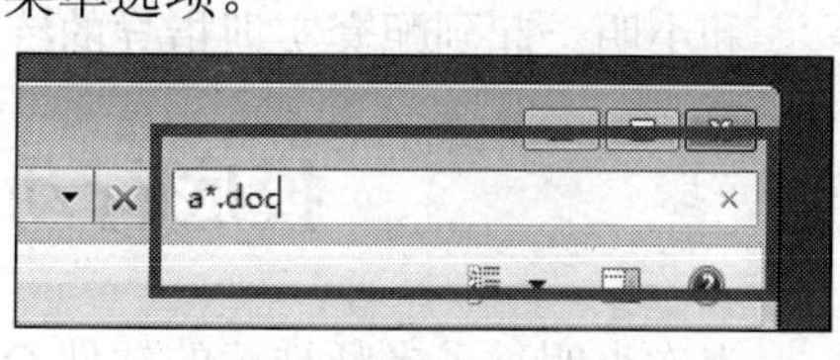

图 3-30 搜索栏

（7）对话框

在 Windows 中，单击后面带有"…"的菜单选项时，会打开对话框。"对话框"是 Windows 操作系统和用户进行信息交流的一个界面，用于提示用户输入执行操作命令所需要的更详细的信息以及确认信息，也用来显示程序运行中的提示信息、警告信息或解释无法完成任务的原因。对话框与普通的 Windows 窗口具有相似之处，但是它比一般的窗口更简洁、直观。对话框有很多形式，主要包括的组件有以下几种。

选项卡： 把相关功能的对话框结合在一起形成一个多功能对话框，通常将每项功能的对话框称为一个"选项卡"，单击选项卡标签可以显示相应的选项卡页面。

组合框： 在选项卡中通常会有不同的组合框，可以根据这些组合框完成一些操作。

文本框： 需要输入信息的方框。

下拉列表框： 带下拉箭头的矩形框，其中显示的是当前选项，用鼠标单击右端的下拉箭头，可以打开供选择的选项清单。

列表框： 显示一组可用的选项，如果列表框中不能列出全部选项，可通过滚动条使其滚动显示。

微调框： 文本框与调整按钮组合在一起组成了微调框 0.75 厘 ，用户既可以输入数值，也可以通过调整按钮来设置需要的数值。

单选钮： 即经常在组合框中出现的小圆圈◎，通常会有多个，但是用户只能选择其中的某一个，通过鼠标单击就可以在选中、非选中状态之间进行切换，被选中的单选钮中间会出现一个实心的小圆点◉。

复选框： 即经常在组合框中出现的小正方形□，与单选钮不同的是，在一个组合框中用户可以同时选中多个复选框，各个复选框的功能是叠加的，当某个复选框被选中时，在其对应的小正方形中会显示一个勾☑。

命令按钮： 单击对话框中的命令按钮将执行一个命令。"确定"或"保存"按钮，执行在对话框中设定的内容然后关闭对话框；单击"取消"按钮表示放弃所设定的选项并关闭对话框；单击带省略号的命令按钮表示将打开一个新的对话框。

（8）剪贴板

剪贴板是内存中的一块区域，是 Windows 内置的工具，通过剪贴板，使各种应用程序之间的文字、图片、表格及各种对象的传递和共享信息成为可能。

剪贴板的三个操作分别是：复制、剪切、粘贴。选中对象，按【Ctrl】+【C】组合键，将对象复制到"剪贴板"，按【Ctrl】+【V】组合键，将对象剪切到"剪贴板"，按【Ctrl】+【V】组合键，将剪贴板中的对象取出，并放在光标所在的位置。

实践拓展

小明学习了 Windows 7 的个性化和基本操作，他觉得 Windows 作为一个全球使用率最高的操作系统软件，应该还有更多用法。

和小明一起到配套实训指导的练习中探索吧。

情境二　摸底行动

上次小明试了老师推荐的软件 QQ 电脑管家，很好用。同寝室的小聪也想用这个软件，想从他计算机中复制安装，可是小明却说：“啊！我也不知道文件放在哪？”小聪一听就急了，说了小明一通，小明很委屈，想我这不是刚学的计算机吗？我哪就知道所有功能呢？

学习目标

① Windows 7 文件管理。
② 学会新建文件、删除文件、复制移动文件、重命名文件等操作。
③ 了解回收站的使用。

课前准备

① 知道 QQ 管理的安装文件名。
② 准备用来复制文件的 U 盘。

解决方案

【步骤 1】 打开开始菜单，如图 3-31 所示，图在搜索栏输入关键字“QQ*.exe”，如图 3-32 所示，系统自动搜索符合条件的文件。并在上方显示搜索结果。

图 3-31 开始菜单搜索栏

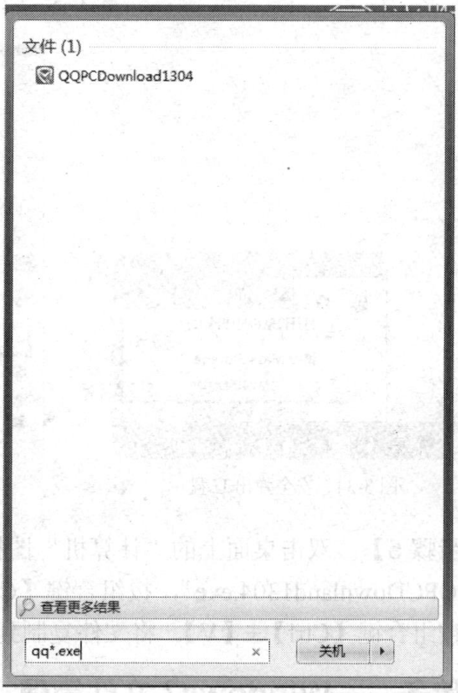

图 3-32 搜索结果

【步骤 2】 将用于复制文件的 U 盘插入 USB 接口，对准搜索结果中的安装文件，单击鼠标右键，打开快捷菜单，依次单击“发送到/可移动磁盘”，如图 3-33 所示。

【步骤 3】 单击屏幕右下角“安全删除硬件或弹出媒体”按钮，安全弹出 U 盘在，如图 3-34 所示。将 U 盘插入另一台计算机的 USB 接口。

【步骤 4】 在桌面空白处单击鼠标右键，打开快捷菜单，依次选择“新建/文件夹”，如图 3-35 所示，在桌面上新建一个文件夹，修改新文件夹的名称为“QQ 软件”。

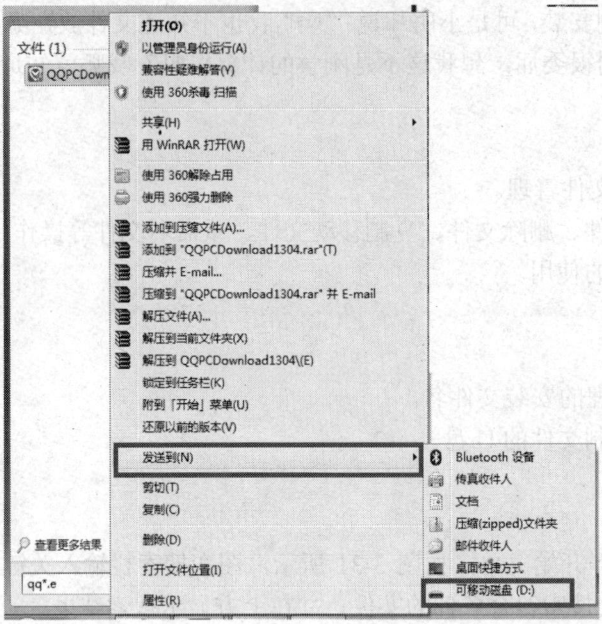

图 3-33　发送到可移动磁盘

图 3-34　安全弹出 U 盘

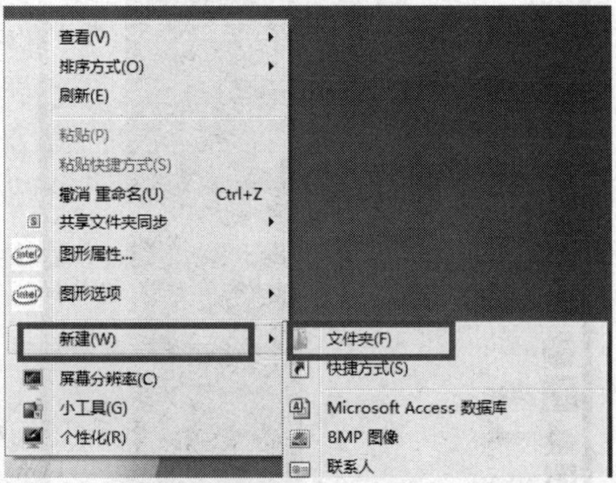

图 3-35　新建文件夹

【步骤 5】　双击桌面上的“计算机”图标，打开 U 盘。单击 U 盘中的电脑管家安装文件“QQPCDownland1304.exe”，按组合键【Ctrl】+【C】。双击打开桌面上的文件夹“QQ 软件”，按组合键【Ctrl】+【V】。将文件复制到文件夹下。

知识储备——Windows7 文件管理

1．文件和文件夹

（1）文件

在计算机系统中，任何数据都是以文件的形式存储在外部存储器中，一个存储器空间大，能存储多个文件，为了便于管理，Windows 文件都有文件名。

Windows 文件名分两部分，前缀名可以任意命名，而后缀名则表示了文件的格式类型，通过文件的后缀名可以识别文件类型。

Windows 文件名命名规则有：

- 文件命名最多可使用 255 个字符。
- 文件名的字符可以是英文字母、数字及下划线、空格、汉字等。但不能使用下列 9 个字符：？ \ * | “ <> : / 。
- 为了防止系统识别混淆，Windows 文件命名不能使用系统关键字。
- Windows 文件名不区分大小写，但在显示时可以保留大小写格式。
- 文件名中可以包含多个间隔符。

（2）文件夹

文件夹用来组织文件和管理文件，一个文件夹中可以包含多个文件夹和文件。文件夹的命名规则与文件相同，在 Windows 中，用图标表示文件夹。

（3）文件类型

根据用途和内容不同，文件分不同的类型，分别用不同的扩展名表示。文件开展名由 1～3 个 ASCII 字符组成，有些文件扩展名由系统自动生成，有些可以自定义的。扩展名和文件名之间通常用“.”分隔。常见的文件扩展名如表 3-3 所示。

表 3-3 常见文件扩展名

扩展名	文件类型	扩展名	文件类型
COM	系统命令文件	EXE	可执行文件
BAT	可执行的批处理文件	SYS	系统专用文件
IMG	图像文件	TMP	临时文件
DAT	数据文件	TXT	文本文件
JPG	图像文件	MP3	音频文件
SWF	流媒体文件	AVI	视频文件

2. 文件管理

（1）树形结构

Windows 操作系统文件存放的结构如图 3-36 所示。

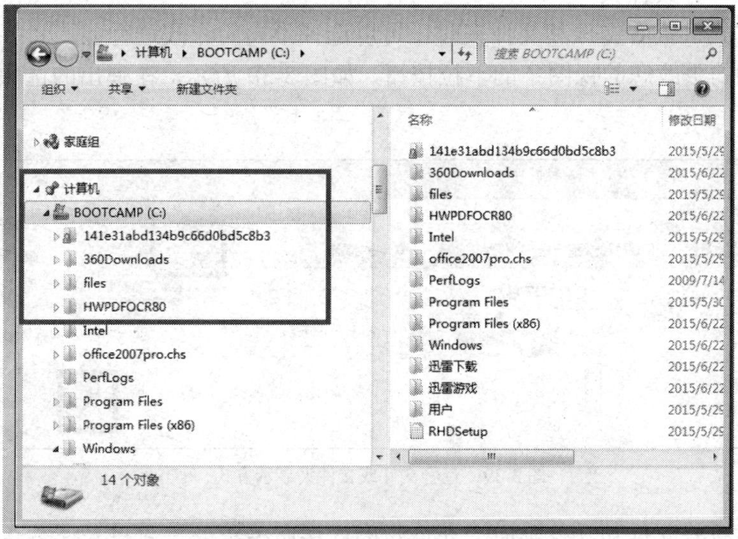

图 3-36 树形结构

这种层次结构在计算机科学中通常被称为树形结构，即磁盘目录结构可以看成一个树形结构。每棵树有一个根结点，即磁盘的根目录。有许多叶子结点，即磁盘上的文件或文件夹。

（2）路径

每个文件和文件夹都位于存储设备的某个位置，路径用于标明文件所在的目录位置。例如："C:\USER1\USER1_1\A.TXT"指的是在 C 盘下的 USER1 文件夹下面的 USER1_1 文件夹下有一个文件叫 A.TXT。

其中 C：表示不同磁盘分区的符号，叫盘符。

（3）资源管理器

- 鼠标右键单击"开始"菜单，选择"资源管理器"，如图 3-37 所示。
- 【Winkey】+【E】组合键，打开资源管理器窗口，如图 3-38 所示。

在实际的使用功能上"资源管理器"窗口和"计算机"窗口没有什么区别，两者都是用来管理系统资源的。

图 3-37 打开资源管理器

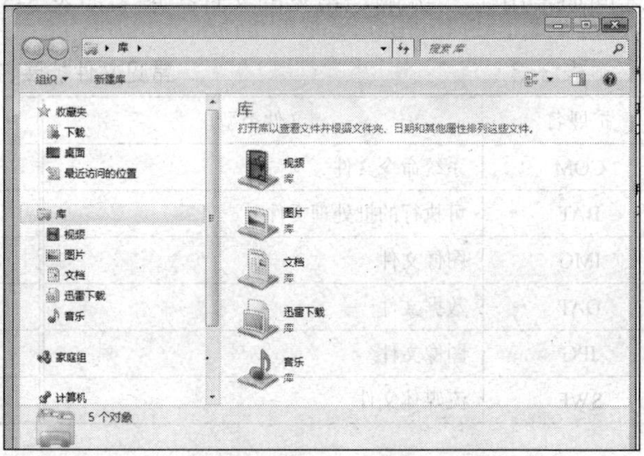

图 3-38 资源管理器窗口

3. 文件和文件夹的操作

（1）查看文件和文件夹

文件显示方式：查看文件和文件夹时，可以选择不同的方式进行显示。打开"计算机"窗口，单击右侧的更改您的视图中的下拉按钮，如图 3-39 所示，在弹出的选项中，拖动指针选择选项。

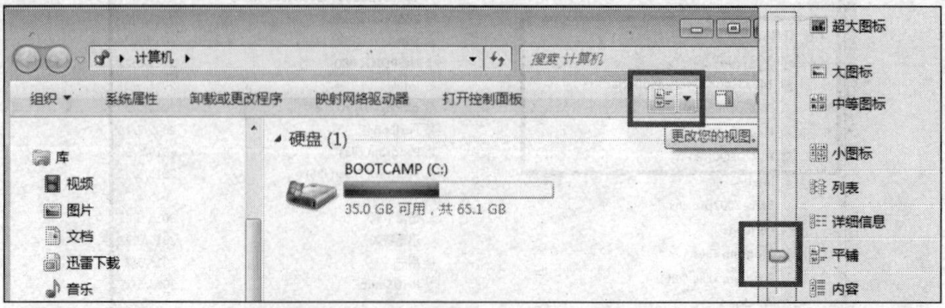

图 3-39 查看文件或文件夹显示方式

排列图标：查看文件和文件夹时，允许将图标按照一定的方式显示。方法是：在"计算机"窗口空白处单击鼠标右键，在快捷菜单中选择"排列图标"，在显示出来的各项方式中单击左键选择，如图 3-40 所示。

（2）新建文件和文件夹

方法一：打开要新建文件或文件夹的窗口，单击左上角“新建文件夹”按键。

方法二：打开要新建文件或文件夹的窗口，在窗口空白处单击鼠标右键，弹出快捷菜单，选择“新建”，单击下一菜单中的选项，如图 3-41 所示。

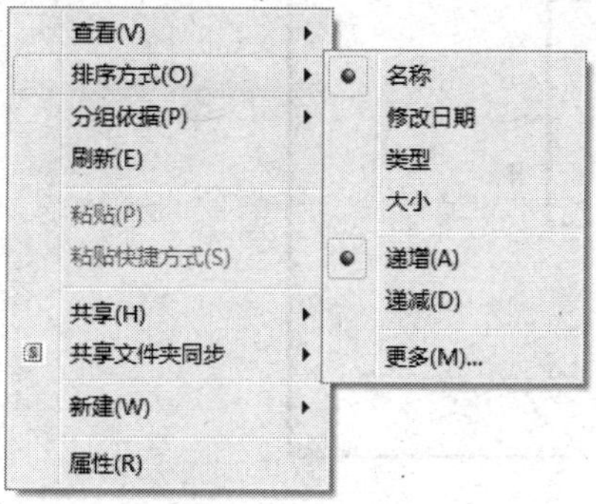

图 3-40 排列图标

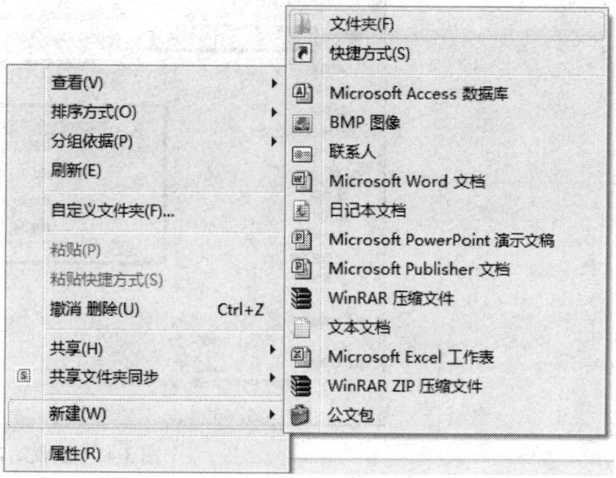

图 3-41 新建文件或文件夹

（3）选定文件和文件夹

要对文件和文件夹做操作之前，必须选定文件和文件夹。

选定单个文件和文件夹：单击所要选定的文件或文件夹。

选定多个连续的文件和文件夹：单击所要选定的第一个文件或文件夹，按住【Shift】键的同时，用鼠标单击最后一个文件或文件夹。也可以使用拖曳鼠标进行框选的方法选定多个连续的文件或文件夹。

选定多个不连续的文件或文件夹：单击所要选定的第一个文件或文件夹，按住【Ctrl】键的同时，用鼠标逐个单击要选取的每一个文件或文件夹。

全部选定文件或文件夹：选择“编辑”菜单中的“全部选定”命令，或者使用快捷键【Ctrl】+【A】。

取消已选择的文件或文件夹：在非文件名或文件夹名的空白区域中单击鼠标左键。

（4）删除文件和文件夹

- 右键单击要删除的文件或文件夹，在弹出的快捷菜单中选择“删除”命令。
- 选中要删除的文件或文件夹，按【Delete】键删除文件和文件夹。
- 直接拖曳要删除的文件或文件夹到桌面上的“回收站”中。

删除后的文件或文件夹暂时放入“回收站”中，用户可以选择将其彻底删除或还原到原来的位置。当文件被放入回收站时，该文件其实是被逻辑删除，可以还原，如果把回收站清空，文件被物理删除。

回收站是硬盘的一部分，默认情况下，每个驱动器中的回收站的最大容量是驱动器容量的 10%，用户可以自己调整。U 盘中没有回收站，所以 U 盘中的文件删除后不能放入回收站中。

双击桌面上的“回收站”图标，打开“回收站”窗口。单击“回收站”工具栏中的

“清空回收站”按钮，可以删除“回收站”中所有的文件和文件夹；单击“回收站”工具栏中的“还原所有项目”按钮，可以还原所有的文件和文件夹；如果要还原某个或某些文件和文件夹，可以先选中这些对象，单击鼠标右键弹出快捷菜单选择相应操作，如图 3-42 所示。

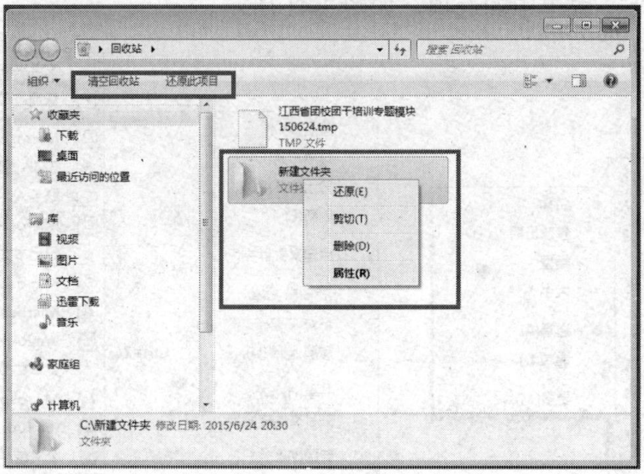

图 3-42　回收站窗口

（5）重命名文件和文件夹

重命名文件或文件夹可以修改更符合用户需求的文件名或文件夹名。选中需要重命名的文件或文件夹，单击鼠标右键弹出快捷菜单，选择“重命名”命令，文件或文件夹的名称反向显示（蓝底白字）后，输入新的名称，回车确认即可。

（6）复制文件和文件夹

复制文件或文件夹可以将某个文件或文件夹复制到其他文件夹下。执行复制命令后，原文件夹中的内容仍然存在，与原文件夹中完全相同的这些文件或文件夹会保存在新文件夹。

- 选定要复制的文件或文件夹，单击鼠标右键弹出快捷菜单，选择“复制”命令，弹出快捷菜单，选择“粘贴”命令，实现复制操作。
- 选定要复制的文件或文件夹，按【Ctrl】+【C】组合键（复制），打开目标文件夹，按【Ctrl】+【V】组合键（粘贴）完成操作。
- 选定要复制的文件或文件夹，按住【Ctrl】键不放，用鼠标将选定的文件或文件夹拖动到目标文件夹，松开鼠标左键完成复制。

（7）移动文件和文件夹

移动文件或文件夹是指把文件或文件夹移动到另一个文件夹中，执行移动命令后，原文件夹中的内容都转移到新文件夹中，原文件夹的文件或文件夹不再存在。

移动与复制操作类似。

- 选定要复制的文件或文件夹，单击鼠标右键弹出快捷菜单，选择“剪切”命令，弹出快捷菜单，选择“粘贴”命令，实现剪切操作。
- 选定要复制的文件或文件夹，按【Ctrl】+【X】组合键（剪切），打开目标文件夹，按【Ctrl】+【V】组合键（粘贴）完成操作。
- 选定要复制的文件或文件夹，按住【Shift】键不放，用鼠标将选定的文件或文件夹拖动到目标文件夹，松开鼠标左键完成剪切。

（8）搜索文件和文件夹

- 单击“开始”按钮，在“开始”菜单的“搜索”框中输入想要查找的内容，菜单上方将显示出所有符合条件的信息。
- 如果用户知道要搜索的文件或文件夹位于文件夹中，打开文件夹，在窗口右上角的“搜索”框输入文件名进行搜索，搜索结果会显示在当前窗口。

通配符：在不确定文件或文件夹名称时，通常使用通配符协助搜索。通配符有两种：星号（*）代表任意个字符，问号（?）代表单个字符。如查找文件名以 A 开头，扩展名为 docx 的所有文件，可以输入 A*.docx；如要查找文件名由 2 个字符组成，第 2 个字符为 B，扩展名为 txt 的所有文件，可以输入？B.txt。

（9）创建文件和文件夹快捷方式

文件或文件夹的快捷方式，能快速方便地启动程序或打开文件。

- 右键单击文件或文件夹，在弹出的快捷菜单中选择“发送到/桌面快捷方式”，桌面上将显示出一个此文件或文件夹的快捷方式图标。
- 右键单击文件或文件夹，在弹出的快捷菜单中选择“创建快捷方式”，如图 3-43 所示，在同一个文件夹下创建了一个此文件或文件夹的快捷方式图标。

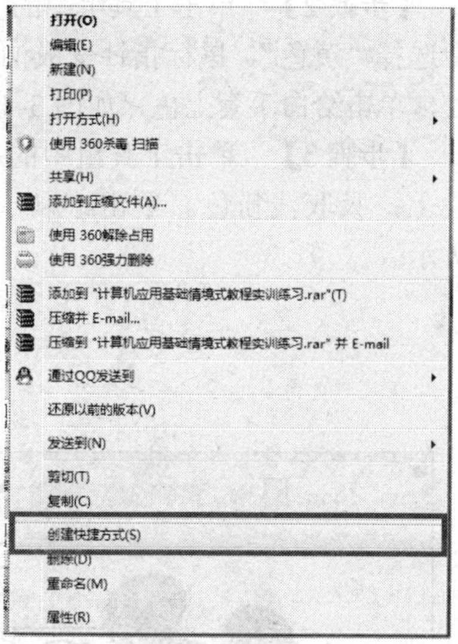

图 3-43 创建文件快捷方式

实践拓展

文件的操作让小明受益匪浅，他觉得计算机使用能力得到一个大的飞跃。一天和学长聊天时，学长告诉他，他学的这个在国家计算机一级考试中一定会考。小明找来一些一级考试文件操作题，争取做到满分。

与小明一起练习配套实训指导中的任务，一起考试吧。

情境三 小中见大

在前些时候，小明知道了系统软件是用户和计算机的接口，它能管理计算机系统的资源。可是学了这么久的 Windows 7，还不会其他管理的操作，所以小明要开始下一步的学习。

学习目标

① 了解 Windows 7 资源与附件。

② 学会画笔、记事本、计算器等附件小程序的操作。

③ 了解控制面板内的应用程序。

课前准备

网上找一张喜欢的动画人物图片，下载存放在计算机桌面。

解决方案

【步骤 1】 用鼠标左键单击“开始”菜单，依次单击“所有程序/附件/画图”，打开画图窗口，单击主菜单按钮，展开主菜单，选择“打开”命令，如图 3-44 所示，在弹出的对话框中选择动画人物图片，再单击“打开”按钮。中间工作区就会出现选择的图片。

图 3-44 画图主菜单打开命令

【步骤 2】 单击工具组中的“用颜色填充工具”，在颜色组中选择“黄色”，鼠标指针变成油漆桶形，指向米老鼠的白手套处，单击给白手套上色，如图 3-45 所示。

【步骤 3】 单击工具组中的“颜色拾取器”，鼠标指针变成吸管状，移动鼠标到米老鼠脸上，吸取浅粉色。单击“刷子”工具下的“喷枪”，在米老鼠耳朵上喷色，如图 3-46 所示。

图 3-45 上色

图 3-46 颜色拾取和喷枪工具

【步骤 4】 单击形状组中的云形插图编号，将颜色设为红色，在工作区中绘制云形插图。单击文字工具，写入文字“嗨，你好！”，如图 3-47 所示。

图 3-47 形状和文字工具

【步骤 5】 单击主菜单，先保存图片，再单击“设置为桌面背景/居中”，将图片设置为计算机桌面背景，如图 3-48 所示。

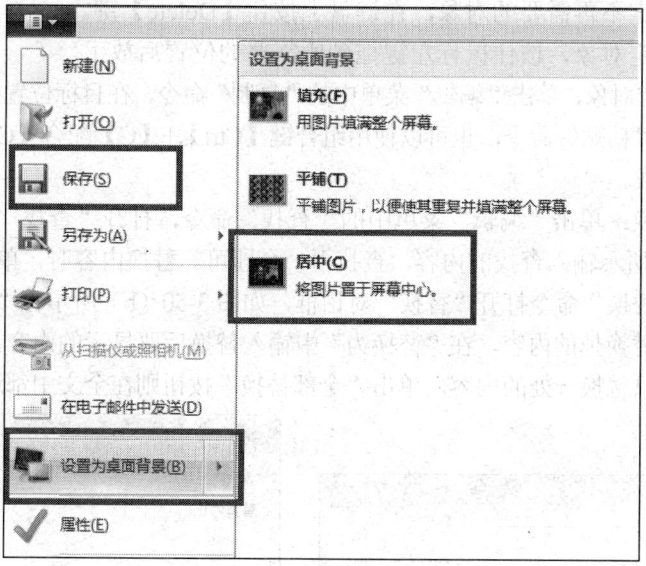

图 3-48 将图片设置为桌面背景

知识储备——Windows 附件与磁盘管理

1 附件应用程序

（1）记事本

记事本程序占用内存小，打开速度快，主要用于纯文本文档的编辑，适合编写篇幅短小的文档。

启动“记事本”：单击“开始”按钮，在菜单中选择“所有程序/附件/记事本”命令，打开“记事本”程序窗口，如图 3-49 所示。

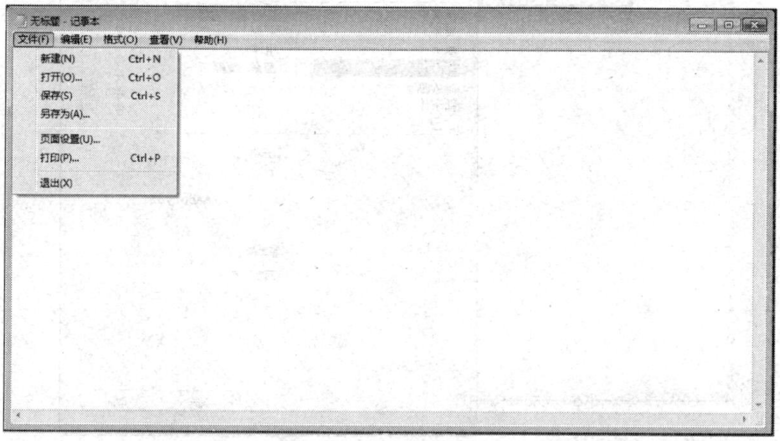

图 3-49 记事本程序窗口

文档编辑：在“记事本”中输入字符，记事本文档编辑时，文字不会换行，必须手动回车换行。常用编辑操作如下：

- 选择：按住鼠标左键不放手，在需要操作的对象上拖动，当文字呈反白显示时，选中对象。
- 删除：选定不再需要的对象，在键盘上按住【Delete】键。
- 移动：选定对象，按住鼠标左键拖到所需要的位置后放手。
- 复制：选定对象，单击“编辑”菜单中的“复制”命令，在目标位置处单击“编辑”菜单中的“粘贴”命令，也可以使用组合键【Ctrl】+【C】配合【Ctrl】+【V】组合键来完成。
- 查找和替换：单击“编辑”菜单中的“查找”命令，打开“查找”对话框，如图3-50（a）所示输入查找的内容，查找下一个即可。替换内容时，单击“编辑”菜单中的“替换”命令打开“替换”对话框，如图3-50（b）所示在“查找内容”中输入要被替换掉的内容，在“替换为”中输入替换后要显示的内容，单击“替换”按钮可以只替换一处的内容，单击“全部替换”按钮则在全文中都进行替换。

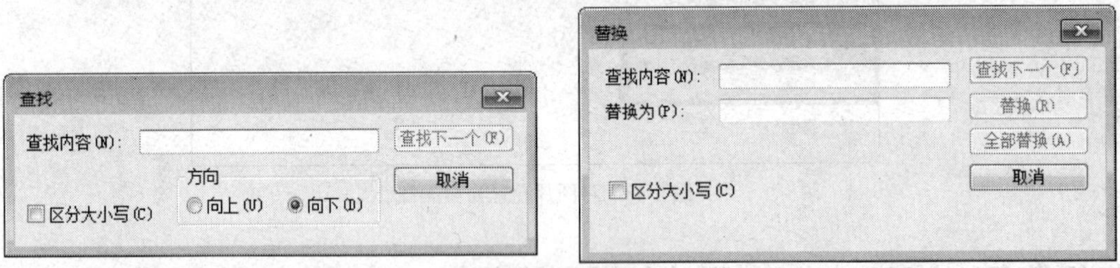

（a）　　　　　　（b）

图3-50　查找和替换对话框

- 字体格式：单击“格式”菜单中的“字体”命令，打开“字体”对话框，按要求选择其中的选项，进行字体的设置，如图3-51所示。

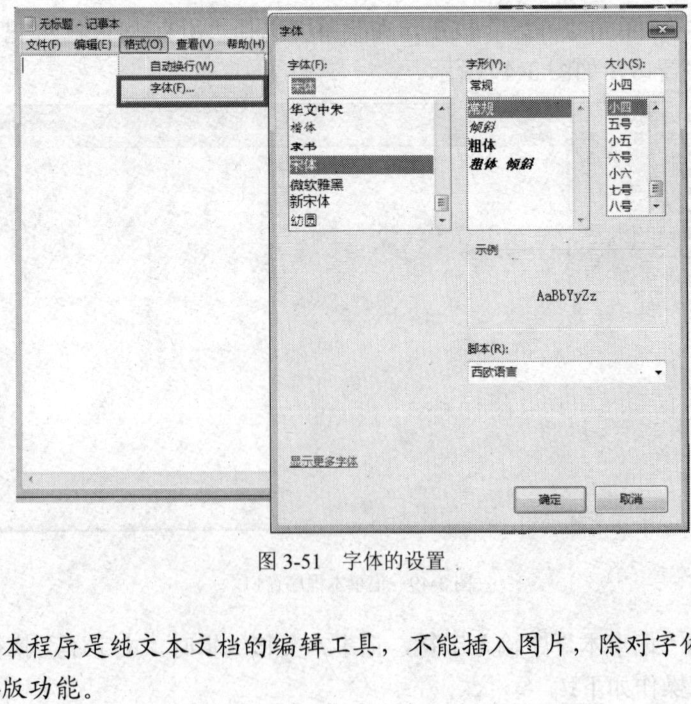

图3-51　字体的设置

提示：记事本程序是纯文本文档的编辑工具，不能插入图片，除对字体设置外，没有其他排版功能。

（2）写字板

写字板是一个可以用来创建和编辑文档的文本编辑程序，如图 3-52 所示。写字板可以用来打开和保存文本文档（.txt）、多格式文本文件（.rtf）、Word 文档（.docx）和 OpenDocument Text（.odt）文档。

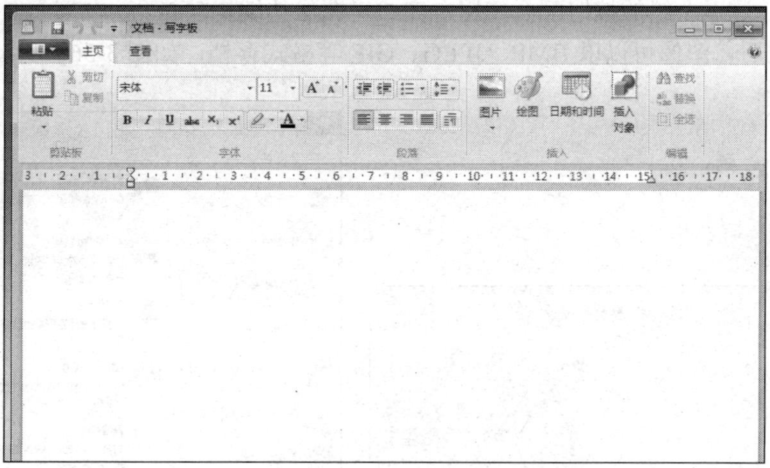

图 3-52　写字板程序窗口

写字板的部分操作与记事本相同，但写字板文档可以包括复杂的格式和图形，并且可以在写字板内链接或嵌入对象（如图片或其他文档）。同时写字板还提供了更丰富的格式选项，例如高亮显示、项目符号、换行符和其他文字颜色等。编辑操作如下：

- 插入图片：在“主页”选项卡的“插入”组中，单击“图片”。找到要插入的图片，然后单击“打开”如图 3-53 所示。在“插入”组中，还可以插入日期等其他对象。

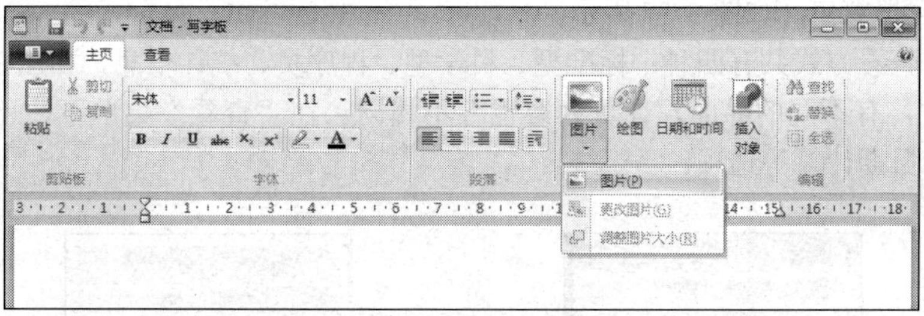

图 3-53　插入图片

- 编排文档格式：选择要更改的文本，在“主页”选项卡中使用“字体”组中按钮编辑字体。使用“段落”组中按钮编辑文档段落，如图 3-54 所示。

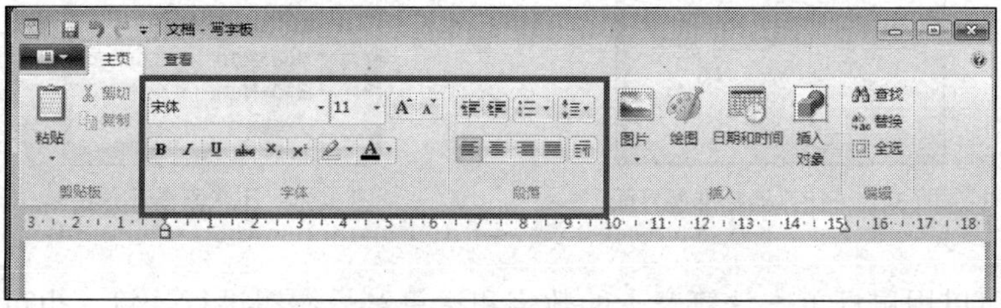

图 3-54　字体和段落组

（3）画图

画图程序是一个位图编辑器，可以对各种位图格式的图画进行编辑，用户可以自己绘制图画，也可以对扫描的图片进行编辑修改。

画图主页选项卡共有 5 个组，分别为“剪贴板”“图像”“工具”“形状”“颜色”，如图 3-55 所示。这五个组的按钮配合使用，完成对图像的编辑功能。

编辑完成后，图像可以以 BMP、JPEG、GIF 等格式存档，如图 3-56 所示。

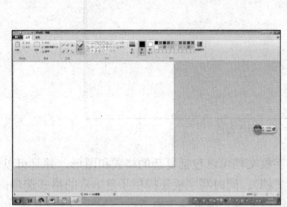

图 3-55　画图窗口

图 3-56　画图程序保存与另存为文件类型

（4）计算器

计算器工具系统自带的计算工具。单击“开始”菜单，依次选择“所有程序/附件/计算器”，打开计算器窗口，如图 3-57 所示。

计算器的查看方式共有四种：标准型、科学型、程序员、统计信息，如图 3-58 所示。不同的查看方式，有不同的界面，计算内容也各不相同。在“查看”菜单下，还有常见的 11 种单位转换、日期计算等选项。

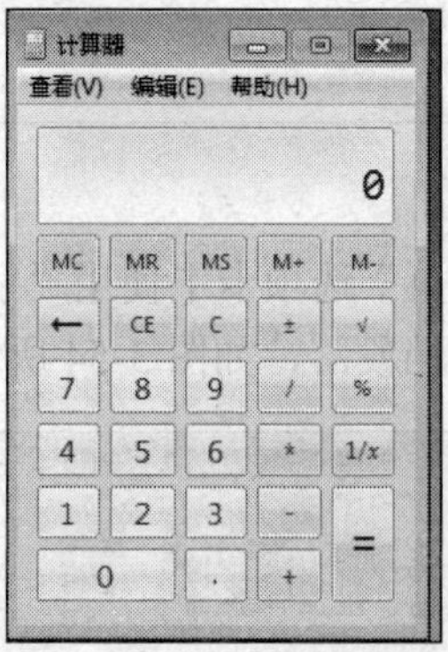

图 3-57　计算器标准型界面

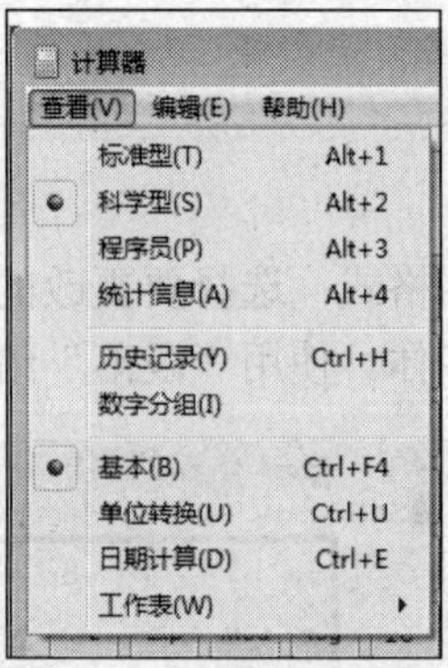

图 3-58　计算器查看方式

使用时，可以用鼠标单击计算器上的数字和运算符号按钮进行计算，也可以通过键盘输入数字进行计算。

（5）截图工具

单击“开始/附件/截图工具”菜单，打开截图工具，如图 3-59 所示。单击“新建”按钮旁边的箭头，从列表中选择“任意格式截图”“矩形截图”“窗口截图”或“全屏幕截图”，然后选择要捕获的屏幕区域。

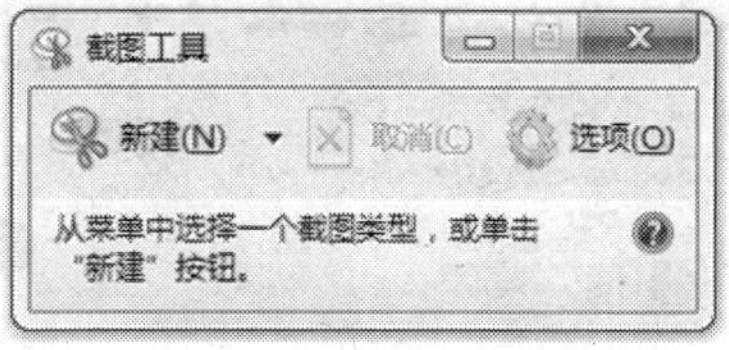

图 3-59　截图工具窗口

捕获截图后，系统会自动将其复制到剪贴板，以便将内容快速粘贴到文档、电子邮件或演示文稿中。另外还可以单击“保存截图”按钮将截图另存为 HTML、PNG、GIF 或 JPEG 格式的文件。

2. *磁盘管理*

在计算机的日常使用中，免不了进行应用程序的安装、卸载，文件的复制、移动、删除或者在 Internet 上下载程序、文件等各类操作。操作一段时间后，计算机硬盘上会产生很多零散的空间和磁盘碎片以及大量的临时文件，直接导致新文件在存储时只有分片断存放在不同的磁盘空间中，访问时就需要到不同的磁盘空间去寻找该文件片断，影响了计算机的运行速度，性能明显下降。因此，定期对磁盘进行管理，能使计算机保持良好的使用状态，是使用计算机的好习惯。

（1）磁盘清理

使用磁盘清理程序可以删除临时文件、Internet 缓存文件和回收站文件等，腾出系统资源，提高系统性能。操作方法如下：

- 单击“开始”按钮，依次选择“所有程序/附件/系统工具/磁盘清理”命令，打开“选择驱动器”对话框；
- 选择要清理的磁盘，单击“确定”按钮，扫描后，打开“磁盘清理”对话框；
- 在“磁盘清理”选项卡中的“要删除的文件”列表框中列出了可以删除的文件类型及其所占用的磁盘空间，勾选文件类型前的复选框，在清理时即可将其删除；
- 弹出“确实要永久删除这些文件吗？”的磁盘清理确认对话框，单击“删除文件”按钮，弹出“磁盘清理”对话框，并开始清理磁盘，清理完成后，对话框会自动消失，如图 3-60 所示。

（2）磁盘碎片整理

程序对磁盘的读写操作有可能在磁盘中产生碎片，随着碎片的积累，会严重影响系统性能，造成磁盘空间的浪费。使用磁盘碎片整理程序可以重新安排文件在磁盘中的存储位置，将文件的片段的存储位置整理到一起，合并未使用的空间，实现提高运行速度的目的。操作方法如下：

单击“开始”按钮，依次选择“所有程序/附件/系统工具/磁盘碎片整理程序”命令，打开“磁盘碎片整理程序”窗口，如图 3-61 所示。窗口显示各个磁盘的状态和系统信息。选择其中一个磁盘，单击“磁盘碎片整理”按钮，系统开始分析磁盘并整理磁盘碎片。

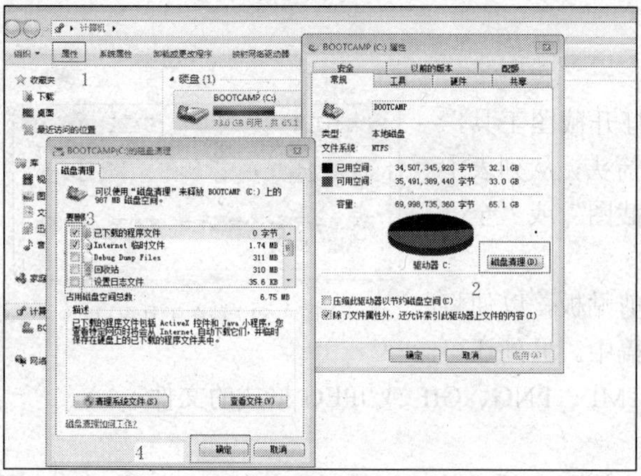

图 3-60　磁盘清理操作流程示意图

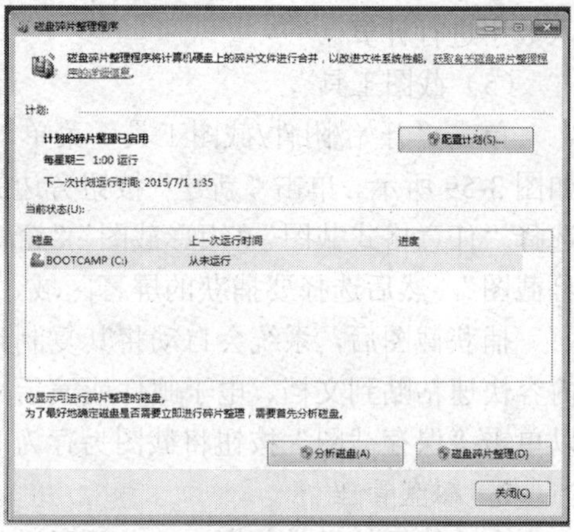

图 3-61　磁盘碎片整理程序窗口

3. 控制面板

控制面板（Control Panel）是 Windows 图形用户界面的一部分，可通过开始菜单访问。它允许用户查看并操作基本的系统设置。

单击“开始”菜单后直接单击“控制面板”或者在桌面单击鼠标右键“个性化”→“更改桌面图标”，在“控制面板”打上勾即可在桌面打开控制面板。控制面板窗口如图 3-62 所示。

图 3-62　控制面板窗口

在控制面板窗口中可以完成计算机中软件硬件的设置。

辅助功能：允许用户配置个人计算机的辅助功能。包括多种针对有残疾的用户或者有计算机硬件问题的设置。如：修改键盘行为主要针对同时按住两个按键有困难的用户；自定义键盘光标可以修改在文本输入模式下光标的闪烁速度与其宽度。

卸载程序：允许用户从系统中添加或删除程序。

日期和时间：允许用户更改存储于计算机 BIOS 中的日期和时间，更改时区，并通过 Internet 时间服务器同步日期和时间。

个性化：允许用户改变计算机显示设置如桌面壁纸，屏幕保护程序，显示分辨率等的显示属性窗口。

文件夹选项：允许用户配置文件夹和文件在 Windows 资源管理器中的显示方式。

字体：显示所有安装到计算机中的字体。用户可以删除字体，安装新字体或者使用字体特征搜索字体。

游戏控制器：允许用户查看并编辑连接到个人计算机上的游戏控制器。

Internet 选项：允许用户更改 Internet 安全设置，Internet 隐私设置，HTML 显示选项和多种诸如主页、插件等网络浏览器选项。

键盘：让用户更改并测试键盘设置，包括光标闪烁速率和按键重复速率。

网络连接：显示并允许用户修改或添加网络连接，比如本地网络（LAN）和因特网（Internet）连接。同时这里还提供计算机网络连接的疑难解答。

电源选项：管理能源消耗的选项，决定用户按下计算机的开/关按钮时的动作。

区域选项：允许改变多种区域设置，例如：数字显示的方式（如十进制分隔符）、默认的货币符号、时间和日期符号、用户计算机的位置等。

视频设备：显示所有连接到计算机的扫描仪和相机，并允许它们被配置，移除，或添加新设备。

系统：查看并更改基本的系统设置。比如：显示用户计算机的常规信息；编辑位于工作组中的计算机名；管理并配置硬件设备。

任务栏和“开始”菜单：允许更改任务栏的行为和外观。

用户账户：允许用户控制使用与系统中的用户账户。设置用户权限或撤回权限，添加、移除或配置用户账户等。

实践拓展

小明在计算机上玩 Windows 操作系统自带的小程序，不亦乐乎。他想，在日常办公时一定会有系统的快捷技巧，这个念头一起，他立即在计算机中探索起来了。

一起看看配套实训指导中又增加了什么知识吧。

故事四 4 玩转Word文字处理

军训结束后，小明轻松了一个星期。过了不久，小明发现，紧张的生活才刚刚开始。因为上课班级与军训班级人数的变化，班上开始忙着竞选班干部。同时小明参加的社团也开始了各种活动。在忙碌的同时，小明切身体会到大学的学习与高中学习的不同：在这里学习如同平常生活自由、轻松，但却时刻考验你的自制力与自学能力。

情境一 班规上墙

经过竞选，小明被选为班长。一天，班主任找到小明，让他召集班委讨论制订班规，并打印张贴在教室中。小明和班委其他同学讨论并草拟了班规，可是，需要用计算机把班规排版并打印出来，如图4-1所示。小明不懂Word排版，于是向计算机教研室的老师请教。

一起和小明来完成这项任务吧。

样图

12级XX班班规

为了更好地规范班级成员的行为，形成一个健康向上、团结互助的集体氛围，特制定如下班规：

思想和仪表

1. 尊敬师长，团结同学，一切听从老师安排，如违反有关规章应诚恳接受批评，并做出书面检查。
2. 言谈举止要文明，发言有分寸，尊重和维护他人的正当权益，不骂人、不打架、不给其他同学取绰号。
3. 依照学校规定穿着，注意仪表的整洁大方；朴素节约，不攀比。
4. 爱护公共环境和公共财物，不乱抛垃圾，不乱涂乱画。

纪律

1. 按时就座等候上课，自觉遵守课堂纪律，认真听讲。
2. 晚自习不做与学习无关的事情，尽量不要在教室中来回走动，如有损坏公物者，应予以赔偿。
3. 不在教室内打牌或进行其他影响他人正常活动的行为。

出勤

1. 要求全体同学不迟到、不早退，如有特殊情况必须要向班主任请假。
2. 早操、晚自习要求同学准时参加，不迟到、不早退，无故不得缺席。

卫生

1. 值日生早上提前十五分钟到教室，认真打扫卫生，并把清洁工具摆放整齐，课间负责擦黑板，晚自习结束后应将教室钥匙交给第二天的值日生。
2. 劳动委员安排每周值日及大扫除，尽心尽责做好本职工作，责任到人，做的不好的重做，大扫除由劳动委员和班长验收。
3. 值日生离开教室时注意关闭门窗。

学习

1. 遵守课堂纪律，依照教师的安排进行课堂活动，做好笔记，并按时完成作业，不准抄袭。
2. 上课积极回答问题、不要打断老师的上课，同学之间应相互帮助，共同进步。

图4-1 班规

学习目标

① 学会文档的创建与保存。
② 掌握页面设置。
③ 掌握文档的格式化，包括字体、段落的格式化。
④ 掌握字符的查找与替换。
⑤ 学会设置自动编号。
⑥ 学会打印。

课前准备

将配套光盘中的“计算机基础情景式教程\主教材素材\4-1”文件夹复制到计算机桌面。

解决方案

【步骤 1】　新建文件。在桌面上找到 Word 程序图标，双击图标可以启动该程序，并会自动打开一个新的空白文档。

提示：如果在桌面上没有 Word 程序图标，则可以单击“开始”按钮，在弹出的开始菜单中单击“Microsoft Word 2010”，或者在“开始”菜单中选择“所有程序”→“Microsoft Office”→“Microsoft Word 2010”。

【步骤 2】　保存文件。单击快速访问工具栏的“保存”按钮，或单击“文件”按钮，在下拉菜单中单击“保存”按钮，会弹出“另存为”对话框，在对话框中设置保存位置（桌面）、文件名（“班规.docx”），单击“保存”按钮。如图 4-2 所示。

图 4-2　“另存为”对话框

【步骤 3】　打开桌面上的“4-1”文件夹，找到“班规文字素材.docx”文件，直接双击该文件图标打开文件。或者在 Word 程序窗口，单击“文件”按钮，在弹出的下拉菜单中单击“ ”按钮，从“打开”对话框（见图 4-3）中选择需要打开的文件。

图 4-3 “打开”对话框

提示：如果你需要打开最近编辑过的文档，可以单击“文件”按钮，在下拉菜单中单击“最近所用文件”列表中单击准备打开的 Word 文档名称即可。

按【Ctrl】+【A】组合键全选所有文字，然后单击鼠标右键，在弹出的快捷菜单中单击“复制”（见图 4-4），接着切换到“班规.docx”，单击鼠标右键，在弹出的快捷菜单中单击“粘贴”（见图 4-5）。

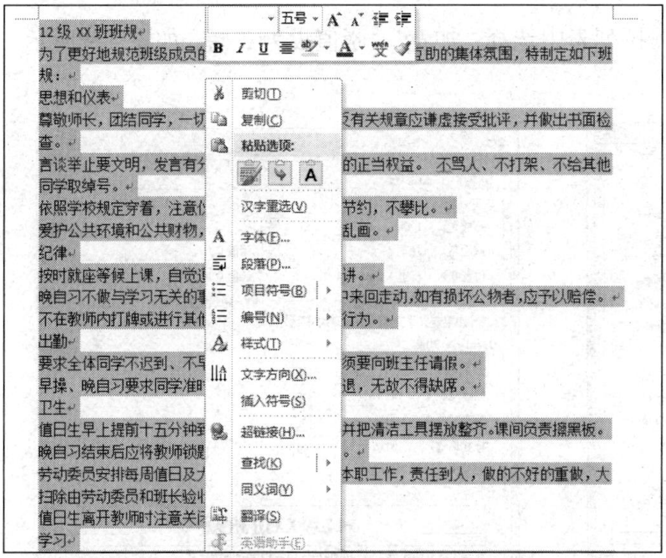

图 4-4 “复制”操作

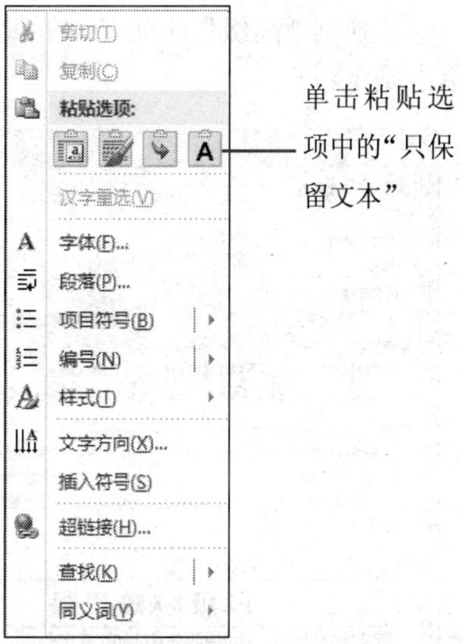

图 4-5 “粘贴操作”

【步骤 4】 页面设置。单击“页面布局”功能区，单击“页面设置”右边的 ，打开“页面设置”对话框，在页边距选项卡中，将上、下、左、右边距各设置为 2cm，如图 4-6 所示，单击“确定”按钮。

【步骤 5】　替换文字。在班规中误将“教室”输成了“教师”，需要将全文中“教师”替换为“教室”。首先，按【Crtl】+【A】组合键选中全文，在“开始”选项卡中单击“替换”按钮，在“查找和替换”对话框中设置“查找内容”为“教师”，设置“替换为”为“教室”。最后单击“全部替换”按钮。如图 4-7 所示。

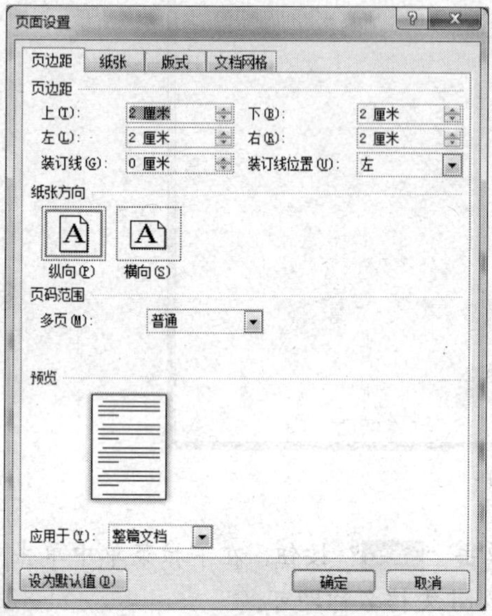

图 4-6　“页面设置”对话框

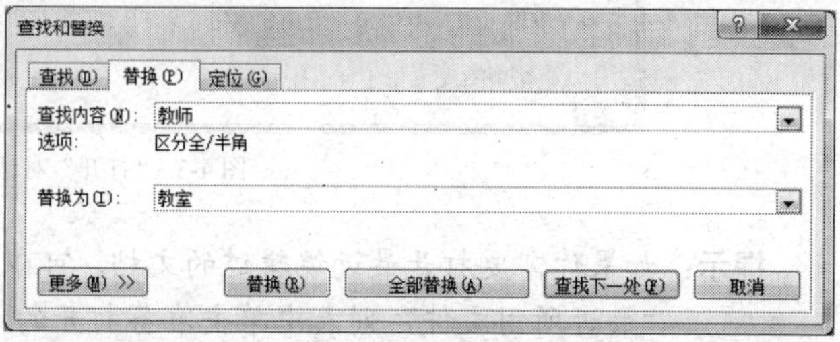

图 4-7　“查找和替换”对话框

【步骤 6】　设置标题的字体格式。选中标题，在“开始”选项卡的“字体”组中，单击对话框启动器，在弹出的“字体”对话框中，设置字体“黑体”、字号“三号”，字形“加粗”，如图 4-8 所示。

切换到“高级”选项卡，在间距下拉列表中选择“加宽”，磅值设为 3 磅，如图 4-9 所示，单击确定。

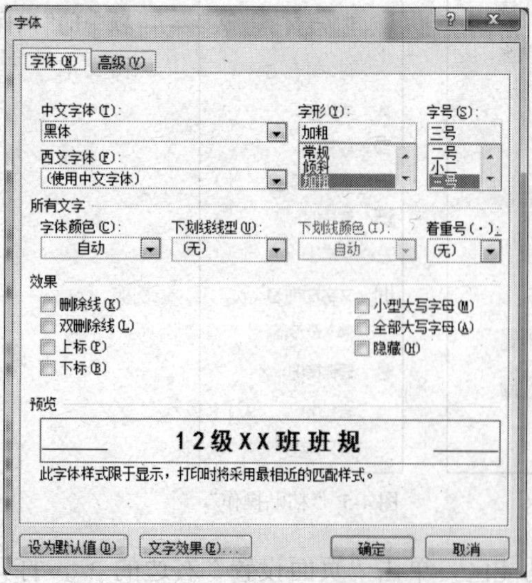

图 4-8　“字体”对话框“字体”选项卡

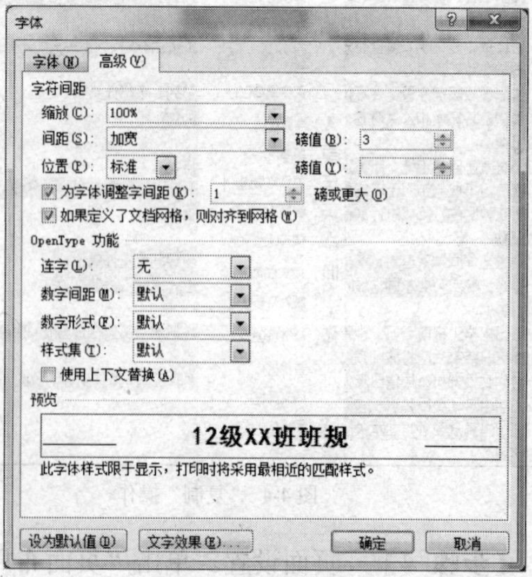

图 4-9　“高级”选项卡

【步骤 7】 设置标题的段落格式。将标题设为居中对齐，段前、段后间距各设为 1 行。选中标题，单击“段落组”的“居中”在“开始”选项卡的“段落”组中，单击对话框启动器，在弹出的“段落”对话框中，设段前、段后间距为 1 行，如图 4-10 所示。

【步骤 8】 设置正文格式。选中正文各段，设置字号为“小四号”。首行缩进 2 字符，行距 1.3 倍。如图 4-11 所示。

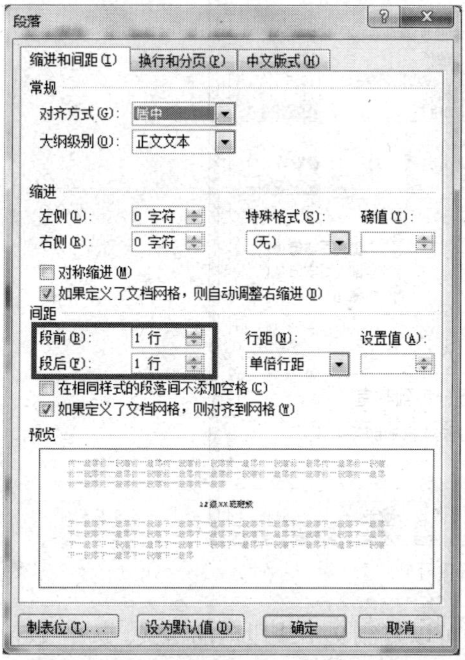

图 4-10 设置段前、段后间距

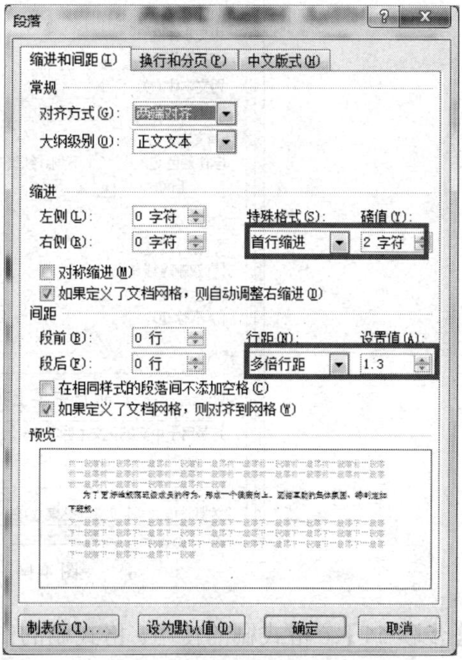

图 4-11 设置行距、首行缩进

提示：*在设置段前段后间距时，如果单位不是默认的单位，则需要自己手动输入。如本例中段前间距的单位既有行，也有磅。左右缩进、首行缩进、悬挂缩进的单位是字符，如需设置其他单位，也要手动输入。*

【步骤 9】 设置“首字下沉”。将光标定在正文第一段的任何位置，在“插入”选项卡中单击“首字下沉”下拉按钮，如图 4-12 所示，在下拉菜单中选择“首字下沉选项…”命令。在“首字下沉”对话框中选择“位置”部分的“下沉”选项，设置下沉行数为 2，距正文 0.2cm。最后单击“确定”按钮，如图 4-13“首字下沉”对话框所示。

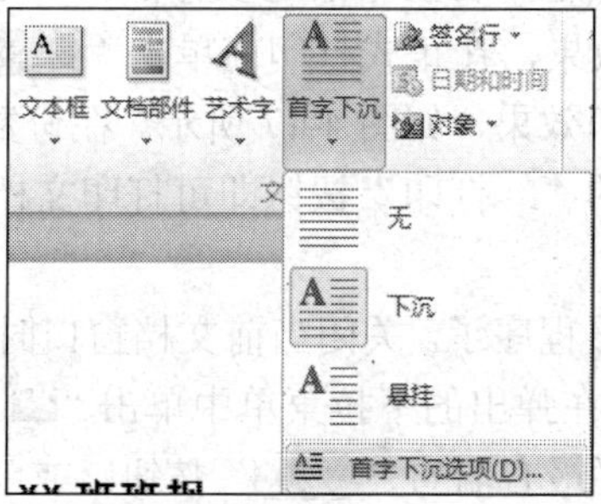

图 4-12 插入“首字下沉”

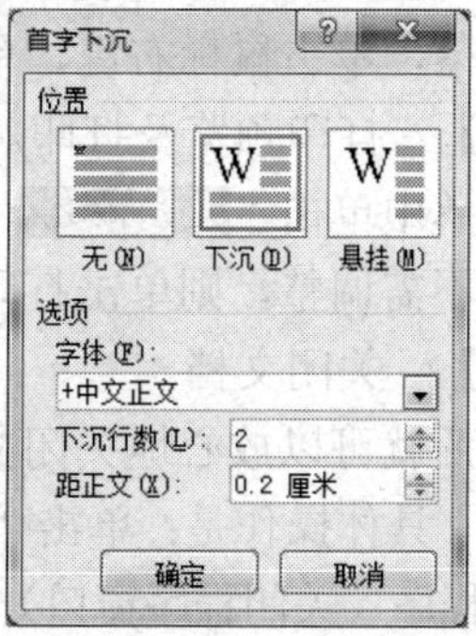

图 4-13 “首字下沉”对话框

【步骤 10】 设置着重号。参考样例，选中文字“值日生早上提前 15 分钟到教室”，在“开始”选项卡的“字体”组中，单击对话框启动器，在弹出的“字体”对话框中，选择着重号，如图 4-14 所示。

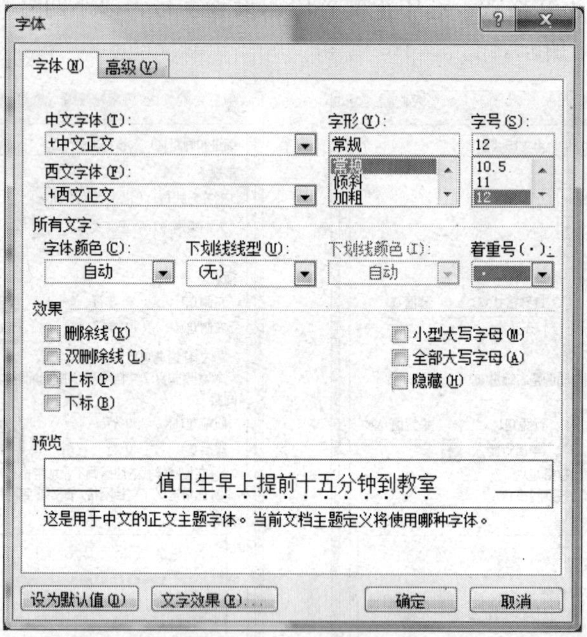

图 4-14 加“着重号”

【步骤 11】 格式刷的使用。格式刷的作用是可以复制文字或段落的格式。选中文字“思想和仪表”，设字体为“黑体”，“加粗”，段前、段后各设为 10 磅，然后双击“开始”功能区左侧的格式刷，接着依次单击“纪律”“出勤”“卫生”“学习”等文字。最后按【Esc】键退出格式刷。

提示：单击格式刷只能复制一次格式，双击格式刷可以多次复制。

【步骤 12】 设置自动编号。选中“思想及仪表”后面的四段文字，单击编号旁三角形按钮，在编号库中选择合适的编号样式（见图 4-15）。其他段落的编号可以重复以上操作。如果编号是接续之前的段落编号，需要重新开始编，可选中该段，单击鼠标右键，在快捷菜单中选择“重新开始于 1”。

自动编号设置好后，会发现这些段落的文字自动做了缩进，如果不想要缩进的效果，可以选中相应段落，单击鼠标右键，单击调整列表缩进，将文本缩进设为 0cm（见图 4-16）。

【步骤 13】 打印预览及打印。为确保打印效果，在正式打印前单击“文件”按钮，在弹出的下拉菜单中单击“打印”按钮查看打印效果，如图 4-17 所示。在份数框中，输入打印份数，如不需调整，则单击打印预览效果中的“打印”按钮即可打印文档。

【步骤 14】 关闭文档。

保存文件后就可以放心地关闭文档窗口或退出程序了。关闭当前文档窗口时，Word 程序是不会关闭的。具体操作是：单击“文件”按钮，在弹出的下拉菜单中单击“关闭”按钮。

如要退出程序（关闭程序窗口），需单击标题栏最右端的“✕”按钮，或单击“文件”按钮，在弹出的下拉菜单中单击“退出”按钮。退出程序后，程序窗口和文档窗口一起关闭。

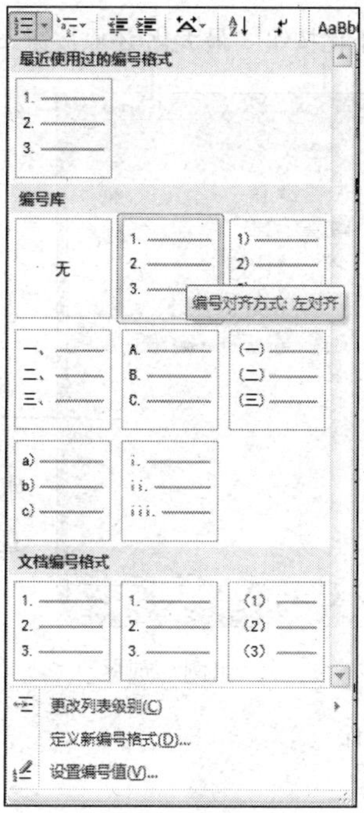

图 4-15 设置自动编号

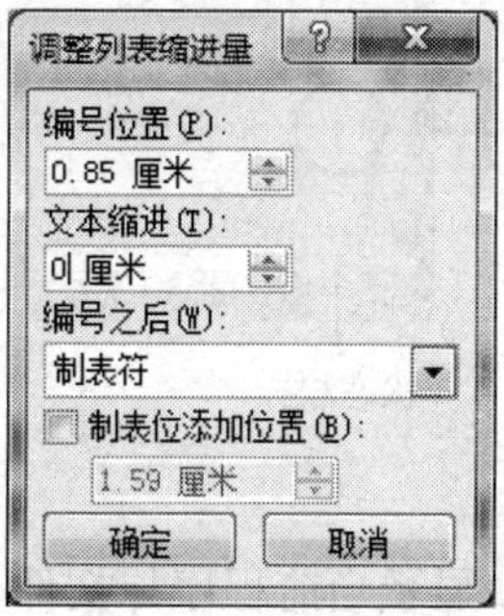

图 4-16 调整列表缩进

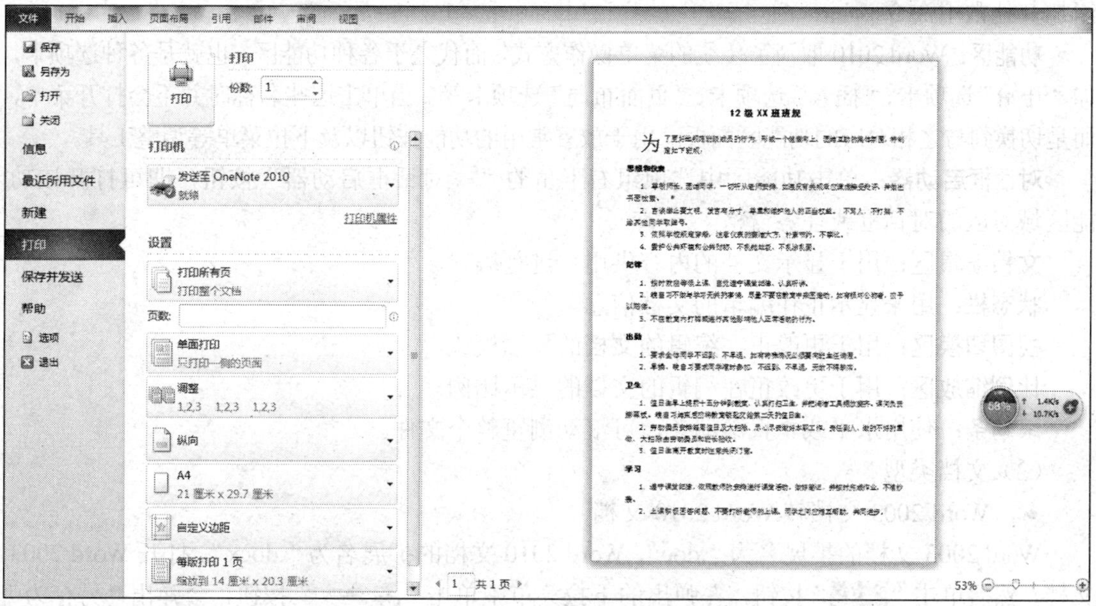

图 4-17 打印预览效果

知识储备——Word 概述与基本操作

1. Word 概述

（1）窗口简介

Word 2010 是 Microsoft 公司开发的 Office 2010 办公组件之一，是优秀的文档格式设置工具，利用它可轻松、高效地组织和编写文档。Word 2010 窗口如图 4-18 所示。

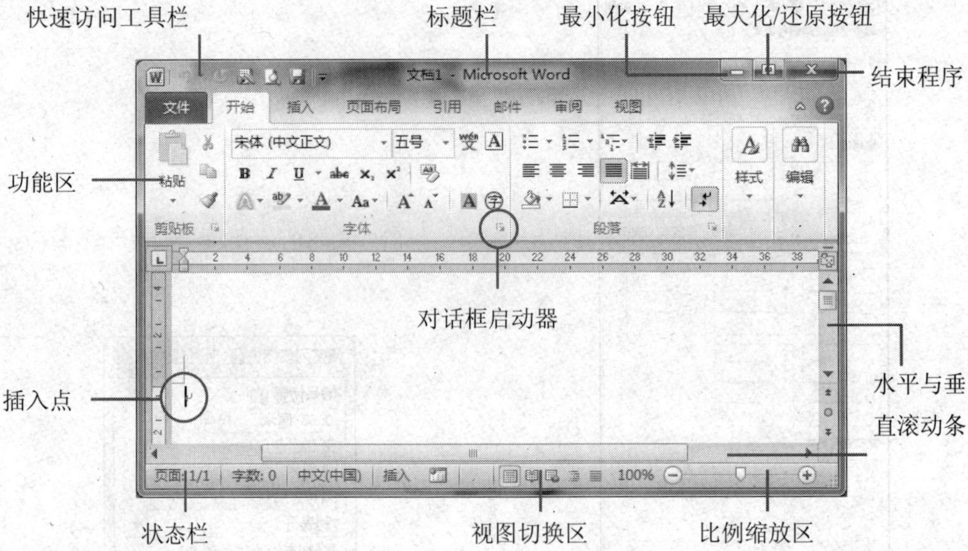

图 4-18　Word 的基本界面

标题栏：显示当前程序与文件名称。

快速访问工具栏：主要包括一些常用命令，如 保存、 撤销、 恢复按钮，还可以添加其他常用命令。

功能区：Word 2010 取消了传统的菜单操作方式，而代之于各种功能区，也就是各种选项卡，如“开始”选项卡、“插入”选项卡、“页面布局”选项卡等。当单击这些名称时并不会打开菜单，而是切换到与之相对应的功能区面板。用于放置常用的功能按钮以及下拉菜单等调整工具。

对话框启动器：单击功能区中选项组右下角的“ 对话框启动器”按钮，即可打开该功能区域对应的对话框或任务窗格。

文档编辑区：用于显示文档的内容供用户进行编辑。

状态栏：用来显示正在编辑的文档信息。

视图切换区：用于更改正在编辑的文档的显示模式。

比例缩放区：用于更改正在编辑的文档的显示比例。

滚动条：使用水平或垂直滚动条，可滚动浏览整个文件。

（2）文档类型

- Word 2003 文档转 Word 2010 文档

Word 2003 文档的扩展名为“.doc”，Word 2010 文档的扩展名为“.docx”。打开 Word 2003 文档，然后单击“文件”按钮，在弹出的下拉菜单中单击“另存为”按钮，会弹出“另存为”对话框，在“保存类型”下拉列表中选择“Word 文档”类型即可。

- Word 2010 文档转 Word 2003 文档

参照以上方法，在“保存类型”下拉列表中选择“Word 97-2003 文档”类型即可。

- Word 2010 文档转为 PDF 文档

参照以上方法，在“保存类型”下拉列表中选择“PDF 文档”类型即可。

2. Word 基本操作

（1）文本的选取

根据选取文本的区域及长短的不同，常用的选取操作可分为以下几种。

选取一段文本：在段落中任何一个位置，连续按 3 次鼠标左键。

选取所有内容：单击“编辑”→“全选”命令，或使用组合键【Ctrl】+【A】。

选取少量文本：将鼠标移至需选取文本的首字符处，使用鼠标左键拖曳至欲选取的范围。

选取连续的大量文本：将鼠标移至需选取文本的首字符处并单击鼠标左键，然后按住【Shift】键的同时，在要选取文本的结束处单击鼠标左键。

选取不连续文本：先用选取少量文本的方法，选取第一部分连续的文本；然后按住【Ctrl】键不放，继续使用鼠标左键拖曳选取另外区域，直到选取结束。

（2）文本的移动、复制

对文本进行移动或复制有 3 种常用方法：鼠标、快捷菜单和组合键。

① 用鼠标左键拖曳的方式进行移动与复制：先选定要移动或复制的文本，鼠标移至被选定的文本上，鼠标形状变为向左的空心箭头，按住鼠标左键并拖曳，可以看到一条虚线条的光标在提示目标位置，拖曳到目标位置后放开鼠标即可完成文本的移动；如果需要完成文本的复制，只需要在鼠标左键拖曳的同时，按住【Ctrl】键即可，注意空心箭头右下角会出现一个“+”号。

② 用快捷菜单的方式进行移动与复制：先选定要移动或复制的文本，鼠标移至被选定的文本上，鼠标形状变为向左的空心箭头，单击鼠标右键，弹出快捷菜单，如果是移动文本就选择“剪切”，如果是复制文本就选择“复制”，将光标移动到要插入该文本的位置，单击鼠标右键，在快捷菜单中选择“粘贴”。

在粘贴选项中，“保留源格式”命令是指被粘贴内容保留原始内容的格式；“合并格式”命令是指被粘贴内容保留原始内容的格式，并且合并应用目标位置的格式；“仅保留文本”命令是指被粘贴内容清除原始内容和目标位置的所有格式，仅保留文本。

③ 用组合键的方式进行移动与复制：先选定要移动或复制的文本，使用组合键【Ctrl】+【X】完成文本的剪切或【Ctrl】+【C】完成文本的复制，最后将光标移动到要插入文本的位置，按组合键【Ctrl】+【V】完成粘贴操作。

（3）文本的删除

文本的删除有两种情况：整体删除和逐字删除。

① 整体删除：先选定要删除的文本，然后按【Delete】键或【Backspace】键。

② 逐字删除：将光标定在要删除文字的后面，每按一次【Backspace】键可删除光标前面的一个字符；每按一下【Delete】键则可删除光标后面的一个字符。

（4）文本的查找与替换

文本的查找与替换通常会有带格式的替换，操作方法如下：在“开始”选项卡中单击“替换”按钮，在“查找和替换”对话框的“替换”选项卡中分别输入“查找内容”和“替换为”的文字，然后单击“更多>>”按钮，单击左下角的“格式”→“字体”，如图 4-19 所示，在弹出的“替换字体”对话框中，把要替换的字体格式设置好，再单击“确定”按钮，如图 4-20 所示。

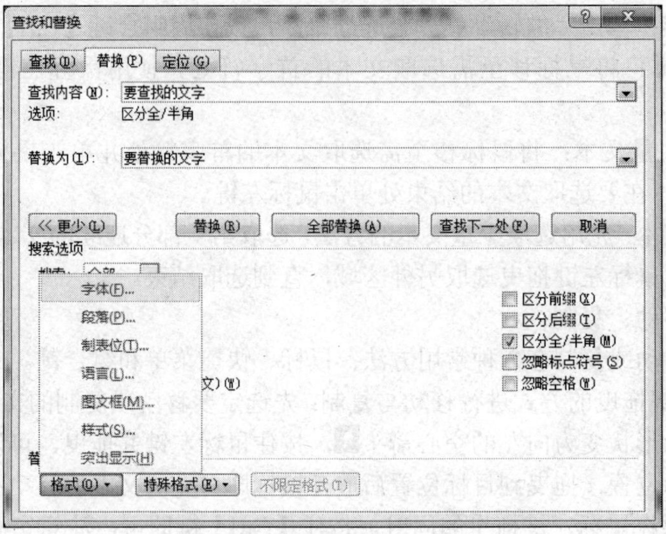

图 4-19　设置要替换的文字格式

3. Word 排版基础操作

（1）文字效果的设置

选中文字，单击“开始”选项卡“字体”组中的 A 旁的下拉按钮，在弹出的下拉列表中选择合适的文字效果，如图 4-21 所示。还可以分别在轮廓、阴影、映像、发光列表中选择具体效果。

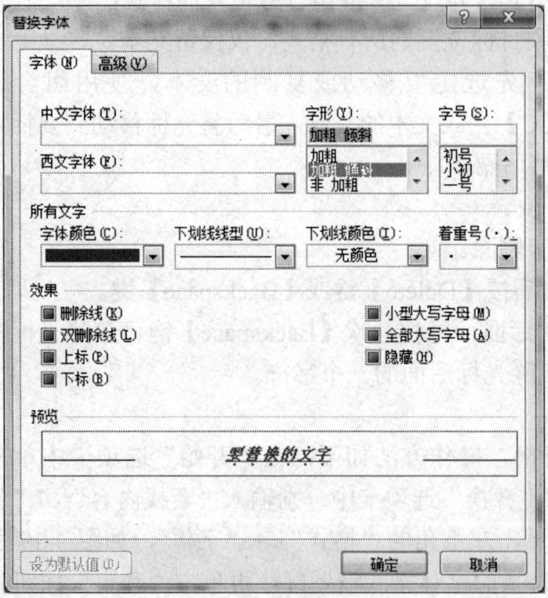

图 4-20　打印预览效果

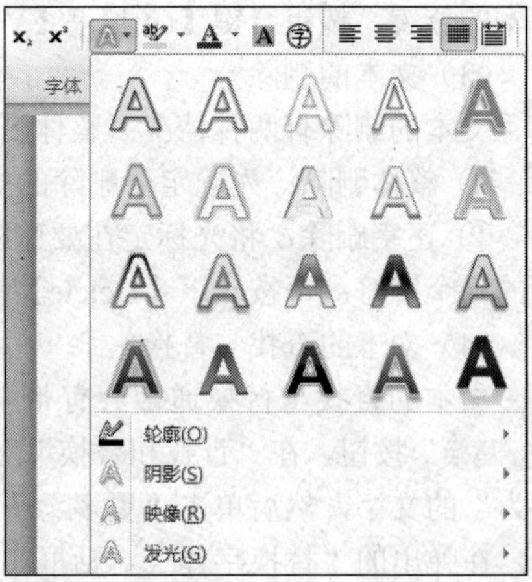

图 4-21　“文字效果”下拉列表

（2）上标、下标的设置

在文字处理过程中经常会输入上标、下标，如 H_2O，y^2 等，选中需要改上标或下标的文字，再单击“开始”选项卡中的上标 x^2 或下标 x_2 按钮。

（3）分栏的设置

选定要分栏的段落，在“页面布局”选项卡中单击“分栏”下拉按钮中的“两栏”按钮，或单击“更多分栏…”命令，在“分栏”对话框中选择“预设”部分的“两栏”，最后单击“确定”按钮，如图 4-22 所示。

如果分栏中涉及“栏数”的选择、是否显示“分隔线”以及“宽度和间距”等相关设置，则需在“分栏”对话框中进行相应设置。

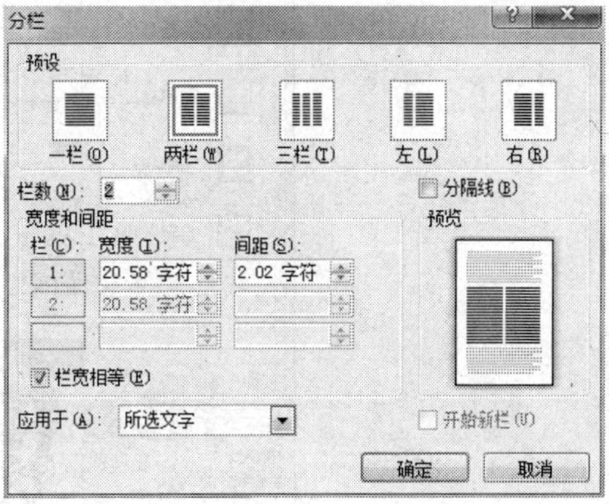

图 4-22 “分栏”对话框

（4）边框的设置

在 Word 中边框设置分为字符边框、段落边框和页面边框。

- 字符边框

选中文字，单击“开始”选项卡的A可以为文字加黑色实线边框。如果需要设置文字边框的线型、颜色、粗线等，则要单击“开始”选项卡“段落”组中的，打开下拉列表，单击“边框和底纹”按钮，如图 4-23 所示，会弹出“边框和底纹”对话框，如图 4-24 所示。在对话框中可以设置边框样式、颜色、宽度。在“应用于”下拉列表中，须选择“文字”。

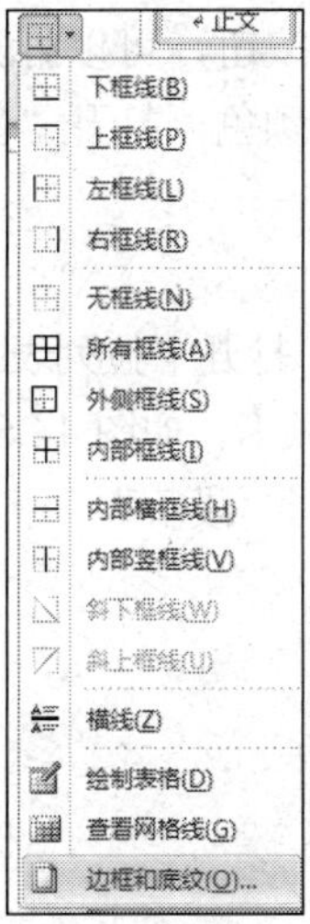

图 4-23 “边框和底纹”按钮

图 4-24 “边框和底纹”对话框

- 段落边框

是指以整个段落的宽度作为边框宽度的矩形框。段落边框还可以单独设置上下左右 4 条边框线的有无及格式。设置过程类似于字符边框，但在“应用于”下拉列表中，须选择“段落”。

- 页面边框

指为整个页面添加边框，一般在制作贺卡、节目单等时会用到，在“边框和底纹”对话框中，切换到“页面边框”选项卡，设置方法类似于段落边框的设置，不过页面边框还可以选择艺术型边框，效果更加丰富，如图 4-25 所示。

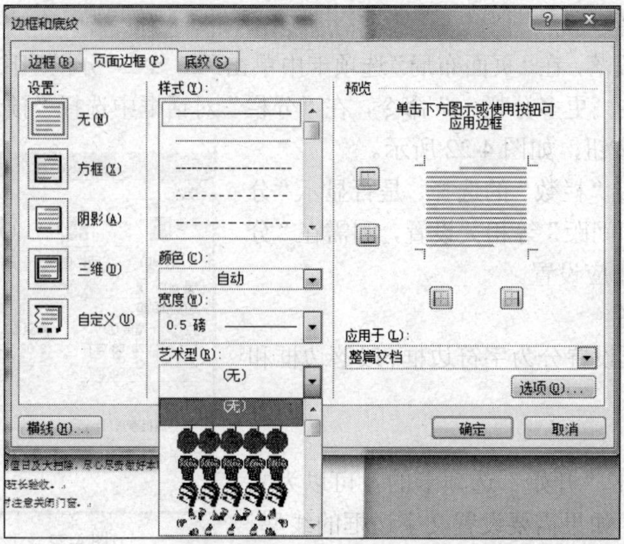

图 4-25　设置“页面边框”

（5）底纹的设置

底纹设置分为字符底纹和段落底纹。

- 字符底纹

选中文字，单击“开始”选项卡“段落”组中的底纹旁的下拉按钮，可以打开底纹颜色下拉列表，单击需要的颜色，如果没有合适的颜色，可以单击其他颜色，打开“颜色”对话框，再选择合适的颜色。

- 段落底纹

选中需要设置底纹的段落，单击“开始”选项卡“段落”组中的，打开下拉列表，单击“边框和底纹”按钮，在弹出的“边框和底纹”对话框中，单击“底纹”选项卡，如图 4-26 所示，在“填充”下拉列表中选择合适的底纹颜色，在“应用于”下拉列表中选择“段落”。

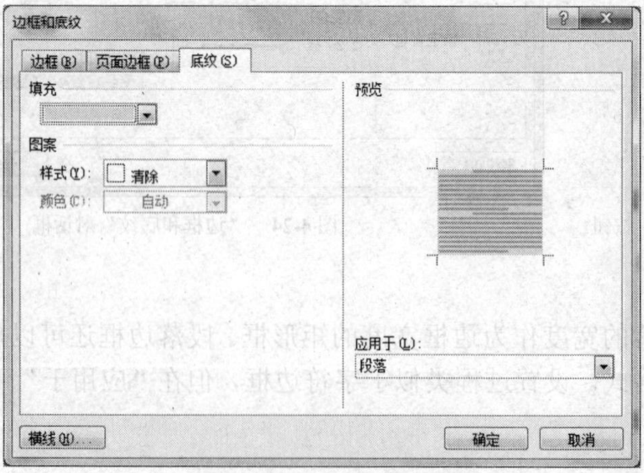

图 4-26　设置段落底纹

实践拓展

为了更好地巩固学习成果，小明告诉了他的朋友和老师，如果他们有文字编辑的任务可以给他，他会帮忙做好。这下不得了，小明一晚上就接了下面的任务。

到配套实训指导中看看他接到什么任务吧。

情境二　招新海报

学校各种组织与社团因为新生的到来，注定要加入新鲜的活力。作为班长的小明首先被老师推荐到院学生会办公室。分配给小明的第一个任务是把学长在计算机中做好的招新海报拿到店里制作 500 份。漂亮的海报制作出来后，小明拿出一份来到计算机教研室，请教老师怎样才能做出这样的海报。

老师表扬了小明主动学习的态度，和他一起完成了海报的制作，如图 4-27 所示。

图 4-27　招新海报效果图

学习目标

① 掌握在文档中插入图片、艺术字、图形、SmartArt 等对象。

② 熟悉图片、艺术字、图形、SmartArt 等对象的格式设置。

③ 掌握页面背景的设置。

课前准备

① 和老师讨论海报中各种素材的特点。

② 将配套光盘中的“计算机基础情景式教程\主教材素材\4-2”文件夹复制到桌面。

解决方案

【步骤 1】 新建文件。启动 Word 程序后，窗口中会自动建立一个新的空白文件。

【步骤 2】 保存文件。单击快速访问工具栏的“保存”按钮，在弹出的“另存为”对话框中设置保存位置（桌面）、文件名（“学生会招新海报.docx”），单击“保存”按钮。

【步骤 3】 页面设置。单击“页面布局”选项卡，单击“页面设置”右边的 ，打开“页面设置”对话框，单击“纸张”选项卡，将纸张大小设置为 A3，如图 4-28 所示，单击“确定”按钮。

【步骤 4】 设置页面背景图片。单击“页面布局”选项卡→“页面颜色”→“填充效果”（见图 4-29），在弹出的“填充效果”对话框中（见图 4-30），单击“图片”选项卡，单击“选择图片命令”，弹出“选择图片”对话框中（见图 4-31），选择“4-2\招新海报背景图片.jpg”，单击“插入”按钮。

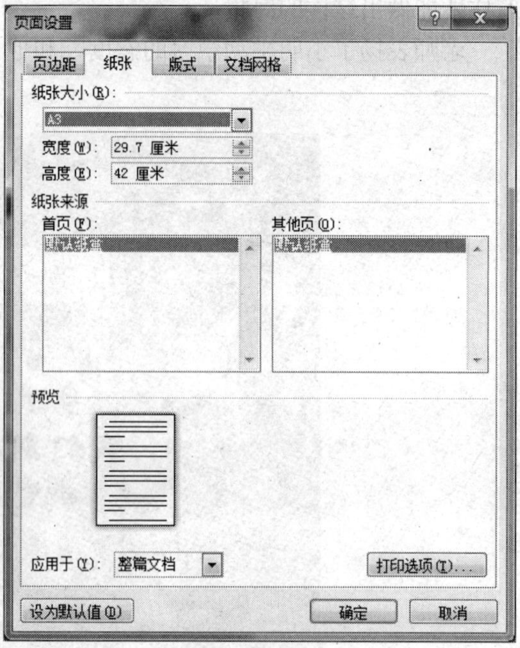

图 4-28 纸张大小设置

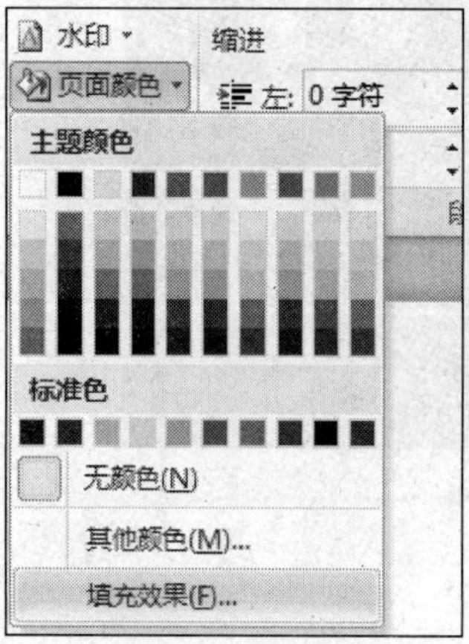

图 4-29 设置页面填充效果

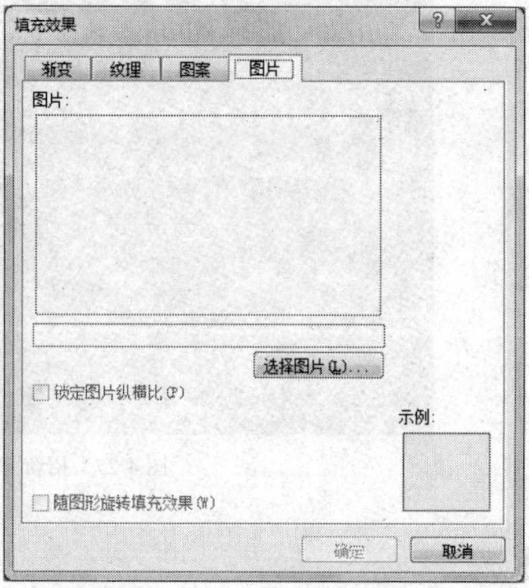

图 4-30 “填充效果”对话框

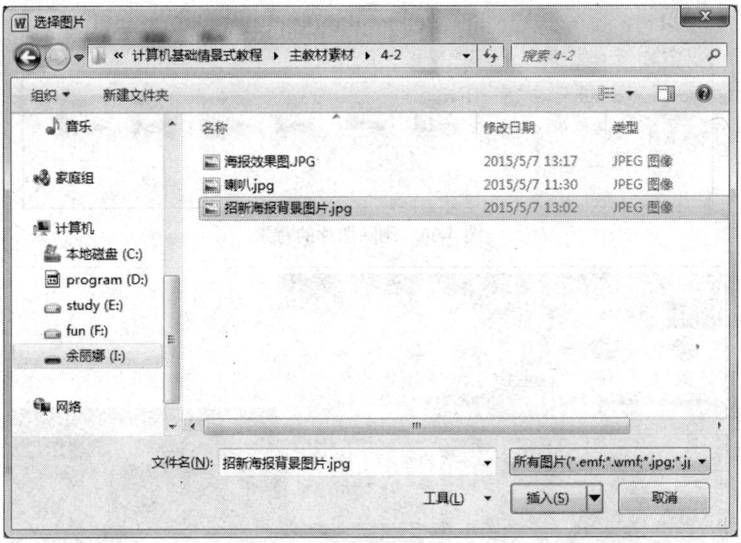

图 4-31　“选择图片”对话框

【步骤 5】　插入图片。单击“插入”选项卡→“图片”（见图 4-32），在弹出的“插入图片”对话框中，选择图片“4-2\喇叭.jpg”，单击“插入”。

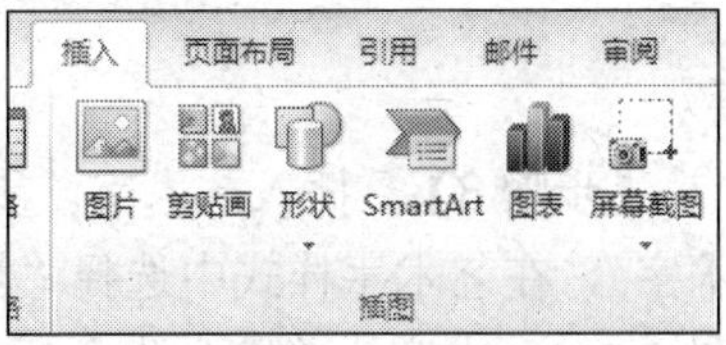

图 4-32　插入图片

【步骤 6】　调整图片“喇叭”的大小与位置。选定刚才插入的“喇叭”→单击“绘图工具”选项卡→“自动换行”→选择“四周型环绕”（见图 4-33）。选定图片后，将鼠标移至图片的右下角，在控制点上会发现鼠标形状变为“↖↘”，这时，使用鼠标左键拖曳的方式可以等比例缩放对象的大小。

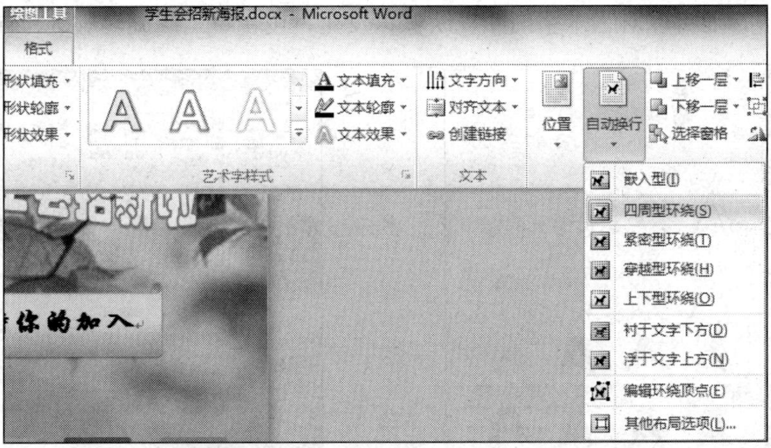

图 4-33　设置图片的环绕方式

【步骤 7】　删除图片背景。插入进来的图片“喇叭”，带有白色的背景，我们可以删除白色背景，使整体效果更好。选中图片，Word 窗口的顶端会出现“图片工具”选项卡，单击其中的“删除背景”按钮（见图 4-34），会出现“背景消除”选项卡，调整图片上的控制点，选好区域，单击“保留更改”按钮（见图 4-35），图片的背景就被删除了。

图 4-34　删除图片的背景

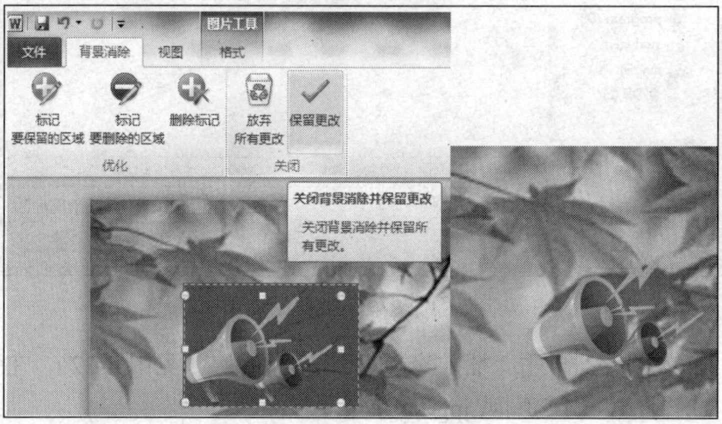

图 4-35　删除背景后的图片

【步骤 8】　插入艺术字。参考样例，在页面上方插入艺术字，单击“插入”选项卡→“艺术字”，在艺术字样式中选择“填充-橙色，强调文字颜色 6，渐变轮廓-强调文字颜色 6”（见图 4-36）。内容为“院学生会招新啦”，字体为“华文琥珀”、字号“60 磅”。

【步骤 9】　艺术字字形的转换。选中艺术字，在“绘图工具”选项卡的“艺术字样式”选项组中单击“文本效果”下拉按钮中的“转换”命令，单击“波形 1”（见图 4-37）。在“文本效果”中，还可以对艺术字阴影、映像、发光、棱台、三维旋转等进行详细设置。

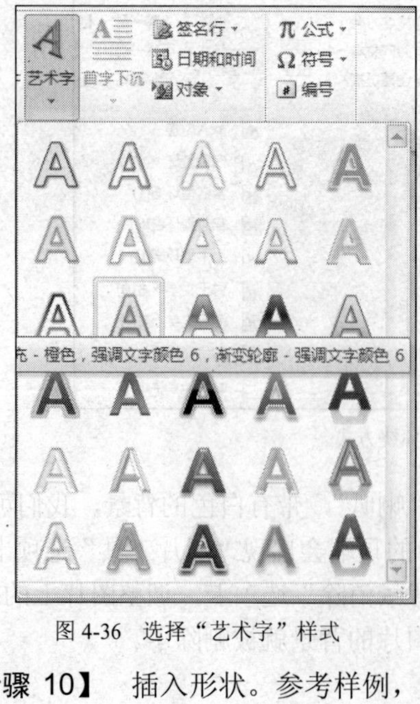

图 4-36　选择“艺术字”样式

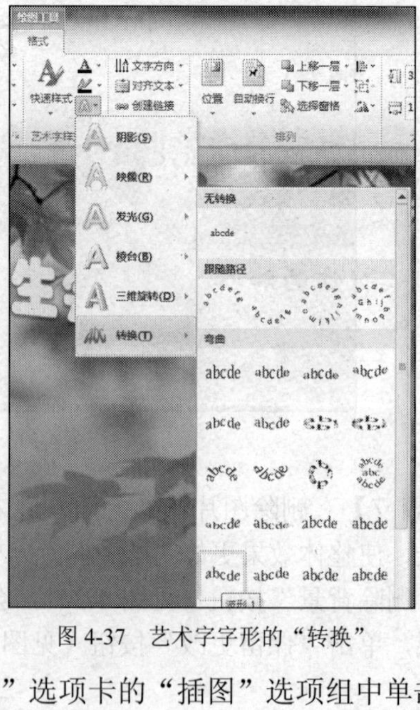

图 4-37　艺术字字形的“转换”

【步骤 10】　插入形状。参考样例，在“插入”选项卡的“插图”选项组中单击“形状”下拉按钮，选择“横卷形”按钮，如图 4-38 所示，鼠标形状变为“十”。用鼠标左键拖曳绘制出横卷形，并调整好形状的大小和位置。

【步骤 11】 在形状中添加文字。选中该形状，单击鼠标右键，在弹出的快捷菜单中选择“添加文字”命令，如图 4-39 所示。在光标处输入文字“我们期待你的加入”，并设置字体“华文行楷”、字号“48 磅”、加粗、文字颜色为黑色。

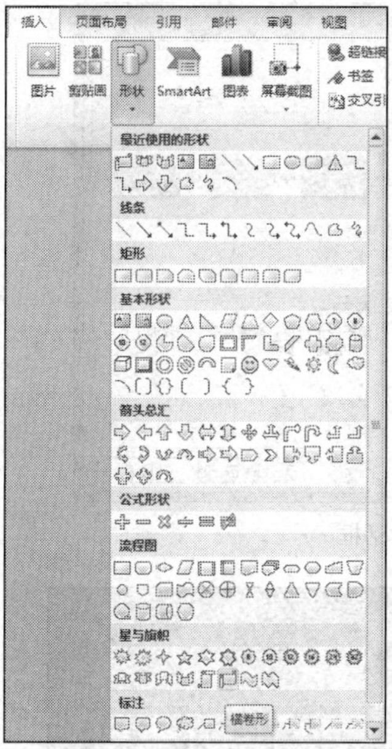

图 4-38 “形状”下拉按钮

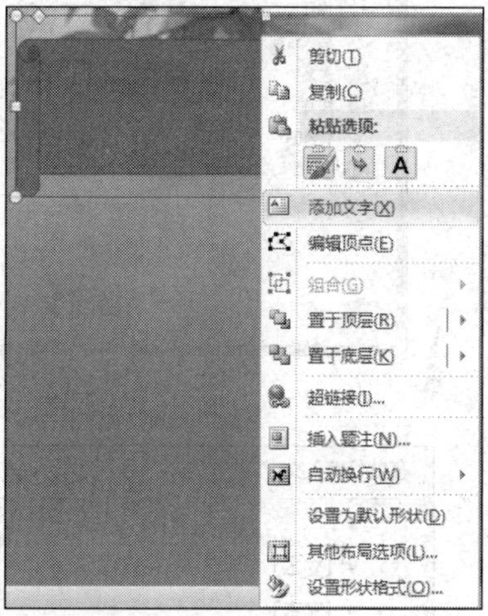

图 4-39 “添加文字”命令

【步骤 12】 设置形状格式。选中该形状外框，单击“绘图工具”选项卡→“渐变”→“其他渐变”，如图 4-40 所示，弹出“设置形状格式”对话框，在“填充”设置中，选择“渐变填充”，单击预设颜色下拉按钮，单击“薄雾浓云”效果，如图 4-41 所示。

图 4-40 设置形状的渐变填充效果

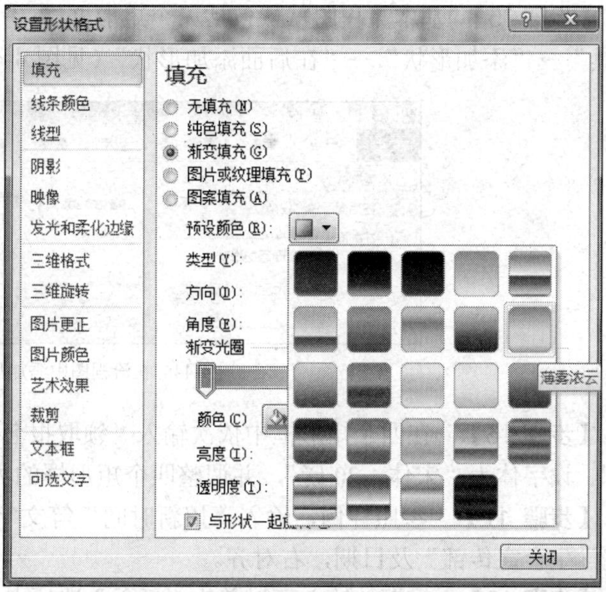

图 4-41 “设置形状格式”对话框

【步骤 13】 参考样例，按回车插入若干行，输入文字“招新流程”，设“华文行楷，小一号”字，按回车换行。

【步骤 14】 插入 SmartArt 图形。单击“插入”选项卡→“SmartArt”，弹出“选择 SmartArt 图形”对话框，在对话框左侧选择“流程”，右侧即显示流程图类中包含的各种流程图，单击“基本流程图”（见图 4-42），单击确定，插入如图 4-43 所示的流程图。

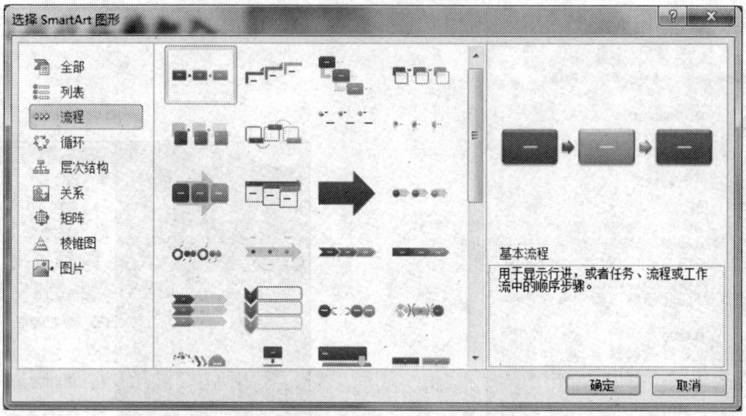

图 4-42 “选择 SmartArt”对话框

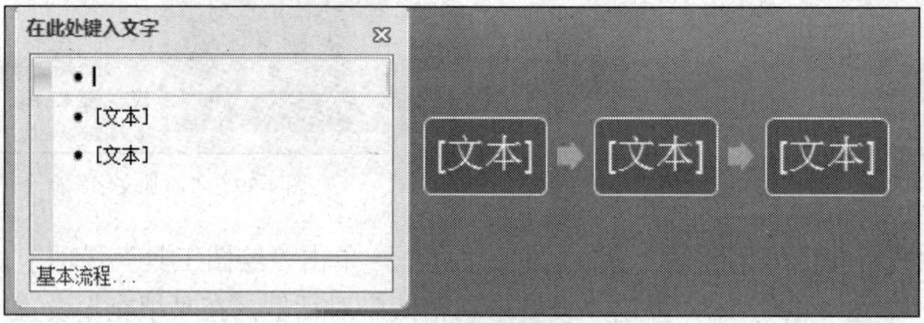

图 4-43 基本流程图

【步骤 15】 基本流程图默认包括三个矩形框，参考样例，需添加一个形状，单击“SmartArt 工具”→“添加形状”→“在后面添加形状”（见图 4-44）。

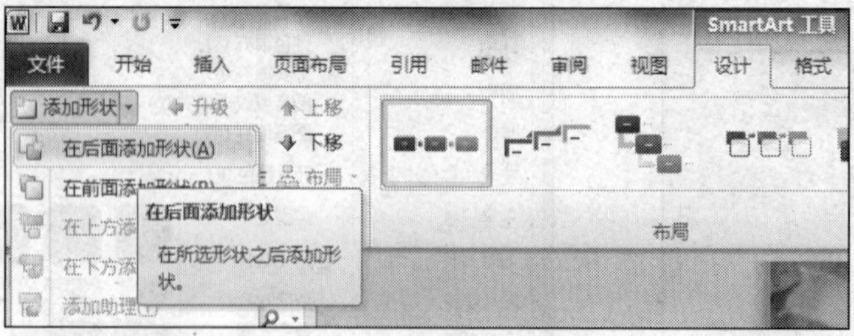

图 4-44 在流程图中添加形状

【步骤 16】 在四个矩形框中依次输入“领取报名表”“交表至宿管部”“面试”“公示结果”。设字体为“宋体，20 磅”，并调整四个矩形框的大小。

【步骤 17】 参照样例，输入“招新时间”等文字，设“华文行楷，小一号”字。落款“院学生会宣传部”及日期，右对齐。

【步骤 18】 日期的输入可以单击“插入”选项卡→“日期和时间”，选择需要的日期形式（见图 4-45），单击“确定”按钮，再根据实际日期稍做修改。

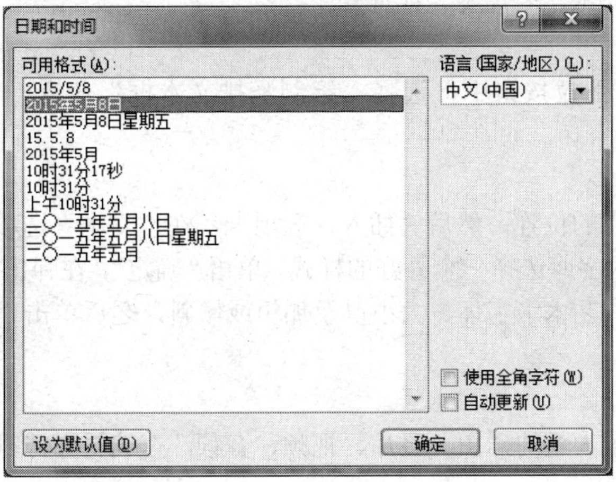

图 4-45　“日期和时间”对话框

知识储备——Word 图文混排

1. 显示比例

更改文档的显示比例可以使操作更加方便和精确。显示比例的调整有两种方法。

- 单击“视图”选项卡，在“显示比例”选项组中单击“显示比例”按钮，在“显示比例”对话框（见图 4-46）中进行相应设置。
- 单击 Word 窗口右下角的“显示比例”滑杆，拖动滑杆按钮，调整显示比例。

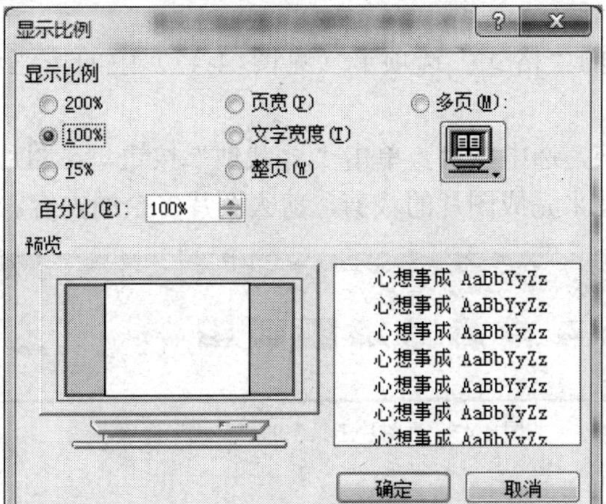

图 4-46　“显示比例”对话框

2. 插入文本

（1）插入文本框

文本框内可以放置文字、图片、表格等内容，文本框可以很方便地改变位置、大小，还可以设置一些特殊的格式。文本框有两种：横排和竖排文本框。

- 横排文本框

单击“插入”选项卡，在“文本”选项组的“文本框”下拉按钮中，选择“绘制文本框”命令，鼠标变为“十”形状，使用鼠标左键拖曳的方法，绘制出横排文本框。在文本框内的光标处可以插入文本、图片等各种对象。

- 竖排文本框

在“文本框”下拉按钮中，选择“绘制竖排文本框”命令，具体操作与横排文本框类似。

（2）插入艺术字

将光标停留在适当的位置，然后“插入”选项卡，在“文本”选项组的“艺术字”下拉按钮中，在打开的艺术字库选择一个喜好的样式，单击“确定”，在弹出的“编辑艺术字文字”对话框里输入要生成的艺术字字体、大小以及加粗或倾斜，之后单击“确定”按钮。

3. 插入插图

（1）插入剪贴画

Word 2010 提供了大量的插图、照片、视频、音频，在编辑文档时，可以根据需要插入文档中。

先将光标定在要插入图片的位置；单击“剪贴画”按钮，窗口右侧显示“剪贴画”任务窗格；在此任务窗格中可以输入“搜索文字”，选择“结果类型”；最后选择所需要插入的图片，在当前光标处即可插入该图片（或者从“剪贴画”任务窗格中将图片使用鼠标左键拖曳的方法，拖至要插入图片的位置）。

（2）插入图片

插入图片时，尽量不要改变图片的纵横比。插入照片或插图时，会显示“图片工具”，并会将“格式”选项卡自动添加到功能区中。在“格式”选项卡中，用于更改照片和插图的设计和布局的命令会分在一组中。在插入的照片或插图外部单击时，“图片工具”将会隐藏。

使用“图片工具”的“格式”选项卡（见图 4-47）中的按钮可对图片的格式进行详细设置。

如需对图片进行裁剪，选中图片，单击“裁剪”按钮，在图片的八个控制点上按住鼠标不松开，使用鼠标拖曳来完成图片的裁剪，剪去图片多余的内容。

图 4-47 “图片工具”的“格式”选项卡

4. 调整对象

（1）插入对象的大小

- 大致调整。鼠标须移至该对象的四个边线附近，然后单击鼠标左键选中对象。

  选定前一定要注意，鼠标要为“✥”形状才可正常选定。

选中对象后，对象的上、下、左、右及四个边角会出现八个控制点，鼠标移至这些控制点上，鼠标形状变为“↔”“↕”“⤢”“⤡”，这时，使用鼠标左键拖曳的方式可以改变对象的宽度、高度或按比例缩放对象的大小。

- 精确调整。选中对象后，单击鼠标右键，在弹出的快捷菜单中选择“大小和位置”，会出现“布局”对话框，在“大小”选项卡中，输入高度、宽度。如图 4-48 所示。

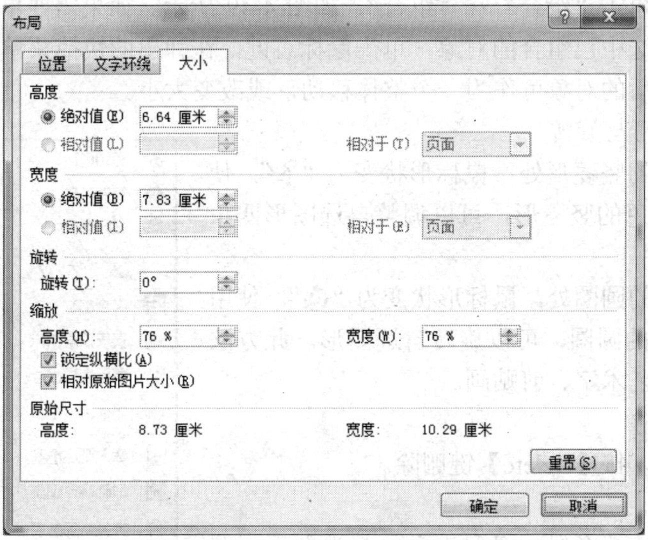

图 4-48　对象大小的设置

（2）调整对象的位置

- 对于形状、艺术字、文本框等对象，先选定其外框，再使用鼠标左键拖曳的方式即可改变对象的位置，在拖曳的过程中鼠标的形状为“✥”。除了用鼠标可以调整对象的位置外，键盘上的上下左右方向键也可以进行调整。
- 对于图片、剪贴画、SmartArt 而言，由于插入后，其与文本的环绕方式为嵌入型，根据实际情况，可调整为“四周型”“紧密型”“浮于文字上方”“衬于文字下方”等，方能随意移动位置。

（3）设置图片与文字的环绕方式

选定图片后，窗口顶部会出现“图片工具”选项卡，切换至该选项卡，在“排列”组中，单击“自动换行”下拉按钮，根据需要选择合适的环绕方式：

- 四周型环绕：不管图片是否为矩形图片，文字以矩形方式环绕在图片四周；
- 紧密型环绕：如果图片是矩形，则文字以矩形方式环绕在图片周围，如果图片是不规则图形，则文字将紧密环绕在图片四周；
- 穿越型环绕：文字可以穿越不规则图片的空白区域环绕图片；
- 上下型环绕：文字环绕在图片上方和下方；
- 衬于文字下方：图片在下、文字在上分为两层，文字将覆盖图片；
- 浮于文字上方：图片在上、文字在下分为两层，图片将覆盖文字；
- 编辑环绕顶点：用户可以编辑文字环绕区域的顶点，实现更个性化的环绕效果。

（4）调整对象间的叠放次序

在页面上绘制或插入各类对象，每个对象其实都存在于不同的“层”上，只不过这种“层”是透明的，我们看到的就是这些“层”以一定的顺序叠放在一起的最终效果。如需要某一个对象存在于所有对象之上，就必须选中该对象，单击鼠标右键，在弹出的快捷菜单中选择“置于顶层”命令。

（5）组合对象

按住【Shift】键不动，分别用鼠标单击各个对象，选中多个对象后，单击鼠标右键，在弹出的快捷菜单中单击“组合”→“组合”，如图 4-49 所示。如果需要单独调整或移动其中一个对象，则可以选中已组合的对象，单击鼠标右键，在弹出的快捷菜单中单击“组合”→“取消组合”。组合后的对象可作为一个整体移动，或改变大小。

（6）形状的变形与旋转

鼠标移至黄色的竖菱形处，鼠标形状变为“”，使用鼠标左键拖曳黄色的竖菱形，可以调整自选图形四角的“圆弧度”。

鼠标移至绿色的圆圈处，鼠标形状变为“”，使用鼠标左键拖曳绿色的圆圈，可以旋转自选图形。此方法也适用于文本框、艺术字、剪贴画。

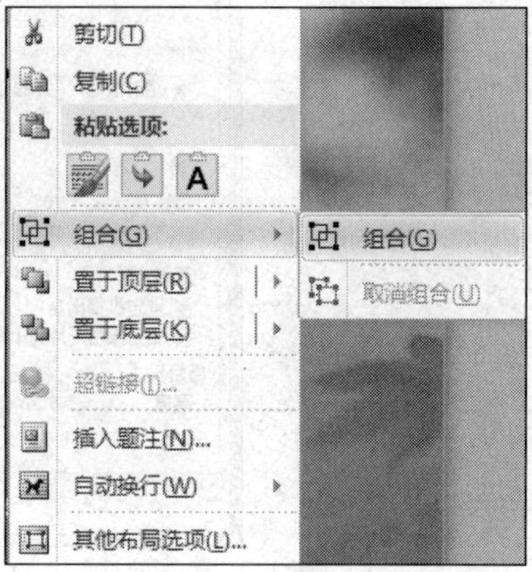

图 4-49　设置组合

（7）对象的删除

选定对象外框，按【Delete】键删除。

（8）填充效果

除了常见的填充颜色外，各种对象（自选图形、图片、文本框、艺术字等）还可以使用“图片”“渐变”“纹理”来进行填充设置。

具体操作：选中对象，单击鼠标右键，在弹出的快捷菜单中选择“设置图片格式”“设置图形格式”“设置艺术字格式”，在格式对话框的填充设置中，填充效果。

- “渐变填充”。可使用单色、双色和预设渐变，细节设置通过透明度进行调节。
- “图片或纹理填充”。可以插入来自文件或剪贴画的图作为填充背景。也可以在纹理下拉列表中单击相应纹理填充。
- “图案填充”。可以选择某种图案样式，如“浅色竖线”“窄横线”等，并可以设置前景色和背景色。

实践拓展

小明学会了在 Word 中插入图片、形状、SmartArt 等，但还不知道文本框和剪贴画的用法，为了进一步掌握 Word 图文混排的技巧，请大家跟着小明一起来查阅相关的知识内容，完成配套实训指导的 Word 实训练习题吧。

情境三　招新报名表

小明主动、积极的学习和工作态度在学生会赢得了大家的赞赏。大家都愿带着小明。在跟随学长们的时间里，小明也得到了大量的锻炼。这次招新用的报名表，也是由小明负责，但小明在制作过程中碰到了一些问题，例如表格中文字的对齐如何调整，边框、底纹如何设置，列宽如何单独调整？在计算机教研室老师的指点下才得以解决。最终，他做好的报名表如图 4-50 所示。你是不是也曾碰到过这样的问题呢？不妨试着做一下吧！

样图

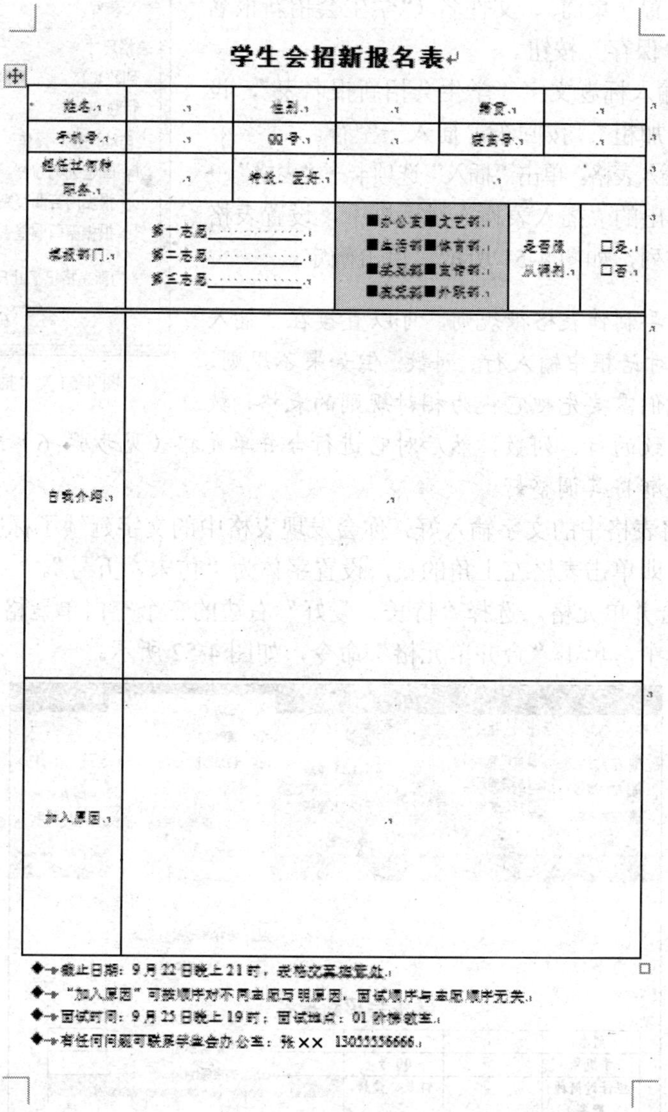

学生会招新报名表

姓名		性别		籍贯	
手机号		QQ号		寝室号	
担任过何种职务		特长、爱好			
报名部门	第一志愿______ 第二志愿______ 第三志愿______	■办公室■文艺部 ■生活部■体育部 ■学习部■宣传部 ■实践部■外联部		是否服从调剂	□是 □否
自我介绍					
加入原因					

- 截止日期：9月22日晚上21时，表格交至[illegible]处。
- “加入原因”可按顺序对不同志愿写明原因，面试顺序与志愿顺序无关。
- 面试时间：9月25日晚上19时；面试地点：01阶梯教室。
- 有任何问题可联系学生会办公室：张×× 13055556666。

图 4-50 “学生会招新报名表”效果图

学习目标

① 掌握表格的创建。

② 掌握表格行高、列宽的设置。

③ 掌握表格边框与底纹的设置。

④ 掌握单元格对齐方式的设置与表格对齐方式的设置。

⑤ 掌握项目符号的用法。

解决方案

【步骤 1】 新建文件。启动 Word 程序后，窗口中会自动建立一个新的空白文件。

【步骤 2】 保存文件。单击快速访问工具栏的“保存”按钮，在弹出的“另存为”对话框中设置保存位置（桌面）、文件名（“学生会招新报名表.docx”），单击“保存”按钮。

【步骤 3】 输入标题文字“学生会招新报名表”，设为“黑体，三号，加粗”。按回车，插入一空行。

【步骤 4】 插入表格。单击“插入”选项卡→“表格”→“插入表格”，在弹出的“插入表格”对话框中，设置表格行数、列数均为 6 列，如图 4-51 所示，单击确定。

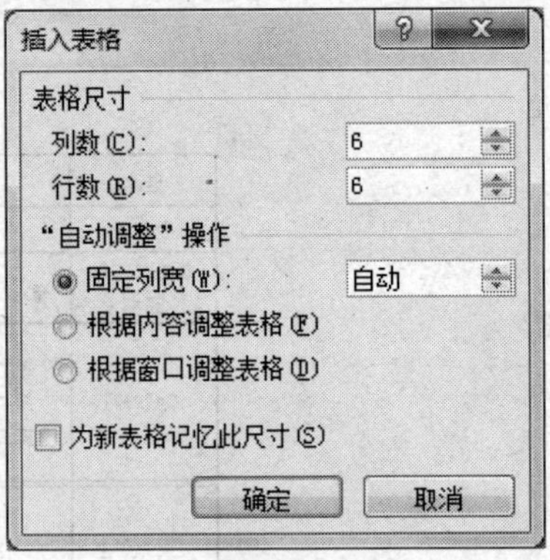

图 4-51 “插入表格”对话框

提示：如果你要制作表格很规则，可以直接在“插入表格”对话框中输入行、列数。但如果不规则，那么我们需要先把它视为相对规则的表格，数清楚大致的行、列数，然后对它进行合并单元格（见步骤 6）或拆分单元格的操作，逐渐将其调整好。

【步骤 5】 将表格中的文字输入好，你会发现表格中的文字延续了标题的格式，我们需要选中整个表格，即单击表格左上角的⊞，设置字体为“仿宋，五号”。

【步骤 6】 合并单元格。选择“特长、爱好”右边的三个空白单元格，单击鼠标右键，在弹出的快捷菜单中，单击“合并单元格”命令，如图 4-52 所示。

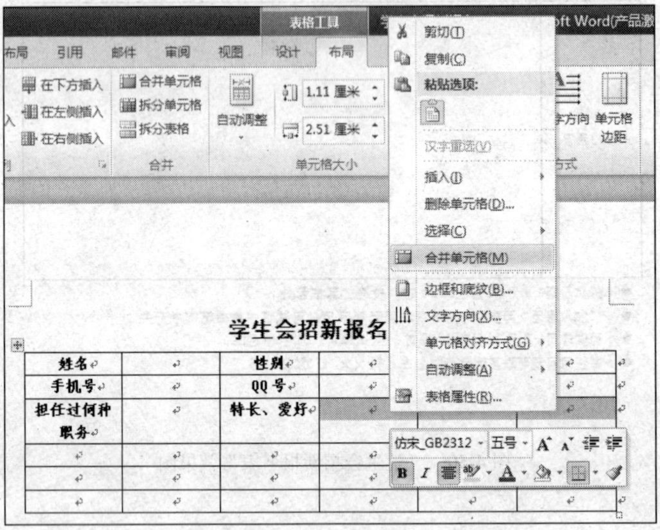

图 4-52 合并单元格

【步骤 7】 调整表格的行高与列宽。

当对行高和列宽的精度要求不高时，可以通过拖动行或列边线，来改变行高或列宽。将鼠标移至行边线处时，鼠标指针会变为两条短平等线，并有两个箭头分别指向两侧的形状“÷”，按住鼠标左键，上下拖动横向的长虚线，即可调整行高。

列宽的调整与行高的调整方法一样，只是鼠标指针会变为“+||+”形状，按住鼠标左键左右拖动纵向的长虚线可以调整列宽。

【步骤 8】 空格线的制作。“第一志愿”后面的线条是下划线，将光标定位在线条的起始位置，然后单击 U 下划线，再按空格推出下划线。需要取消下划线则再单击 U 。

【步骤 9】　插入符号。在“办公室”“文艺部”等部门前都有个符号■，“是”或“否”前面也有符号□，该如何插入诸如此类的符号呢？

首先要将光标定位到插入点，然后单击“插入”选项卡→“符号”→“其他符号”（见图 4-53），打开“符号”对话框，在子集里选择“几何图形符”，选择■，单击插入（见图 4-54）。

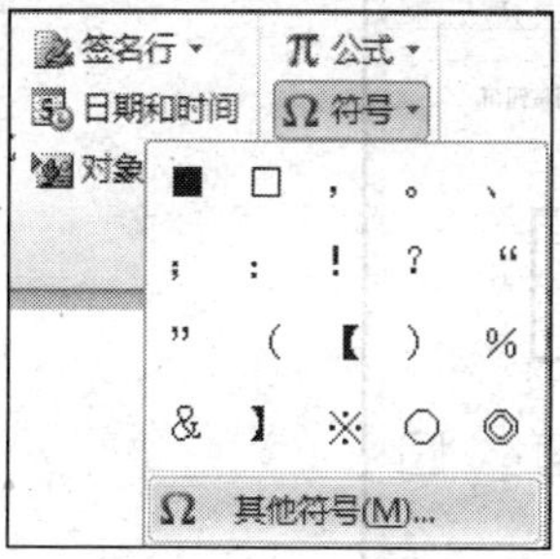

图 4-53　插入符号

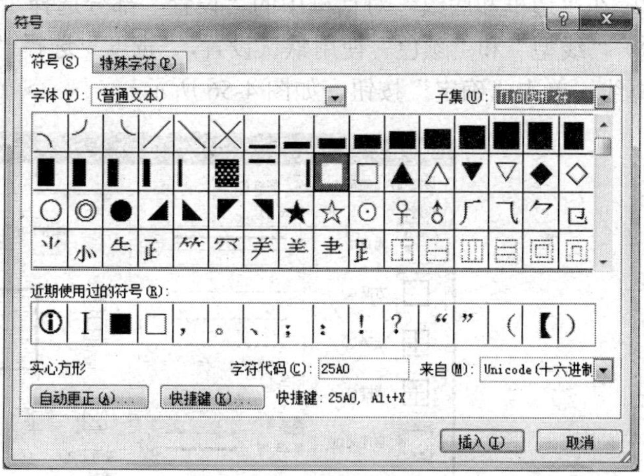

图 4-54　“符号”对话框

提示：在“符号”对话框中，选择字体“Wingdings”，可以显示出“✎✂☎✉”等丰富的图形符号。

【步骤 10】　设置单元格对齐方式。选中需设置对齐的文字，然后单击鼠标右键，在弹出的快捷菜单中选择“单元格对齐方式”→“水平居中”，如图 4-55 所示。

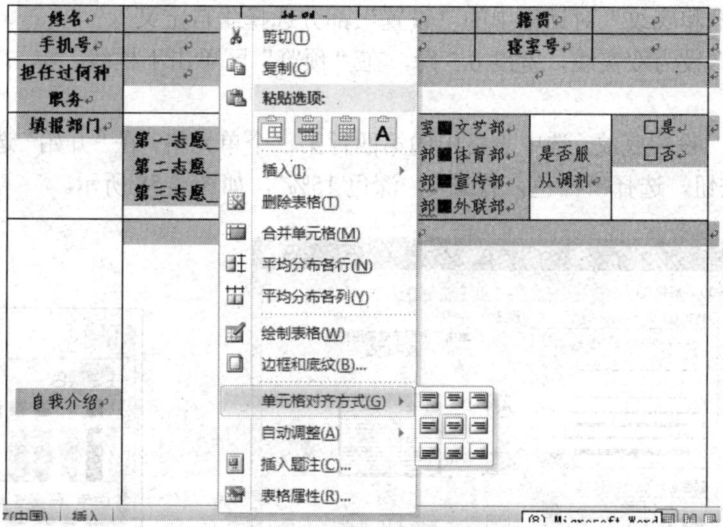

图 4-55　设置“单元格对齐方式”

提示：表格中的文字默认是靠单元格左上角对齐的，文字对齐方式共有九种：靠上两端对齐、靠上居中对齐、靠上右对齐、中部两端对齐、水平居中、中部右对齐、靠下左对齐、靠下居中对齐、靠下右对齐。最常见的是水平居中对齐。

【步骤 11】 设置表格居中。单击表格左上角的⊞，选取整个表格，再单击“开始”选项卡，段落分组中的≡居中。

【步骤 12】 设置加粗外框。

① 选中整张表格，在选定区域上单击鼠标右键，弹出的快捷菜单中选择“边框和底纹”命令。

② 在“边框和底纹”对话框中的“设置”部分选择“自定义”。

③ “线型”和“颜色”使用默认设置，“宽度”选择“2.25 磅”，在“预览”区单击四条外边框线，单击“确定”按钮，如图 4-56 所示。

图 4-56 “边框和底纹”对话框

【步骤 13】 设置内部双线边框。

① 选中表格的第四行，在选定区域上单击鼠标右键，弹出的快捷菜单中选择“边框和底纹”命令。

② 在“边框和底纹”对话框中的“设置”部分选择“自定义”。

③ “线型”设为双实线，宽度 0.5 磅，在“预览”区单击下框线，单击“确定”按钮，如图 4-57 所示。

【步骤 14】 设置底纹。选中表格中的第四行第三个单元格，在“开始”选项卡，单击小三角形下拉按钮，选择“白色，背景 1，深色 15%”，如图 4-58 所示。

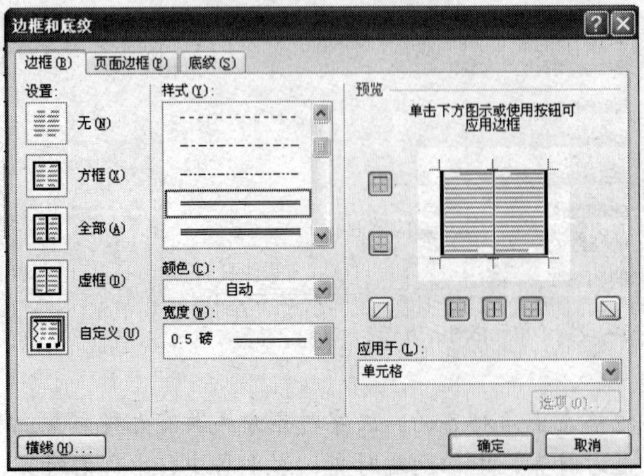

图 4-57 自定义边框

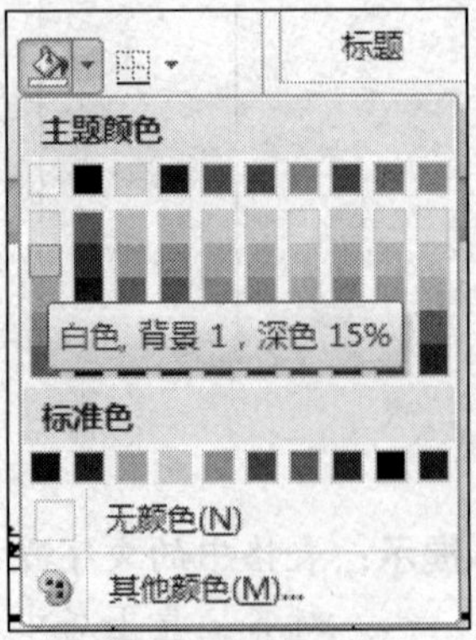

图 4-58 设置底纹

知识储备——表格基础操作

1. 建立表格

建立表格通常会采用插入表格或绘制表格的方式。

（1）插入表格

插入表格有多种方法

- 在“插入”选项卡中单击“表格”下拉按钮，拖动鼠标进行表格行数与列数的设置，完成表格的建立，用这种方法在创建表格时会受到行列数目的限制，不适合创建行列数目较多的表格。
- 在“插入”选项卡中单击“表格”下拉按钮中的“插入表格”命令。
- 在“插入”选项卡中单击“表格”下拉按钮中的“绘制表格”命令。

（2）绘制表格

在“插入”选项卡中单击“表格”下拉按钮中的“绘制表格”命令，鼠标指针会呈现铅笔形状，在 Word 文档中拖动鼠标左键绘制表格边框。然后在适当的位置绘制行和列。

完成表格的绘制后，按【Esc】键，或者在“表格工具”选项卡的“设计”选项卡中，单击“绘图边框”分组中的“绘制表格”按钮结束表格绘制状态。

如果在绘制或设置表格的过程中需要删除某行或某列，可以在“表格工具”功能区的“设计”选项卡中单击“绘图边框”分组中的“擦除”按钮。鼠标指针呈现橡皮擦形状，在特定的行或列线条上拖动鼠标左键即可删除该行或该列。在键盘上按【Esc】键取消擦除状态。

2. 调整表格

（1）调整行、列

除了在【步骤 7】中使用鼠标左键拖曳改变行高列宽，还可以选择整个表格或选择要调整的行或列，单击鼠标右键，在弹出的快捷菜单中选择“表格属性”按钮，如图 4-59 所示。在“表格属性”对话框的行选项卡、列选项卡中可以分别精确设置行高、列宽。

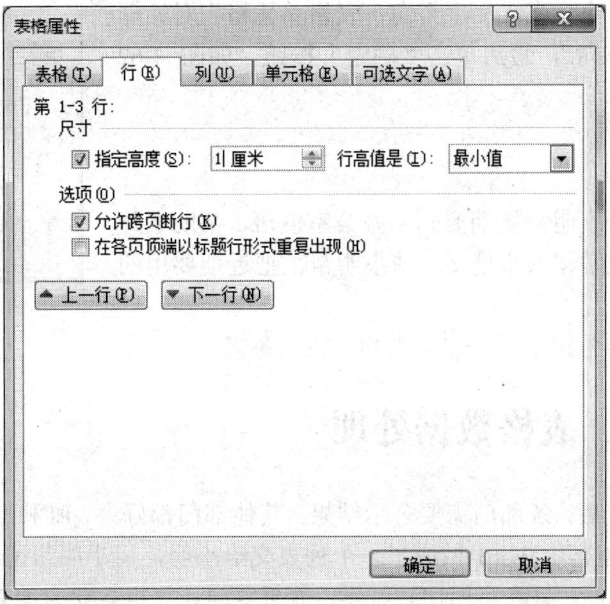

图 4-59 在“表格属性”对话框中设置行高、列宽

我们在制作复杂表格时，常常需要单独调整某个单元格的列宽，具体该如何操作呢？首先，将鼠标移到该单元格的左下角，当鼠标指针变成黑色实心小箭头时，单击左键选中该单元格，将鼠标移至行边线处时，鼠标指针会变为“+||+”形状，按住鼠标左键左右拖动纵向的长虚线可以调整单元格的列宽。

如果要微调行高和列宽，可以在鼠标指针变为“÷”或“+||+”形状时，使用鼠标左键拖曳的同时按住【Alt】键即可微调表格的行高或列宽。

（2）拆分单元格（添加内容）

打开 Word 2010 文档，右键单击需要拆分的单元格，在弹出的快捷菜单中选择“拆分单元格”命令，会弹出“拆分单元格”对话框，如图 4-60 所示。分别设置需要拆分的“行数”和“列数”，单击“确定”按钮完成拆分。

（3）平均分布行、列

“平均分布各行”的作用是使所选多行的行高平均划分。必须在选定了多行（两行及以上），然后单击“表格工具”选项卡中的“布局”选项卡，在“单元格大小”组中单击“分布行”即可，如图 4-61 所示。

“平均分布各列”与“平均分布各行”的使用方法类似，其作用是使所有行的列宽均相同。

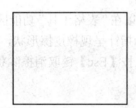

图 4-60　“拆分单元格”对话框

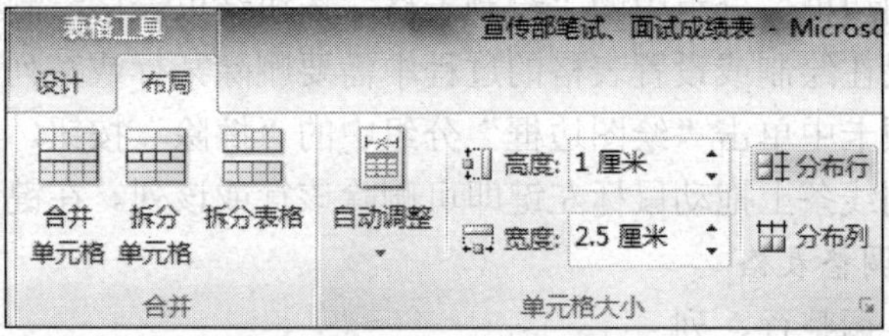

图 4-61　平均分布各行

3. 美化表格

选中要进行文字方向设置的单元格，在选定区域上单击鼠标右键，在弹出的快捷菜单中选择“文字方向”命令，在“文字方向—表格单元格”对话框中选中要设置的“方向”，最后单击“确定”按钮，如图 4-62 所示。

图 4-62　改变文字方向

实践拓展

作为学生干部，小明每星期要到系办公室值班，帮助老师处理一些事务。系教学秘书事情多，请小明帮忙把近期要用的表格做好。

到配套实训指导中跟小明一起帮老师完成任务吧。

情境四　表格数据处理

学生会招新结束后，各部门需要公示结果。其他部门都好办，唯独宣传部还组织了笔试，宣传部把笔、面试成绩用 Word 做成了一个列表交给小明，请小明帮忙计算总分和从高到低排好。这可难倒了小明，好在小明比较好学，他赶紧向计算机教研室的老师请教。经过学习，他明白了 Word 表格中数值计算与排序的方法。他制作的成绩表如图 4-63 所示。

样图

宣传部笔、面试成绩

编号	姓名	性别	笔试成绩	面试成绩	总分
002	李明华	男	98	80	178
004	张大山	男	89	78	167
003	沈梅梅	女	78	85	163
005	孙自力	男	65	85	150
008	王国庆	男	78	67	145
001	任重	男	68	70	138
007	朱梅花	女	65	70	135
006	王大林	男	60	55	115

图 4-63 “宣传部笔、面试成绩”效果图

学习目标

① 学会文本与表格的相互转换。

② 掌握自动套用格式。

③ 掌握表格中的公式设置。

④ 掌握表格排序。

课前准备

将配套材料中的“计算机基础情景式教程\主教材素材\4-4”文件夹拷贝到桌面。

解决方案

【步骤 1】 打开桌面上的“4-4\宣传部笔、面试成绩表.docx”。

【步骤 2】 将文本转换成表格。选中第二行至第十行文字，单击“插入”选项卡，再单击“表格”下拉按钮，选择“文本转换成表格”，如图 4-64 所示。在弹出的“将文字转换成表格”对话框中，选择“根据内容调整表格”，单击确定，如图 4-65 所示。

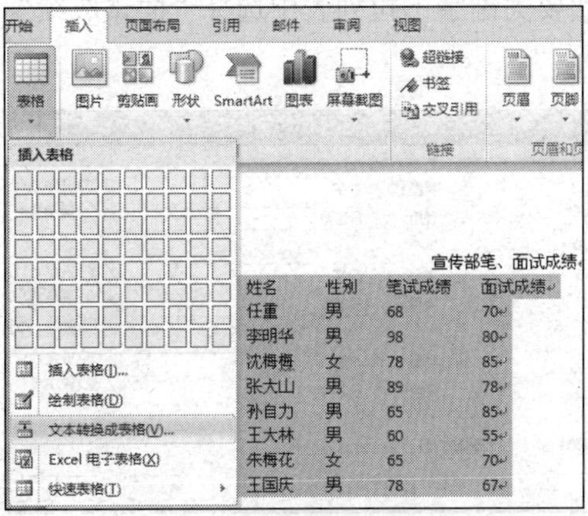

图 4-64 文本转换成表格

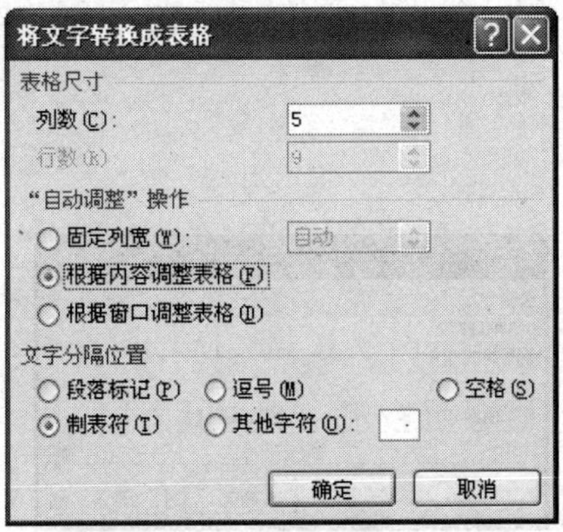

图 4-65 “将文字转换成表格”对话框

提示： 也可将表格转换成文本。选中需要转换的表格，在“表格工具”中的“布局”选项卡中单击“转换为文本”按钮，在弹出的对话框中选择“制表符”，最后单击“确定”按钮即可。

【步骤 3】 插入列。将鼠标移到“面试成绩”列顶端，当鼠标指针变为⬇，单击该列可以选中该列，然后单击鼠标右键，在弹出的快捷菜单中选择“插入”→“在右侧插入列”命令，如图 4-66 所示。在新插入的列第一个单元格输入“总分”。

【步骤 4】 计算总分。将光标定位到第二行最后一个单元格，单击“表格工具”选项卡中的“布局”选项卡，在右侧的“数据”组中，单击“fx 公式”，如图 4-67 所示，弹出“公式”对话框，如图 4-68 所示。公式输入框默认的是“=SUM(LEFT)”（作用是对左边的数据求和），此处无需改动，单击“确定”按钮。继续将光标定位在下面的单元格，以同样的方法计算李明华的总分，但是在“公式”输入框中，显示了“=SUM(ABOVE)”（作用是对上面的数据求和）。这不符合要求，需要将参数“ABOVE”改为“LEFT”。重复此步骤，直至计算完所有同学的总分。

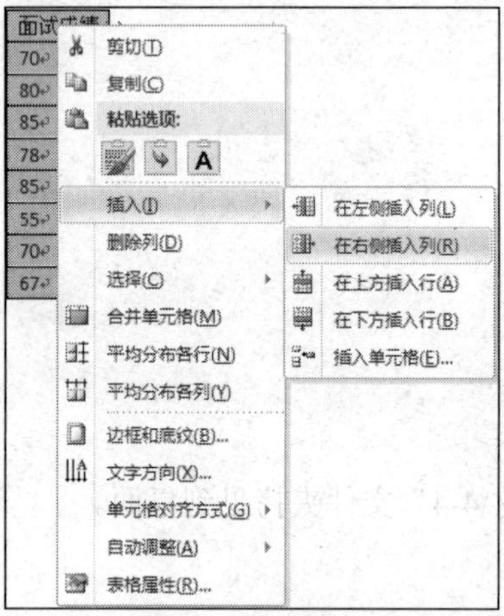

图 4-66 插入列

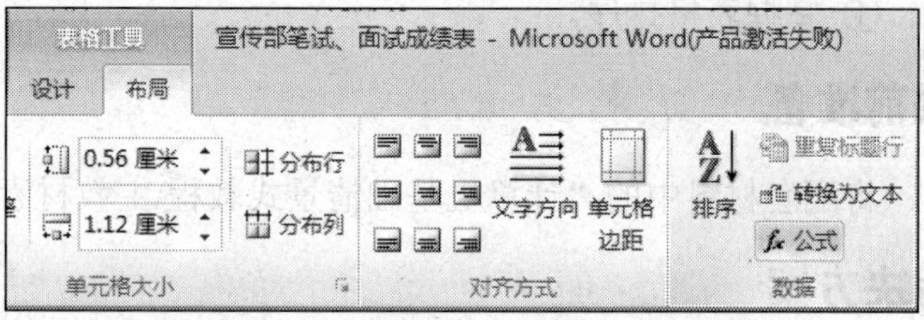

图 4-67 插入公式

【步骤 5】 按“总分”为主要关键字降序、面试成绩为次要关键字降序，对整个表格排序。选中整个表格，单击“表格工具”选项卡中的“布局”选项卡，在右侧的“数据”组中，单击“排序”，会弹出“排序”对话框，选择“有标题行”，在主要关键字下拉列表中选择“总分”，在“升序”/“降序”中选择“降序”，在次要关键字下拉列表中选择“面试成绩”，在“升序”/“降序”中选择“降序”，如图 4-69 所示。

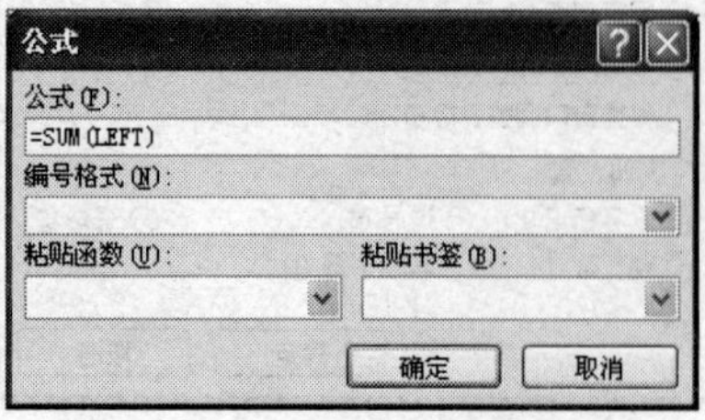

图 4-68 “公式”对话框

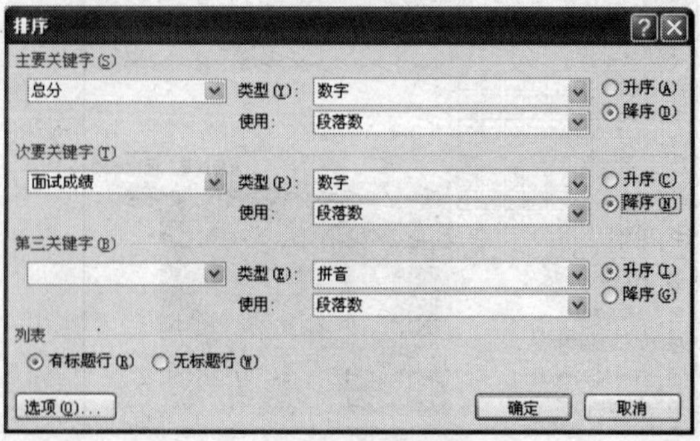

图 4-69 “排序”对话框

【步骤 6】　将表格套用“浅色底纹-强调文字 1”效果。单击“表格工具”选项卡中的“设计”选项卡，在“表格样式”组中，选择“浅色底纹-强调文字 1”，如图 4-70 所示

【步骤 7】　设置表格各列列宽为 2cm，各行行高为 1cm。单击“表格工具”选项卡中的“布局”选项卡，在“单元格大小”组中，输入行高 1cm，列宽 2.5cm，如图 4-71 所示。

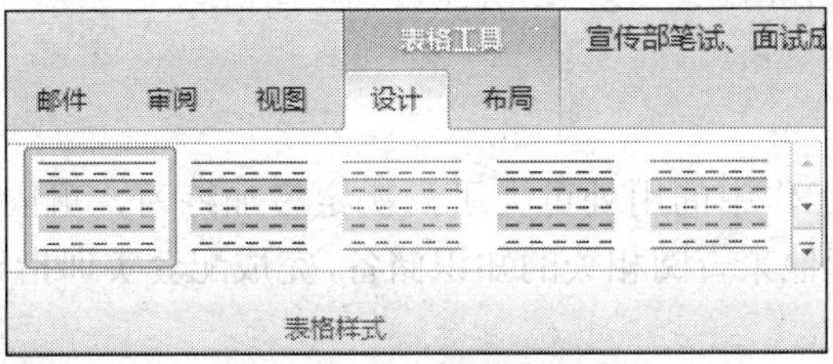

图 4-70　设置表格样式

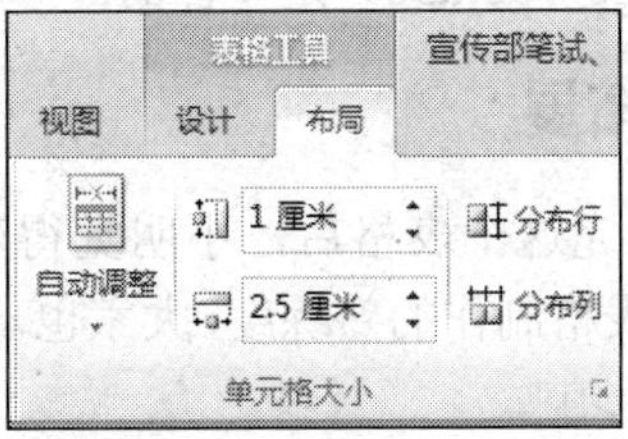

图 4-71　设置行高、列宽

【步骤 8】　设置所有单元格的文字水平居中，表格居中显示。

【步骤 9】　设置标题文字“宣传部笔、面试成绩”为“宋体，小二号，加粗，段后 0.5 行”。

知识储备——表格高级操作

表格中的公式设置

（1）单元格名称

在表格中使用公式计算时，公式中引用的是单元格的名称，而不是单元格中具体的数据，这样做的好处在于：当单元格中数据发生改变时，公式是不需要修改的，只要按【F9】键，可以更新域，就得到新的结果，使工作效率大大提高，因此有必要了解单元格名称的编号原则。

单元格名称编号的原则：列标用字母（A、B、C……），行号用数字（1、2、3……），单元格编号的形式为“列标+行号”，即“字母在前，数字在后”，例如：信管 10（2）班第 8 周的得分所在的单元格编号为“C4”，图 4-72 给出了单元格编号的示意图。

	A	B	C	D	E	F
1	班　级	第 7 周	第 8 周	第 9 周	第 10 周	总分
2	电艺 10(1)	87.50	87.50	86.25	86.67	
3	信管 10(3)	85.83	88.50	86.00	76.67	
4	信管 10(2)	85.00	81.50	84.50	98.33	

图 4-72　单元格编号示意图

（2）公式格式

公式格式为：=单元格名称运算符单元格名称，例如，在 F2 中可以填入：=B2+C2+D2+E2 即可计算出电艺 10（1）班的总分。

（3）函数格式

函数格式为=函数名（计算范围），例如：=SUM（C2:C6），其中 SUM 是求和的函数名，C2:C6 为求和的计算范围。

常用函数有：SUM——求和，AVERAGE——求平均，MAX——求最大值，MIN——求最小值，COUNT——计数。

（4）计算范围的表示方法

- 对于连续单元格区域：由该区域的第一和最后一个单元格编号表示，两者之间用冒号分隔。例如：C2:C6，表示从 C2 单元格起至 C6 单元格共 5 个单元格。
- 对于多个不连续的单元格区域：多个单元格编号之间用逗号分隔。逗号还可以连接多个连续单元格区域，与数学上的并集概念类似。例如：C2，C6 表示 C2 和 C6 共两个单元格；C2:C6，E2:E6 表示从 C2 单元格起至 C6 单元格，以及

从 E2 单元格起至 E6 单元格共 10 个单元格。

- 在输入计算范围过程中，还有另外一种方法，即使用 LEFT（左方）、RIGHT（右方）、ABOVE（上方）和 BELOW（下方）来表示。

单元格名称以及表格公式中的所有字母是不区分大小写的，即=AVERAGE（D2:D36）与=average（d2:d36）是一样的。

实践拓展

做完这个表格后，小明觉得表格在工作中的用处可大了，决定多加练习，巩固并提升 Word 表格制作的熟练度，大家也一起跟着他来查阅相关的知识储备，完成配套实训指导 Word 实训练习吧。

情境五 邀请函

今年是学校 60 周年校庆，校庆的工作量大，小明作为学生会办公室的成员，被抽调到校庆办公室帮助工作。校庆办老师要小明按照地址给每位校友寄邀请函，总共三千多人呀！小明的手都要写残了，难道没有一劳永逸的方法吗？小明向计算机教研室的老师请教，老师告诉他，处理像这种批量打印的邀请函、信封、贺卡等因为大部分内容相同，只是在个别内容不同的文档时，可以使用 Word 的邮件合并功能提高工作效率。

小明在老师的指点下，使用了 Word 中的邮件合并功能，顺利完成工作。他打印的部分邀请函如图 4-73 所示。

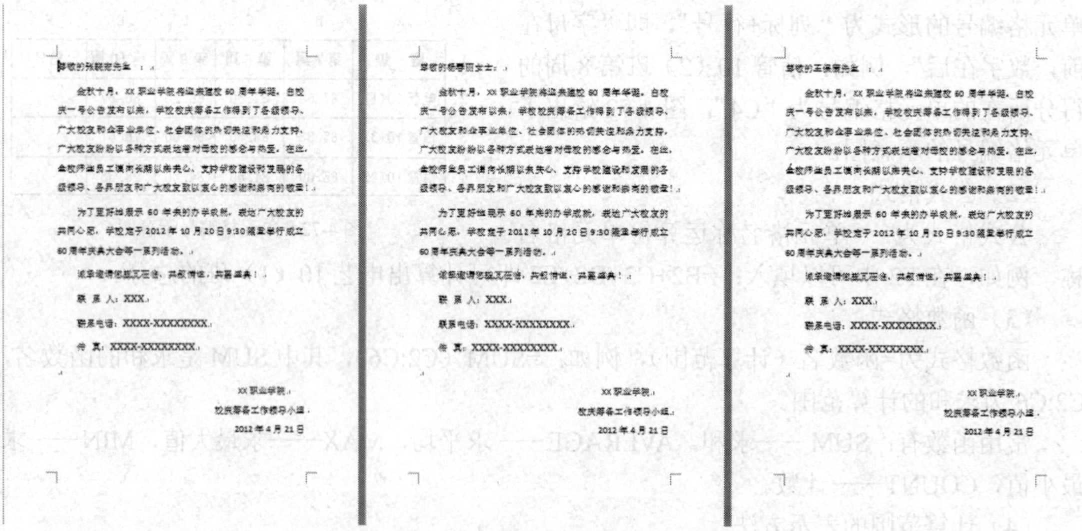
尊敬的[illegible]先生：

金秋十月，XX 职业学院将迎来建校 60 周年华诞。自校庆一号公告发布以来，学校校庆筹备工作得到了各级领导、广大校友和企事业单位、社会团体的热切关注和鼎力支持，广大校友纷纷以各种方式表达着对母校的眷念与热爱。在此，全校师生员工谨向长期以来关心、支持学校建设和发展的各级领导、各界朋友和广大校友致以衷心的感谢和崇高的敬意！

为了更好地展示 60 年来的办学成就，表达广大校友的共同心愿，学校定于 2012 年 10 月 20 日 9:30 隆重举行成立 60 周年庆典大会等一系列活动。

诚挚邀请您拨冗莅临，共叙情谊，共襄盛典！

联 系 人：XXX

联系电话：XXXX-XXXXXXXX

传 真：XXXX-XXXXXXXX

XX 职业学院

校庆筹备工作领导小组

2012 年 4 月 21 日

尊敬的[illegible]女士：

金秋十月，XX 职业学院将迎来建校 60 周年华诞。自校庆一号公告发布以来，学校校庆筹备工作得到了各级领导、广大校友和企事业单位、社会团体的热切关注和鼎力支持，广大校友纷纷以各种方式表达着对母校的眷念与热爱。在此，全校师生员工谨向长期以来关心、支持学校建设和发展的各级领导、各界朋友和广大校友致以衷心的感谢和崇高的敬意！

为了更好地展示 60 年来的办学成就，表达广大校友的共同心愿，学校定于 2012 年 10 月 20 日 9:30 隆重举行成立 60 周年庆典大会等一系列活动。

诚挚邀请您拨冗莅临，共叙情谊，共襄盛典！

联 系 人：XXX

联系电话：XXXX-XXXXXXXX

传 真：XXXX-XXXXXXXX

XX 职业学院

校庆筹备工作领导小组

2012 年 4 月 21 日

尊敬的[illegible]先生：

金秋十月，XX 职业学院将迎来建校 60 周年华诞。自校庆一号公告发布以来，学校校庆筹备工作得到了各级领导、广大校友和企事业单位、社会团体的热切关注和鼎力支持，广大校友纷纷以各种方式表达着对母校的眷念与热爱。在此，全校师生员工谨向长期以来关心、支持学校建设和发展的各级领导、各界朋友和广大校友致以衷心的感谢和崇高的敬意！

为了更好地展示 60 年来的办学成就，表达广大校友的共同心愿，学校定于 2012 年 10 月 20 日 9:30 隆重举行成立 60 周年庆典大会等一系列活动。

诚挚邀请您拨冗莅临，共叙情谊，共襄盛典！

联 系 人：XXX

联系电话：XXXX-XXXXXXXX

传 真：XXXX-XXXXXXXX

XX 职业学院

校庆筹备工作领导小组

2012 年 4 月 21 日

图 4-73 部分邀请函效果图

学习目标

① 了解邮件合并的功能。

② 掌握邮件合并的设置过程。

③ 了解邮件合并中规则的设置。

课前准备

将配套材料中的“计算机基础情景式教程\主教材素材\4-5”文件夹复制到桌面。

解决方案

【步骤 1】 创建主文档。在桌面上新建一 Word 文档，并保存为“校庆邀请函.docx”。打开桌面上的“4-5\校庆邀请函素材.docx”，将全部文字复制到“校庆邀请函.docx”中。对邀请函进行排版，上、下边距设为 3cm，左、右边距 3.17cm，全文设三号字，正文首行缩进 2 字符，除最后三段，其余各段设段后 0.5 行。效果如图 4-74 所示。

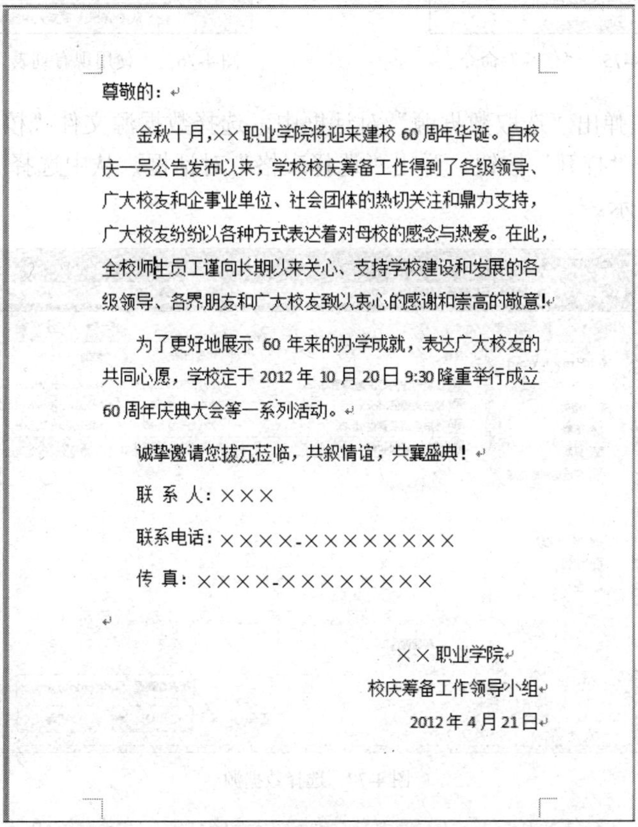

尊敬的：

金秋十月，××职业学院将迎来建校 60 周年华诞。自校庆一号公告发布以来，学校校庆筹备工作得到了各级领导、广大校友和企事业单位、社会团体的热切关注和鼎力支持，广大校友纷纷以各种方式表达着对母校的感念与热爱。在此，全校师生员工谨向长期以来关心、支持学校建设和发展的各级领导、各界朋友和广大校友致以衷心的感谢和崇高的敬意！

为了更好地展示 60 年来的办学成就，表达广大校友的共同心愿，学校定于 2012 年 10 月 20 日 9:30 隆重举行成立 60 周年庆典大会等一系列活动。

诚挚邀请您拔冗莅临，共叙情谊，共襄盛典！

联 系 人：×××

联系电话：××××-××××××××

传 真：××××-××××××××

××职业学院

校庆筹备工作领导小组

2012 年 4 月 21 日

图 4-74　邀请函主文档

提示： 邮件合并，要先建立两个文档：一个 Word 包括所有文件共有内容的主文档（如邀请函的主体内容等）和一个包括变化信息的数据源 Excel（填写的收件人、发件人、邮编等），然后使用邮件合并功能在主文档中插入变化的信息，合成后的文件用户可以保存为 Word 文档，可以打印出来，也可以以邮件形式发出去。

【步骤 2】 选择数据源。将光标定位到主文档中，单击“邮件”选项卡，在“开始邮件合并”组中，单击“开始邮件合并”右侧的下三角按钮，从弹出的菜单中选择“信函”命令，如图 4-75 所示。

【步骤 3】 在“开始邮件合并”组中，单击“选择联系人”右侧的下拉三角按钮，从弹出的菜单中选择“使用现有列表”命令，如图 4-76 所示。

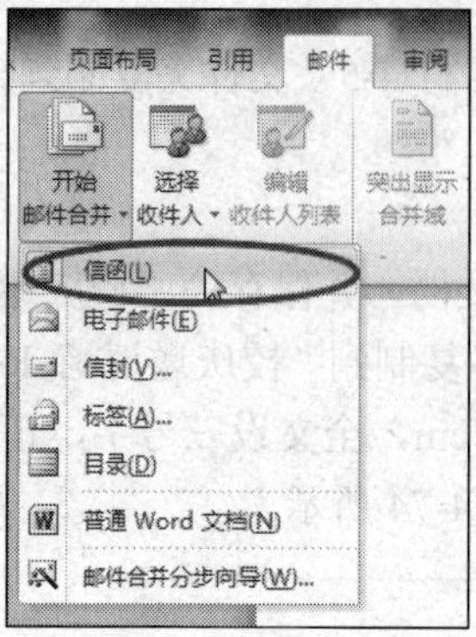

图 4-75 “信函”命令

图 4-76 “使用现有列表”命令

【步骤 4】 在弹出“选取数据源”对话框中，选择数据源文件“校友花名册.xlsx”，如图 4-77 所示。单击“打开”按钮，弹出“选择表格”对话框，从中选择默认的“Sheet1”工作表，如图 4-78 所示。

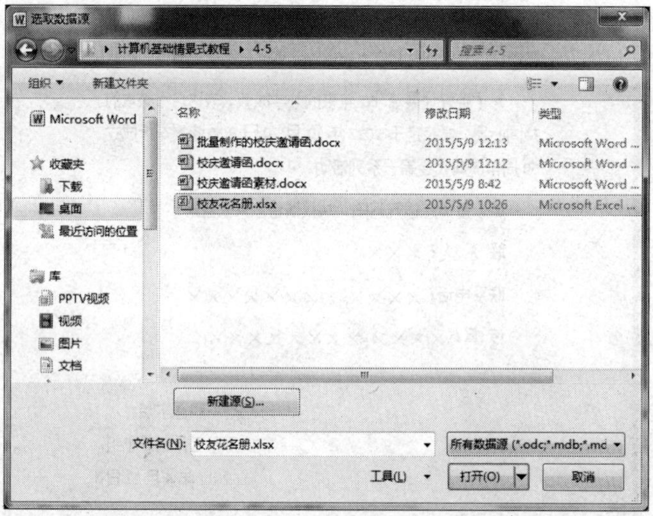

图 4-77 选择数据源

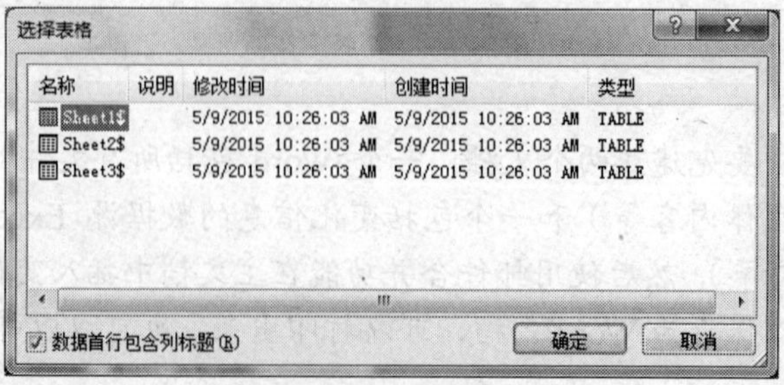

图 4-78 选择工作表

【步骤 5】 将光标定位于主文档“尊敬的”后面，选择“插入合并域”，如图 4-79 所示。然后单击“姓名”项，完成后如图 4-80 所示。

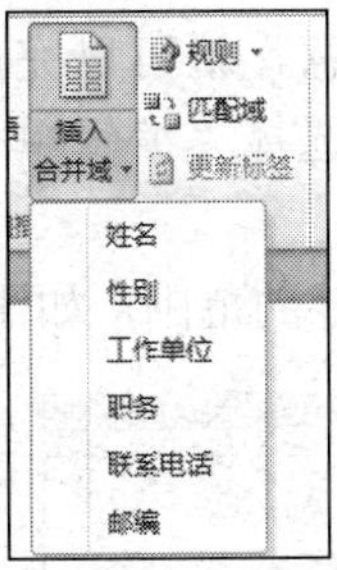

图 4-79　插入合并域

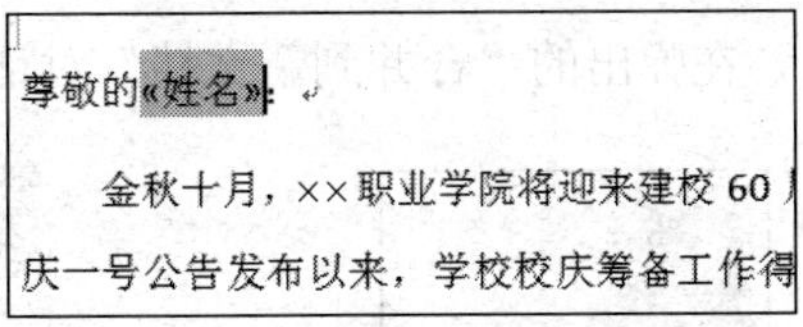

尊敬的«姓名»
金秋十月，××职业学院将迎来建校 60
庆一号公告发布以来，学校校庆筹备工作得

图 4-80　插入合并域后的效果图

提示：插入的合并域带有书名号，将光标定位在合并域处，会显示灰色域底纹。

【步骤 6】　设置规则。

根据实际情况，需要在姓名后面加上“先生/女士”称呼，操作如下：

单击“邮件”选项卡，单击“编写和插入域”分组中的“规则”按钮，在展开的列表中选择“如果…那么…否则”项，打开“插入 Word 域：IF”对话框，在对话框的“域名”下拉列表中选择“性别”，在“比较条件”下列列表中选择“等于”，在“比较对象”文本框中输入“男”，在“则插入此文字”文本框中输入“先生”，在“否则插入此文字”文本框中输入“女士”，如图 4-81 所示。

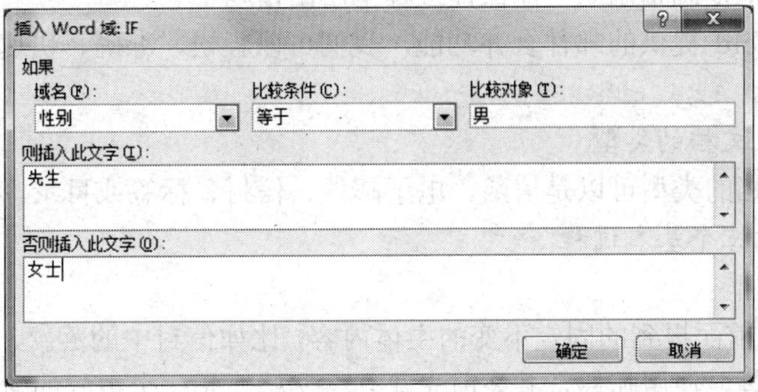

图 4-81　设置规则

【步骤 7】　预览邮件合并结果

设置好邮件合并后，我们可以在邮件区的预览结果组中，单击预览结果按钮进行预览，如图 4-82 所示。

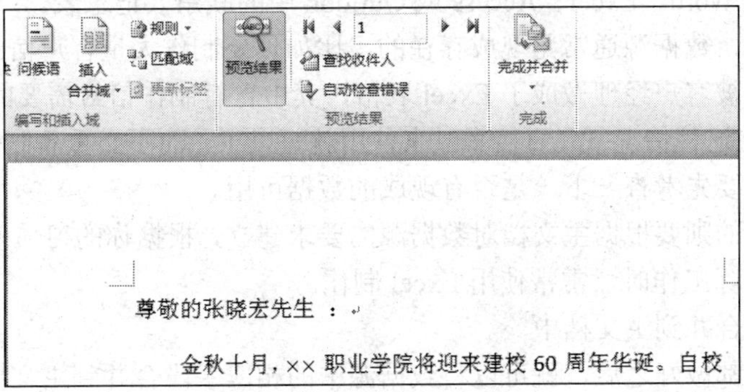

图 4-82　预览结果

【步骤 8】 完成邮件合并。如果对预览合并后的效果满意，就可以完成邮件合并的操作了。单击“完成并合并”下拉按钮，在弹出的菜单中，选择“编辑单个文档”如图 4-83 所示。

【步骤 9】 在弹出的“合并到新文档”对话框中，设置合并的范围，如图 4-84 所示。

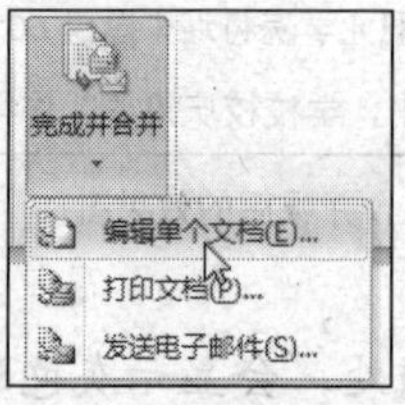

图 4-83 选择“编辑单个文档”

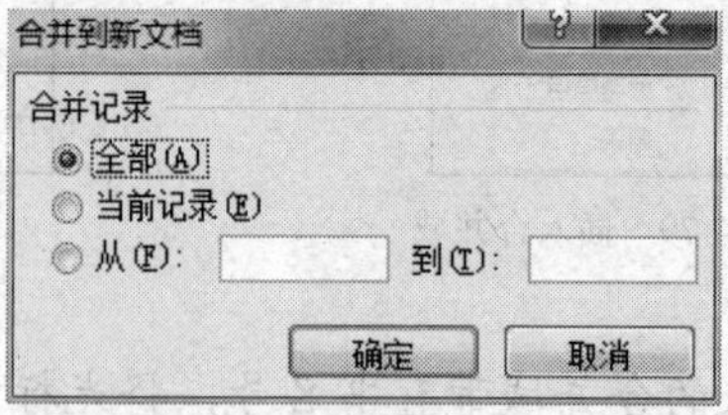

图 4-84 “合并到新文档”对话框

【步骤 10】 分别保存邮件合并生成的文档及主文档。

知识储备——邮件合并

1. 邮件合并的功能

在工作中，我们经常会碰到这种情况：需要批量处理的文件主要内容基本相同，只是具体数据有变化，比如学生的录取通知书、成绩单、荣誉证书、信封等。面对如此庞大的数据，难道我们要一个个地复制粘贴吗？能保证过程中不出错吗？

其实，借助 Word 提供的邮件合并功能，我们可以轻松、准确、快速地完成这些任务，大大提高工作效率。

2. 邮件合并主文档的类型

邮件合并主文档的类型可以是信函、电子邮件、信封、标签或目录。

3. 邮件合并的三个基本过程

（1）建立主文档

“主文档”就是前面提到的固定不变的主体内容，比如信封中的落款、信函中的对每个收信人都不变的内容等。使用邮件合并之前先建立主文档，是一个很好的习惯。一方面可以考查预计中的工作是否适合使用邮件合并；另一方面是主文档的建立，为数据源的建立或选择提供了标准和思路。

（2）准备好数据源

数据源就是前面提到的含有标题行的数据记录表，其中包含着相关的字段和记录内容。数据源表格可以是 Word、Excel、Access 或 Outlook 中的联系人记录表。

在实际工作中，数据源通常是现成存在的，比如你要制作大量客户信封，多数情况下，客户信息可能早已被客户经理做成了 Excel 表格，其中含有制作信封需要的“姓名”“地址”“邮编”等字段。在这种情况下，直接拿过来使用就可以了，而不必重新制作。也就是说，在准备自己建立之前要先考查一下，是否有现成的数据可用。

如果没有现成的则要根据主文档对数据源的要求建立，根据你的习惯使用 Word、Excel、Access 都可以，实际工作时，常常使用 Excel 制作。

（3）把数据源合并到主文档中

前面两件事情都做好之后，就可以将数据源中的相应字段合并到主文档的固定内容之中了，表格中的记录行数，决定着主文件生成的份数。整个合并操作过程将利用“邮件合并向导”进行，使用非常轻松容易。

实践拓展

制作完邀请函后，小明还要制作并打印邮寄邀请函的信封。大家也跟着他一起来试试吧。请完成配套实训指导的 Word 练习题。

情境六 论文排版

课余时间，小明常打开学校网站，查看学校提供的下载资料。这天，他看到网站上有一个“学校论文格式要求”的文件。原来，现在正是毕业生写毕业论文的时候。学校对论文的格式要求较严格，要求有封面页、目录页，封面和目录不显示页眉，正文页眉居中显示论文的标题，页脚居中显示页码，封面不显示页码，目录的页码以罗马数字“Ⅰ”编号，正文的页码用 1，2，3…编号。小明以前从没有排版过这么长的文档，于是他向计算机教研室的老师虚心请教，最终在老师的指导下完成了论文的排版。大家也跟着小明一起来学习毕业论文的排版吧！小明的毕业论文编排效果如图 4-85 所示。

样图

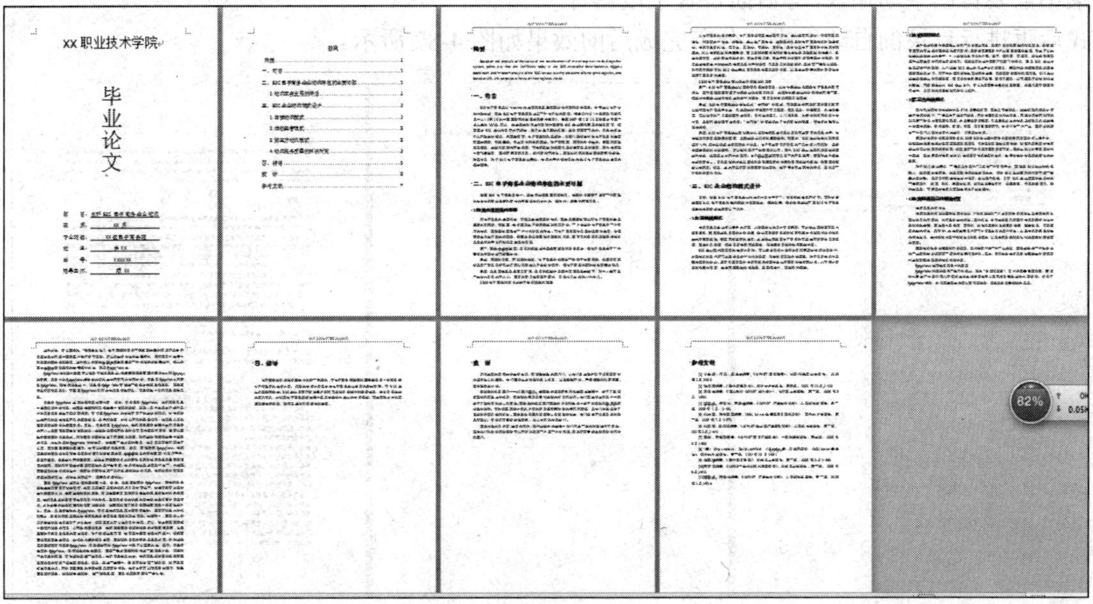

图 4-85 毕业论文效果图

学习目标

① 掌握分隔符的使用。
② 掌握样式的应用及修改。
③ 掌握页眉页脚的设置，页码的设置。
④ 掌握自动生成目录。

课前准备

将配套材料中的“计算机基础情景式教程\主教材素材\4-6”文件夹拷贝到桌面。

解决方案

【步骤 1】　在桌面上新建文件，并保存为“毕业论文.docx”。打开“4-6\论文素材.docx”，将全部文字复制到 “毕业论文.docx”中。

【步骤 2】　使用分节符划分文档。将光标定位到“摘要”之前，切换到“页面布局”选项卡，单击“页面设置”选项组中的“分隔符”按钮，在“分节符”列表中选择“下一页”，如图 4-86 所示。

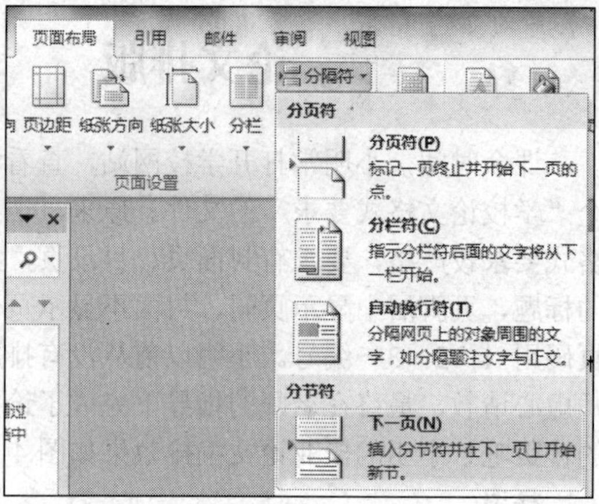

图 4-86　插入“分节符”

【步骤 3】　使用同样的方法，继续插入一个分节页面。这一节是用来放置目录的。目录不需要自己手动输入，等后面设置了段落样式后再进行目录的自动生成。分节完成后的效果如图 4-87 所示。

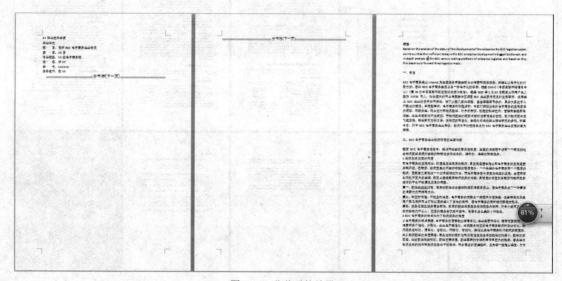

图 4-87　分节后的效果

提示：在默认情况下，Word 将整篇文档看成“1 节”，每页都是一致的页面设置。如果我们将 Word 长文档分成若干节，那么节与节之间可以有不同的页面设置，如页面方向，纸张大小等，也可以有不同的页眉页脚，页码等。所以在长文档编排中，通常我们需要将封面、目录、正文进行分节。

Word 默认不显示分节符的标记，如果要查看标记，需在“开始”选项卡的“段落”分组中，单击“显示/隐藏标记”按钮 ↵。

【步骤 4】　使用分页符分页。在论文排版中，有些内容需单独占据一页，因此要在相应的位置上插入分页符。首先，将光标定位在“四、结语”之前，然后单击“插入”选项卡，“页”分组中的“分页”，如图 4-88 所示，便可以插入分页符。按此方法，分别在“致谢”“参考文献”前插入分页符。完成后效果如图 4-89 所示。

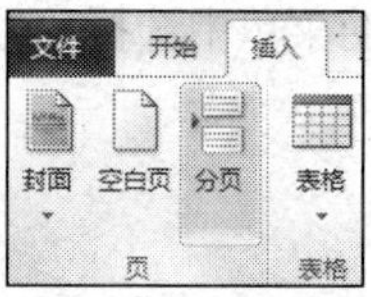

图 4-88　插入“分页符”

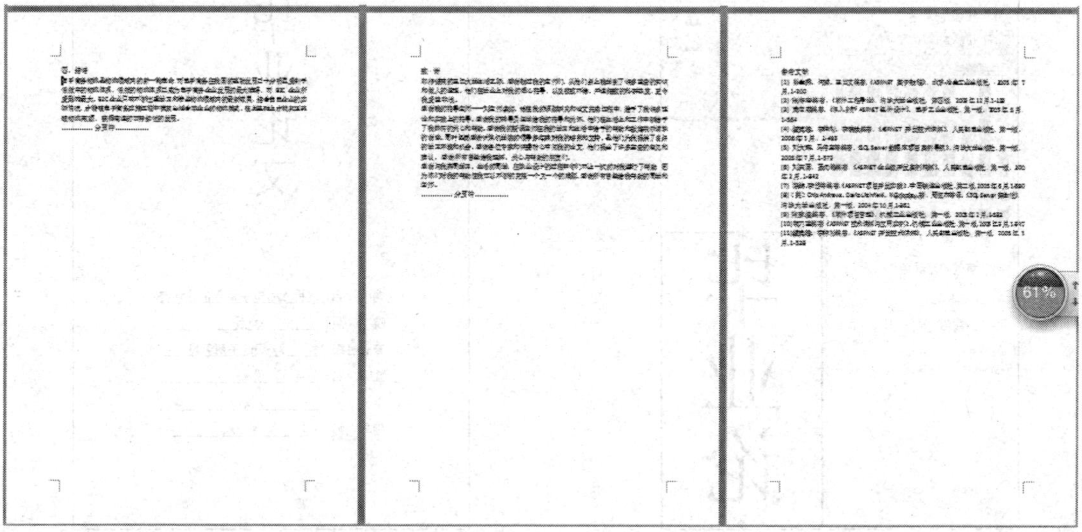

图 4-89　分页之后的效果

【步骤 5】　选中“××职业技术学院”，设“宋体，小初号，加粗，居中”。

【步骤 6】　选中“毕业论文”，设置“宋体，60 磅，加粗”。单击“插入”选项卡，在“文本”分组中，单击“文本框”下拉按钮→“绘制竖排文本框”，就可以把所选文字放入文本框。参照样例，调整文本框的大小和位置。

【步骤 7】　选中“题目”等六行文字，设置“宋体，三号”。单击“插入”选项卡，在“文本”分组中，单击“文本框”下拉按钮→“绘制文本框”。参照样例，调整文本框的大小和位置。

【步骤 8】　取消文本框的外框。分别选中两个文本框，单击“绘图工具”选项卡，在“形状样式”分组中，单击“形状轮廓”下拉按钮→“无轮廓”。如图 4-90 所示。

【步骤 9】　加下划线。选中“浅析 B2C 电子商务企业物流”，单击“开始”选项卡“字体”分组中的下划线 U ，其他文字重复此操作。做好的封面如图 4-91 所示。

应用样式。选中“摘要”，单击“开始”选项卡，在“样式”分组中，选择“标题 1”样式，即可应用样式，如图 4-92 所示。

提示：长文档中的目录能起到明确文档结构和查看时超链接跳转的作用。要在文档中插入自动目录，就必须将文档中的不同级别的标题设置不一样的“样式”。样式是事先制作完成的一组“格式”集合，每个样式都有不同的名称。

【步骤 10】　修改样式。选择“样式”组中快速样式库中的“标题 1”，单击鼠标右键弹出快捷菜单，在列表中选择“修改”选项，如图 4-93 所示，然后打开“修改样式”对话框，在对话框中，设字体格式为“宋体，三号，加粗”，段前“17 磅”、段后“16.5 磅”，行距为“多倍行距”2.41 字行。修改样式的段落格式，需单击“修改样式”对话框左下角的“格式”，如图 4-94 所示，在弹出的菜单中选择“段落”，如图 4-95 所示，打开“段落”对话框，完成相应设置。

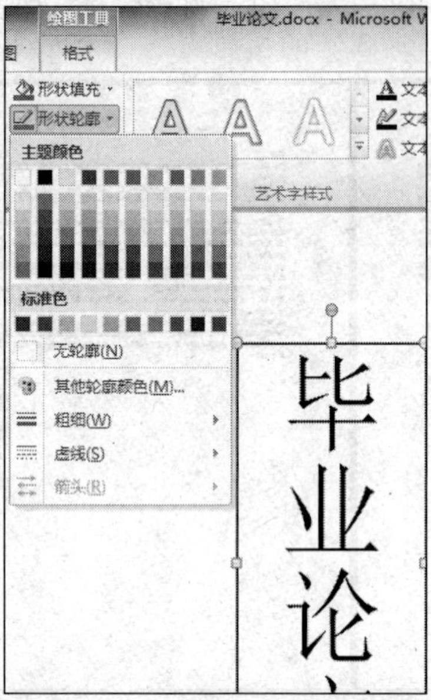

图 4-90　设置文本框无轮廓

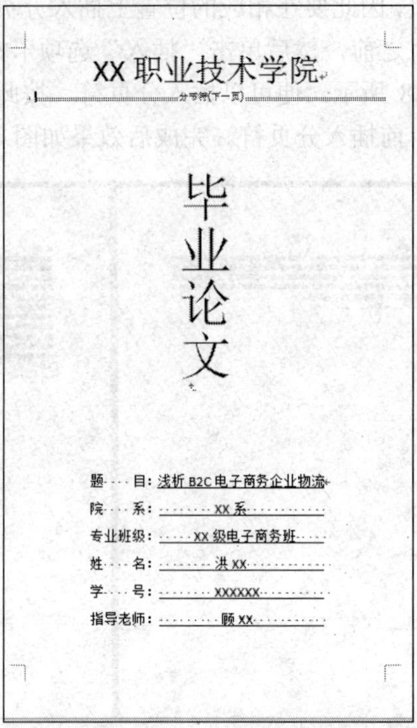

图 4-91　“封面”效果图

图 4-92　应用样式

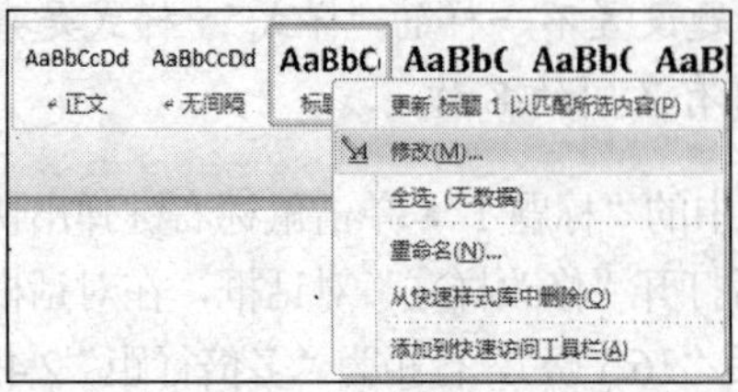

图 4-93　修改样式

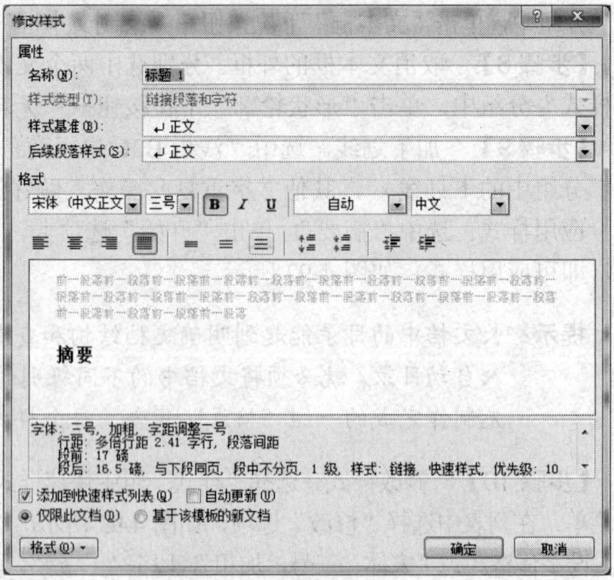

图 4-94　“修改样式”对话框

【步骤 11】　为其他一级标题文字应用样式“标题 1”。可以双击“格式刷”将“摘要”的格式依次复制到“一、前言”“二、B2C 电子商务企业物流存在的主要问题”“三、B2C 企业物流模式设计”“四、结语”“致谢”“参考文献”等文字上。

【步骤 12】　按照上述步骤，为二级标题文字应用样式“标题 2”，“标题 2”样式需修改为“黑体，小四号”，段前、段后“10 磅”，行距为“单倍行距”。

【步骤 13】　生成目录。各级别的标题都设置好样式后，就可以提取目录了。将光标定位于第二页最上端的空白处。单击“引用”选项卡，单击“目录”分组中的“目录”下拉按钮，在下拉列表中选择“自动目录 1”，如图 4-96 所示。生成的目录如图 4-97 所示。选中目录中的文字，设置为四号字。

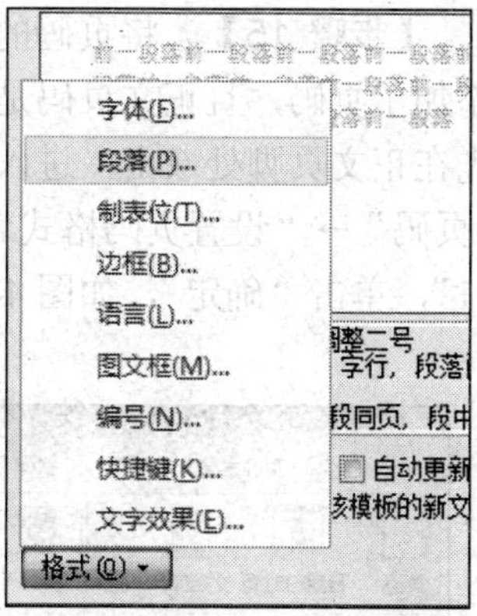

图 4-95　设置样式的段落格式

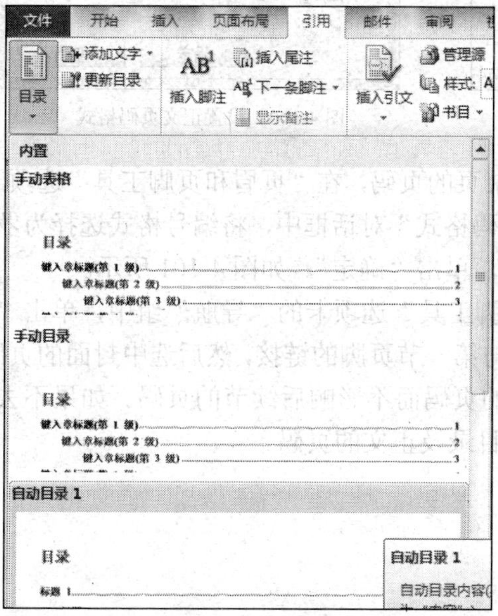

图 4-96　生成自动目录

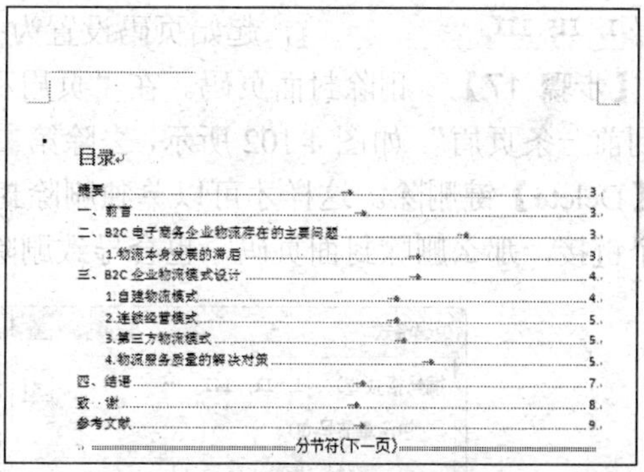

图 4-97　自动目录效果图

【步骤 14】　添加页码。选择正文首页，切换到“插入”选项卡，在“页眉和页脚”组中，单击“页码”下拉按钮，再单击页面底端，选择“普通数字 2”页码样式，如图 4-98 所示。

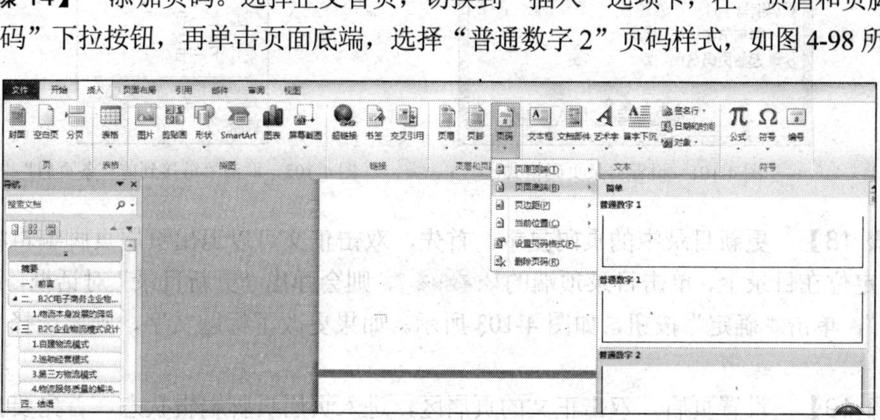

图 4-98　插入页码

【步骤 15】 将页码的起始编号改为“1”。插入页码后，会发现封面、目录的页脚处均添加了页码，且正文页码是从“3”开始编排，因此，正文页码要设为从“1”开始编排。首先在正文页脚处双击，进入页脚编辑状态，选中页码，在“页眉和页脚工具”选项卡，单击“页码”→“设置页码格式”，如图 4-99 所示，弹出“页码格式”对话框，将起始页码设置为“1”，单击“确定”，如图 4-100 所示。

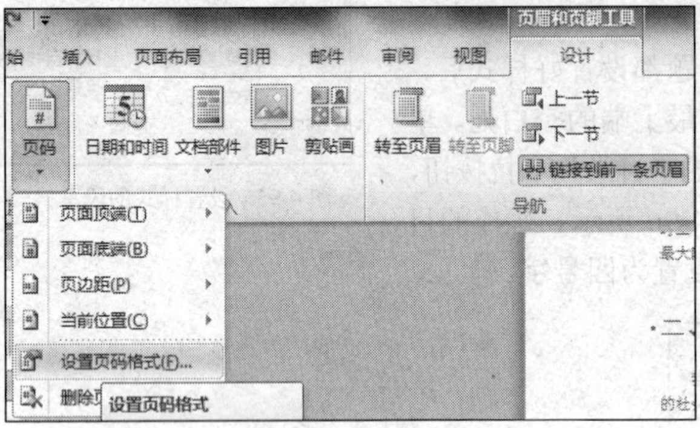

图 4-99 设置页码格式

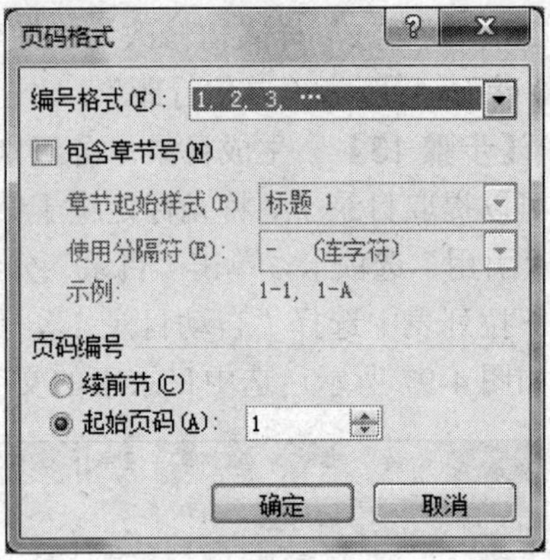

图 4-100 设置正文页码格式

【步骤 16】 设置目录的页码格式。选中目录页的页码，在“页眉和页脚工具”选项卡，单击“页码”→“设置页码格式”，在弹出的“页码格式”对话框中，将编号格式选择为罗马编号 I, II, III, …，起始页码设置为“I”，单击“确定”。如图 4-101 所示。

【步骤 17】 删除封面页码。在“页眉和页脚工具”选项卡的“导航”组中，单击“链接到前一条页眉”，如图 4-102 所示，去除第二节与第一节页脚的链接，然后选中封面的页码，按【Delete】键删除。这样才可以单独删除封面的页码而不影响后续节的页码。如果不去掉这个链接，那么删除封面页码，也会导致删除掉目录及正文的页码。

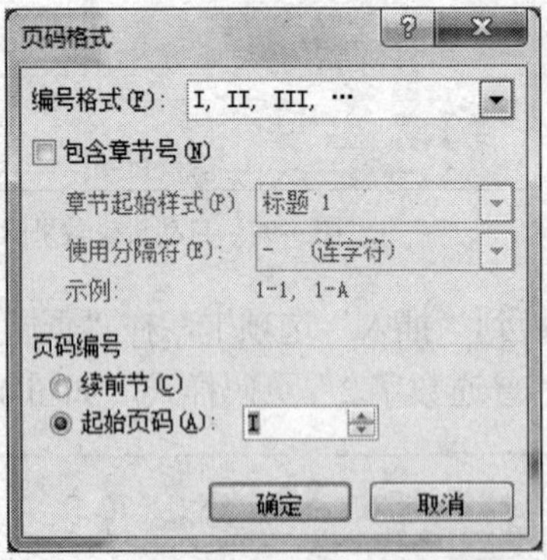

图 4-101 设置目录页码格式

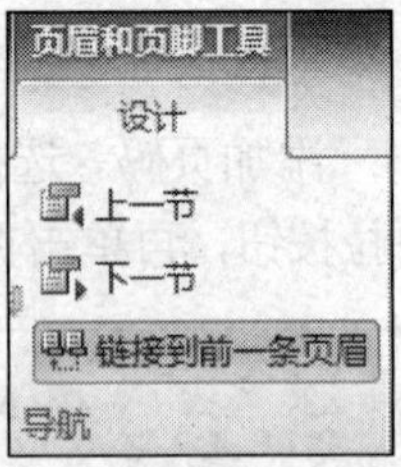

图 4-102 取消“链接到前一条页眉”

【步骤 18】 更新目录中的页码显示。首先，双击正文可以退出页眉页脚编辑状态，然后将光标定位在目录上，单击目录顶端的 更新目录...，则会弹出“更新目录”对话框，选择“只更新页码”，单击“确定”按钮，如图 4-103 所示。如果更改了标题文字，则要选择“更新整个目录”。

【步骤 19】 设置页眉。双击正文的页眉区，进入页眉页脚编辑状态，首先要去除第三节与上一节的链接，否则本节设置好页眉后，前面两节会出现与第三节相同的页眉。在“页眉和页脚工具”选项卡的“导航”组中，单击“链接到前一条页眉”，去除链接，再输入页眉文字，如图 4-104 所示。

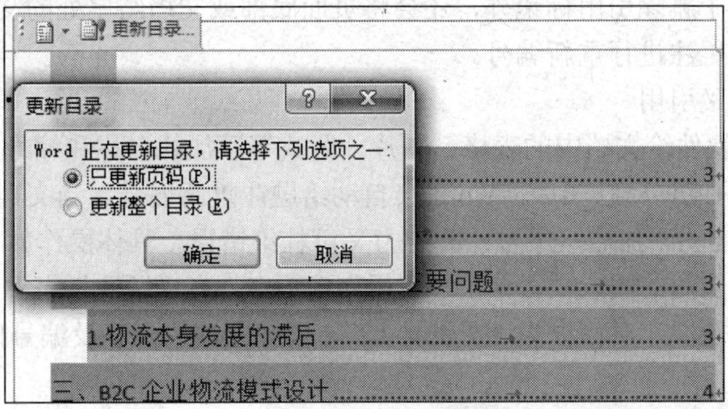

图 4-103　更新目录

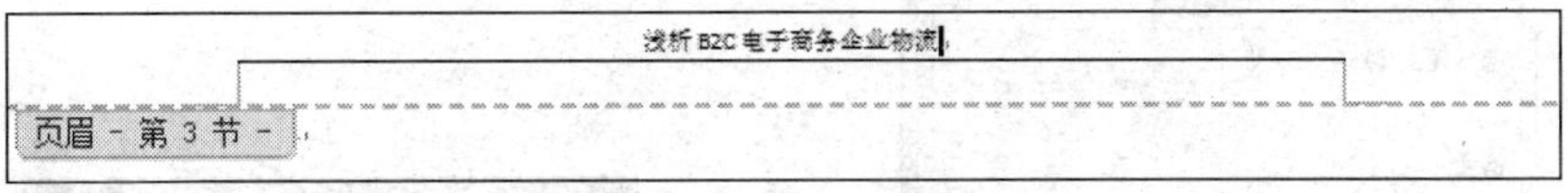

图 4-104　输入正文的页眉文字

【步骤 20】　去除页眉的下框线。第一节和第二节虽然没设置页眉文字，但页眉区默认会有一根线条，其实这是页眉的下框线。进入页眉编辑状态后，选中这个空行，切换到“开始”选项卡，单击“段落”组中的边框下拉按钮，在下拉菜单中选择“无框线”，如图 4-105 所示，即可删除下框线。最后，保存文件。

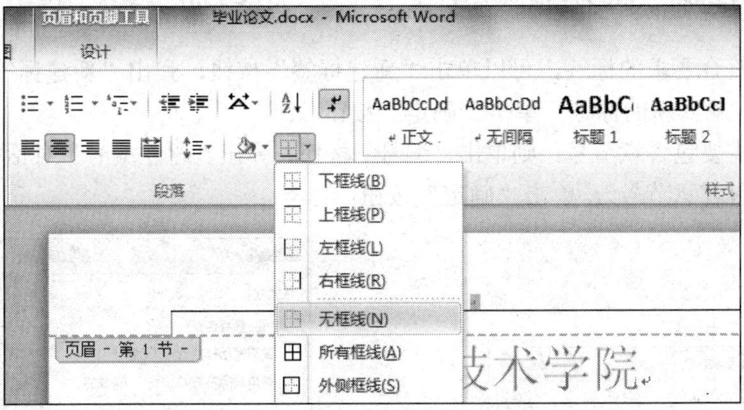

图 4-105　去除页眉线

知识储备——Word 高级编辑

1. 插入高级编辑对象

（1）脚注与尾注

脚注和尾注主要用于文档中注释所引用资料的来源或说明性、补充性的信息。脚注和尾注的区别主要是位置不同，脚注位于当前页面的底部；尾注位于整篇文档的结尾处。

插入脚注和尾注的方法是：将光标定位在要插入脚注或尾注的文字后，选择“引用”选项卡，单击“脚注”组右下方的对话框启动器，打开“脚注和尾注”对话框，如图 4-106

所示。在此对话框中根据需要设置脚注或尾注的位置、编号的格式、起始编号等。

删除脚注或尾注，可在文档正文中选中脚注或尾注的引用标记，然后按【Delete】键删除键。这个操作除了删除引用标记外，还会将页面底部或文档结尾处的文本删除，同时会自动对剩余的脚注或尾注进行重新编号。

（2）题注与交叉引用

题注是 Word 软件给文档中的表格、图片、公式等添加的名称和编号，如“图表 1”“表 1”等。插入、删除或移动题注后，Word 会自动给题注重新编号。当文档中图、表数量较多时，由 Word 软件自动添加这些序号，既省力又可杜绝错误。具体操作如下：

选中需要添加题注的图或表，单击“引用”选项卡，在“题注”组中单击“插入题注”按钮，在弹出的“题注”对话框中（见图 4-107）设置题注的标签及编号格式。

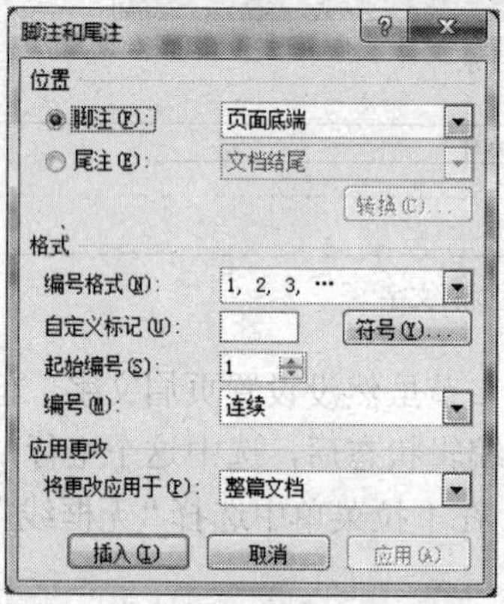

图 4-106 “脚注和尾注”对话框

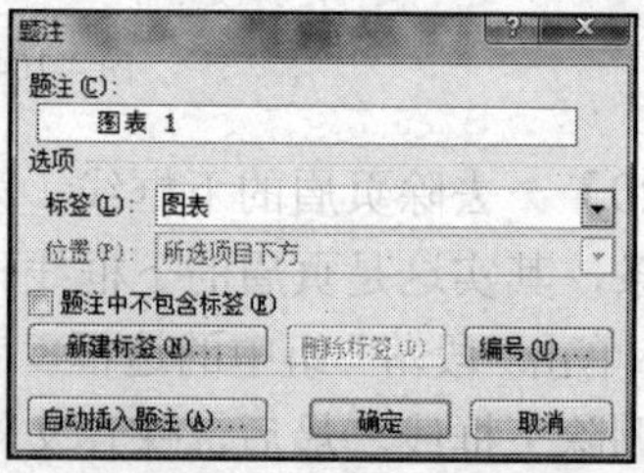

图 4-107 “题注”对话框

如果没有符合要求的标签，可以单击“新建标签”按钮，弹出“新建标签”对话框，如图 4-108 所示，输入新的标签，单击“确定”按钮。

如果编号需要包含章节号，则单击“编号”按钮，弹出“题注编号”对话框，如图 4-109 所示，勾选“包含章节号”，单击“确定”按钮。

图 4-108 “新建标签”对话框

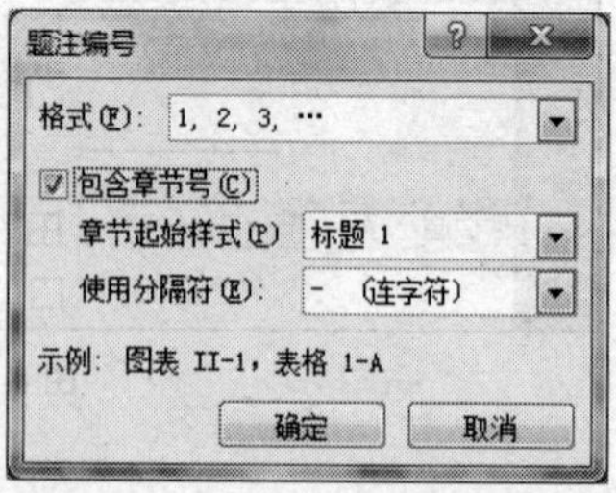

图 4-109 “题注编号”对话框

2. 插入页

（1）插入封面

除了可以自己制作封面外，还可以直接使用 Word 提供的内置封面。具体步骤为：单击“插入”选项卡，单击“封面”下拉按钮，在弹出的下拉菜单中选择需要的封面，如图 4-110 所示。

(2) 插入空白页

将光标定位到插入点，单击“插入”选项卡，在“页”分组中单击“空白页”，即可在插入点插入一个空白的页面。

(3) 插入分页符

将光标定位到插入点，单击“插入”选项卡，在“页”分组中单击“分页”，即可在插入点插入一个分页符，将插入点后面的内容另起一页。

3. 样式

新建样式

- 单击“开始”选项卡，在样式分组中，单击对话框启动器，打开“样式”窗格，如图 4-111 所示，单击“样式”窗格左下角的“新建样式”按钮，打开“根据格式设置创建新样式”对话框，如图 4-112 所示。

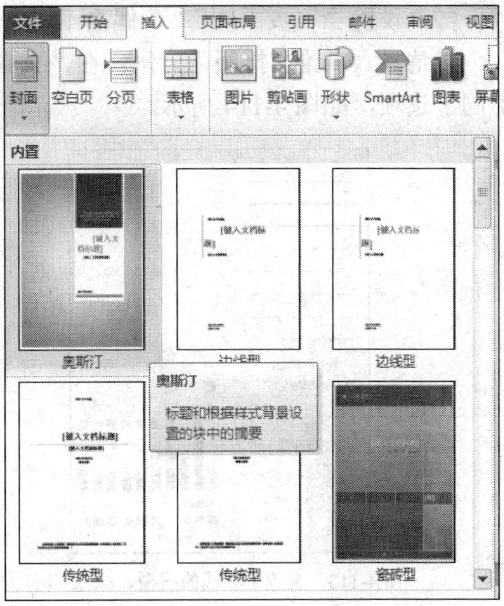

图 4-110　插入内置封面

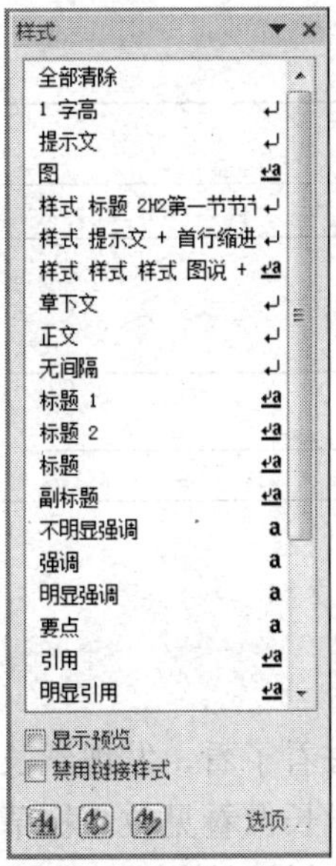

图 4-111　“样式”窗格

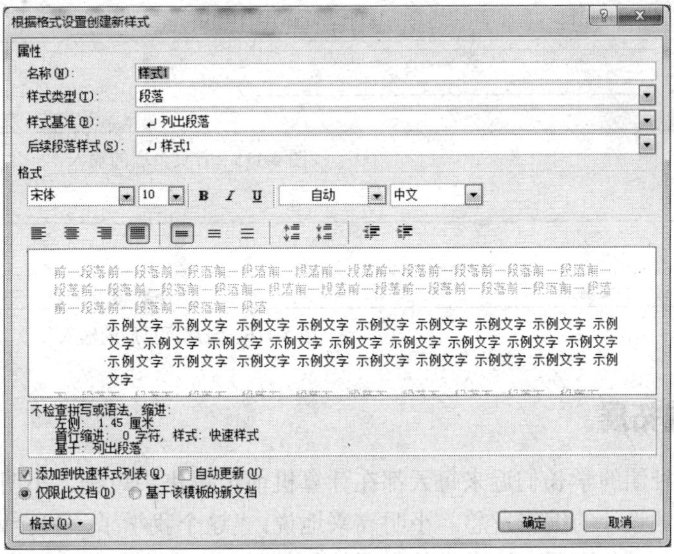

图 4-112　“根据格式设置创建新样式”对话框

- 在“名称”框中输入新的样式名称，在“格式”选项区域中设置字体、字号等格式。格式设置方法与修改样式一样，不再重复。

新建好的样式会显示在样式窗格，选择文字，再单击此样式，则可将新样式应用到相应的文字上。

4. 页眉、页脚的高级设置

(1) 下划线的类型

单击“开始”选项卡“字体”分组中的下划线下拉按钮，可以选择不同类型的下划线，还可以设置下划线的颜色，如图 4-113 所示。

（2）设置“首页不同”“奇偶页不同”的页眉页脚

以情景六“论文排版”为例，在“页眉和页脚工具”选项卡中勾选“首页不同”“奇偶页不同”选项，如图 4-114 所示。

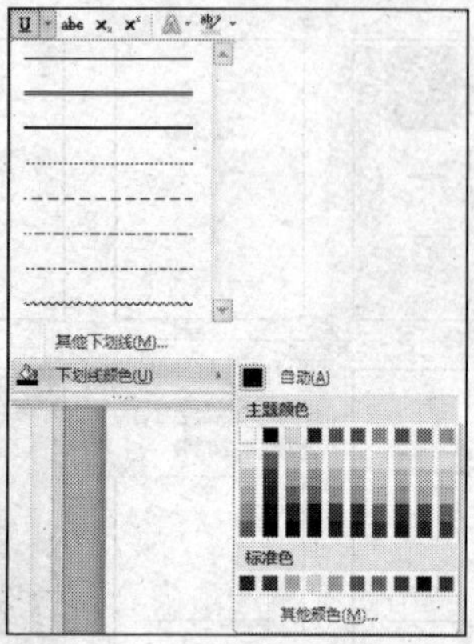

图 4-113　设置下划线的线型、颜色

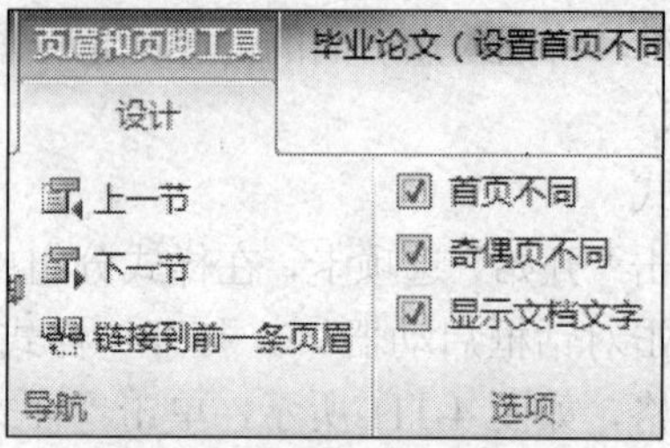

图 4-114　设置奇偶页不同

在首页页眉输入“正文”，如图 4-115 所示，在奇数页页眉中输入论文题目名称，偶数页页眉输入“毕业论文”，如图 4-116 所示。对于页脚中的页码，也需要在奇数页和偶数页分别插入。

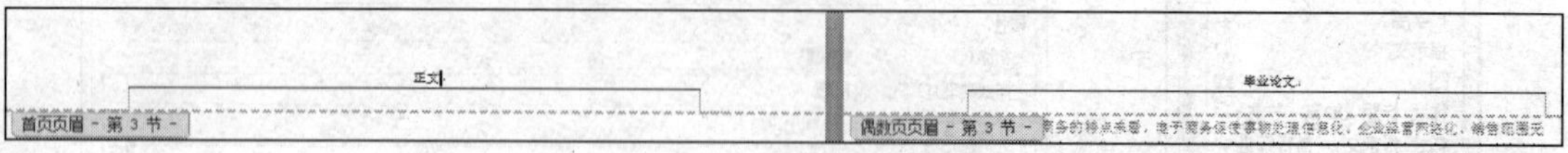

图 4-115　首页页眉的输入

图 4-116　奇偶页页眉的输入

实践拓展

社团的学长们近来每天都在计算机前忙得焦头烂额。小明凑过去看了看，发现学长也在为毕业设计的编辑发愁。小明高兴地说：“这个我学了，我会做。”学长像看见救命稻草一样看着他。免不了，这个又是小明的任务了。大家也跟着他查阅相关的知识储备，一起来完成配套实训指导的 Word 实训吧。

故事五 5 强大的数据处理

窗外蝉声渐逝，转眼，半个学期就过去了。小明的生活、学习、工作都走上了正轨。他已经能从容面对学校的种种挑战，并更加努力学习应对的方法。大二的学长们近段时间忙着考各种职业资格证书，小明也开始做全国计算机等级考试的准备。当然，在考试大纲中，最难的当属 Excel 软件的使用了。

情境一 表和表的不同

全年的奖学金核定工作又开始了，部长叫来小明，吩咐他整理好上个学期系里申请奖学金的表格。一听是表格，Word 表格学得不错的小明爽快地答应了，可打开文件一看，傻眼了，这个软件不是 Word，文件内容量也非常大，但看上去似乎是表格，这……可怎么办？

计算机教研室的老师正好到学会生找人，看到小明呆坐在计算机前，就问了问。小明不禁想问："老师，您是天使吗？"

学习目标

① 学会 Excel 文档的创建与保存。

② 掌握 ExceL 中表头信息的输入。

③ 掌握 Excel 中自动填充功能的用法。

课前准备

将配套材料中的"计算机基础情景式教程\主教材素材\5-1"文件夹复制到计算机中。

样图

最终要完成的表格如图 5-1 所示。

	A	B	C	D	E	F	G	H	I	J	K
1	2015年学院奖学金申请人员信息表										
2	编号	姓名	性别	班级	考试成绩	素质测评	总评	籍贯	出生日期	身份证号码	联系电话
3	A002001	张　华	女	13会计班	94	85	89.5	南昌	1996年7月6日	360125199607065602	13705438899
4	A002002	王　振	男	14旅游管理	95	87	91	赣州	1997年5月7日	360211199705072312	13978851122
5	A002003	马　民	男	13计算机	91	86	88.5	宜春	1996年7月7日	362522199607075514	13319551133
6	A002004	王　霞	女	14旅游管理	89	93	91	吉安	1997年9月9日	360102199709090128	13887116270
7	A002005	艾　美	女	14模具设计	95	85	90	宜春	1996年2月9日	360102199602094607	13973118283
8	A002006	陈　磊	男	13会计班	88	87	87.5	抚州	1995年1月10日	360102199501103611	13677331214
9	A002007	张晓敏	女	13青管	99	92	95.5	赣州	1995年12月12日	360101199512121800	13574856435
10	A002008	王方明	男	14模具设计	90	99	94.5	吉安	1996年9月12日	360103199609120110	13187111633
11	A002009	宋大力	男	13计算机	96	94	95	宜春	1996年8月13日	360205199608138215	13975858636
12	A002010	颜国强	男	13青管	93	94	93.5	抚州	1995年2月14日	360102199502141212	13787551862
13	A002011	刘凤昌	男	14模具设计	100	93	96.5	赣州	1996年12月16日	360625199612168810	13548955678
14	A002012	李国明	男	13青管	85	98	91.5	吉安	1995年1月13日	362330199501133010	13867891213
15	A002013	解海亭	男	13计算机	92	85	88.5	抚州	1995年9月8日	362300199509083090	18954330908
16	A002014	牟希雅	女	13青管	97	100	98.5	宜春	1996年12月9日	360101199612091800	13408090999
17	A002015	朱思华	女	14旅游管理	97	85	91	抚州	1997年12月30日	360103199610912001	13754318899
18	A002016	陈关敏	女	13会计班	89	96	92.5	南昌	1995年8月13日	360205199508138205	13854340998
19	A002017	张德华	男	14旅游管理	89	98	93.5	吉安	1995年2月14日	360102199502141212	13408077788
20	A002018	肖庆华	男	14模具设计	87	93	90	南昌	1996年2月9日	360102199602091210	13508066768
21											

图 5-1　奖学金申请表

解决方案

【步骤 1】 新建文件。在桌面上找到 Excel 程序图标，双击图标可以启动该程序，并会自动打开一个新的 Excel 空白文档。

图 5-2 快速访问工具栏

【步骤 2】 保存文件。单击“快速访问工具栏”中的“保存”按钮，如图 5-2 所示；或单击“文件”按钮，在下拉菜单中单击“保存”按钮，会弹出“另存为”对话框，在对话框中设置保存位置（桌面）、文件名（“奖学金申请表.xlsx”），单击“保存”按钮。如图 5-3 所示。

图 5-3 “另存为”对话框

【步骤3】 输入表格标题。在“奖学金申请表”工作簿的“sheet1”工作表中，从 A1 开始的单元格中直接输入表格标题“2015 年学院奖学金申请人员信息表”。可以看到输入的内容同时显示在 A1 单元格内和编辑栏中，可在编辑栏中输入或编辑当前单元格的数据。

【步骤 4】 输入表头。依次在 A2：K2 单元格中输入列标题文本，即表格表头，如图 5-4 所示的文本。

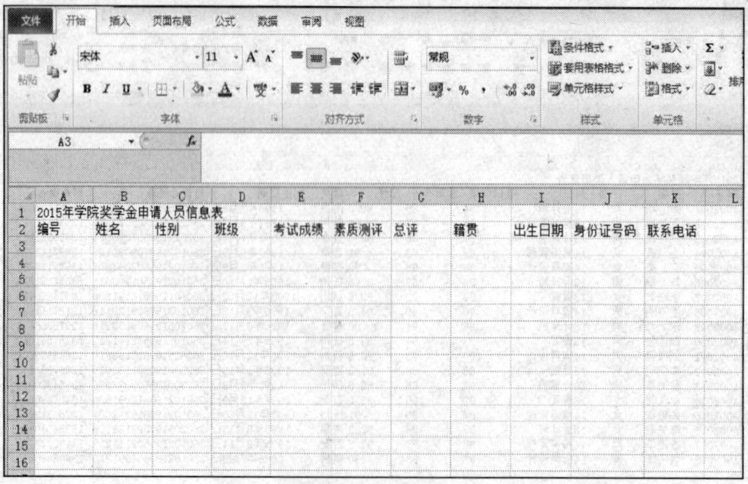

图 5-4 输入表格标题及列标题

【步骤 5】 输入表格内容。选中 A3 单元格，在 A3 单元格中输入“A002001”。将鼠标指针移到 A3 单元格右下角的填充柄上（是指位于当前活动单元格右下方的黑色方块），当鼠标变为黑色的十字型“+”时，可按住鼠标左键向下拖动填充柄，则其他学生的学号依次递增“1”的等差数列会自动填充，如图 5-5 所示。

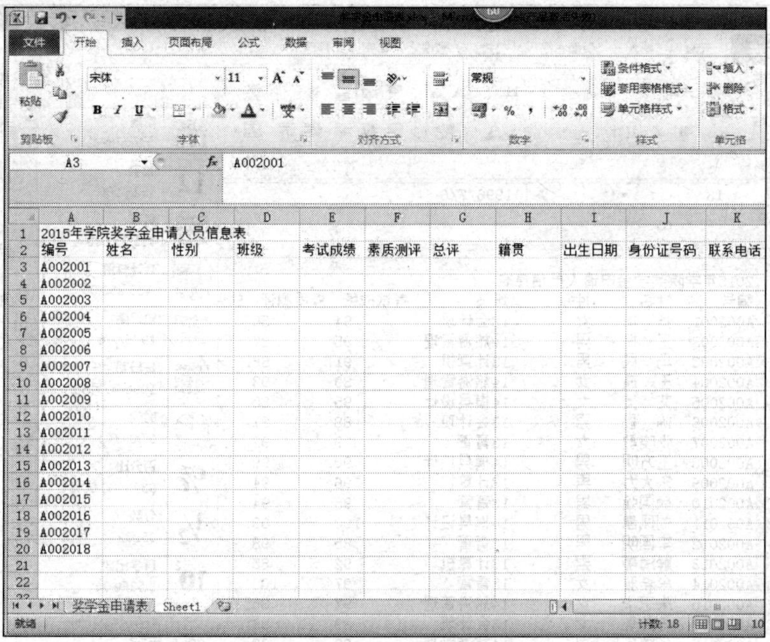

图 5-5 利用填充柄快速填充“编号”

【步骤 6】 输入“姓名”“性别”“班级”“考试成绩”“素质测评”“总评”“籍贯”等列的内容如图 5-6 所示。

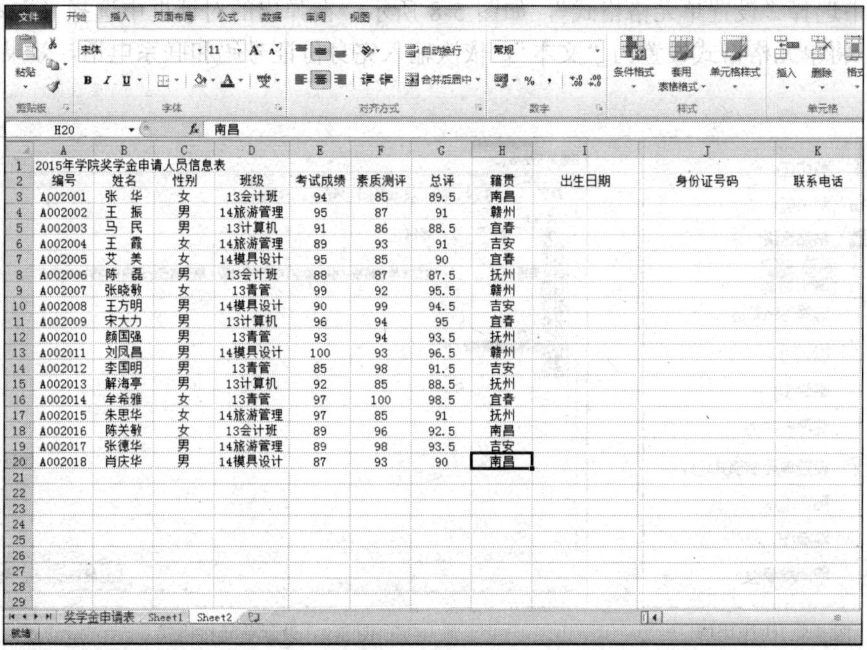
H20
南昌
2015年学院奖学金申请人员信息表
编号 姓名 性别 班级 考试成绩 素质测评 总评 籍贯 出生日期 身份证号码 联系电话
A002001 张 华 女 13会计班 94 85 89.5 南昌
A002002 王 振 男 14旅游管理 95 87 91 赣州
A002003 马 民 男 13计算机 91 86 88.5 宜春
A002004 王 霞 女 14旅游管理 89 93 91 吉安
A002005 艾 美 女 14模具设计 95 85 90 宜春
A002006 陈 磊 男 13会计班 88 87 87.5 抚州
A002007 张晓敏 女 13青管 99 92 95.5 赣州
A002008 王方明 男 14模具设计 90 99 94.5 吉安
A002009 宋大力 男 13计算机 96 94 95 宜春
A002010 颜国强 男 13青管 93 94 93.5 抚州
A002011 刘凤昌 男 14模具设计 100 93 96.5 赣州
A002012 李国明 男 13青管 85 98 91.5 吉安
A002013 解海亭 男 13计算机 92 85 88.5 抚州
A002014 牟希雅 女 13青管 97 100 98.5 宜春
A002015 朱思华 女 14旅游管理 97 85 91 抚州
A002016 陈关敏 女 13会计班 89 96 92.5 南昌
A002017 张德华 男 14旅游管理 89 98 93.5 吉安
A002018 肖庆华 男 14模具设计 87 93 90 南昌
奖学金申请表 Sheet1 Sheet2

图 5-6 输入内容

【步骤7】 输入“出生日期”。选择“1996-7-6”或“1996/7/6”格式输入日期型数据。鼠标指针指向I列，单击鼠标左键选中I列。切换到“开始”选项卡，单击“数字”组中的“数字格式”下拉列表中选择【长日期】选项，修改单元格数据格式，改变日期为“1996年7月6日”格式，如图5-7所示。

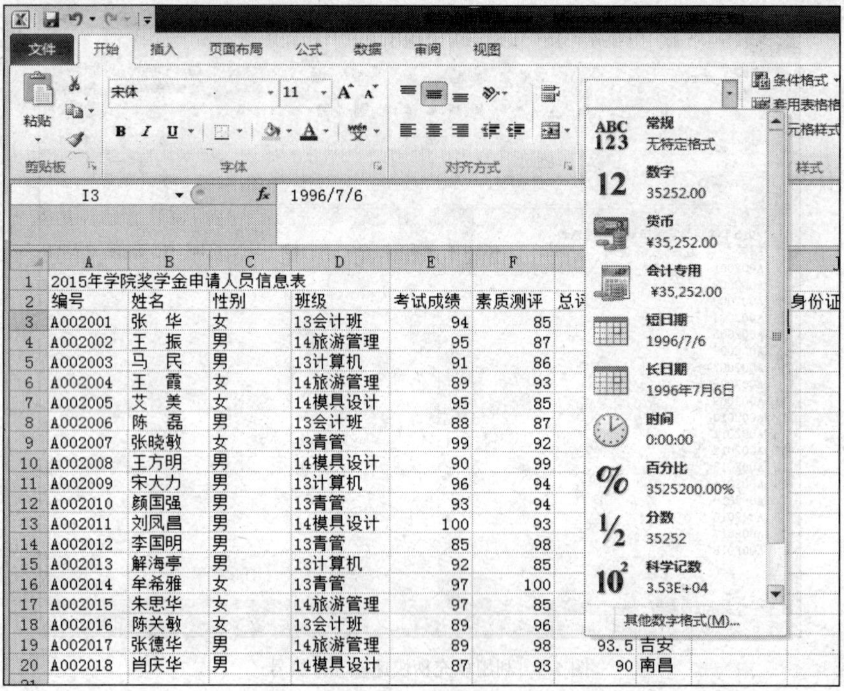

图5-7 改变日期格式

【步骤8】 输入“身份证号码”“联系电话”。选中“J”和“K”列，单击鼠标右键，在快捷菜单中选择“设置单元格格式”，如图5-8所示，在弹出的对话框中选择“文本”，如图5-9所示，将单元格格式设置为“文本”，依次输入完身份证号码和联系电话，效果如图5-10所示。

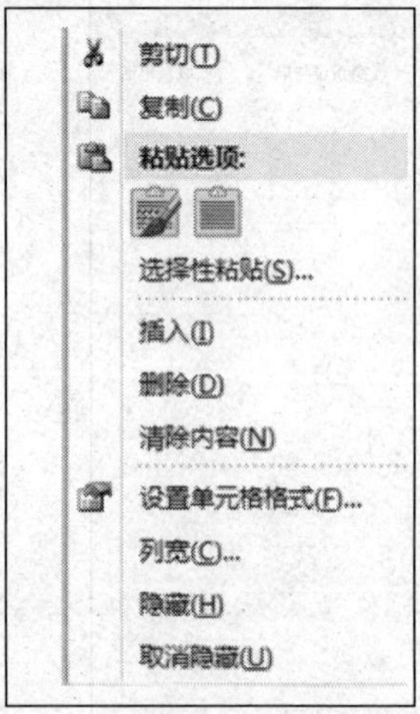

图5-8 快捷菜单

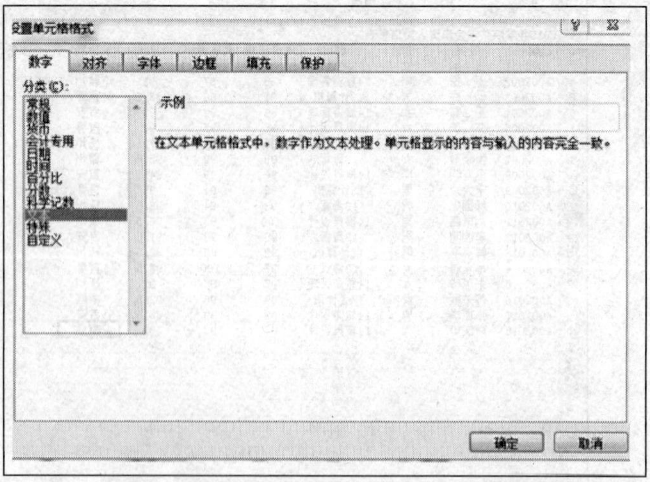

图5-9 设置单元格格式

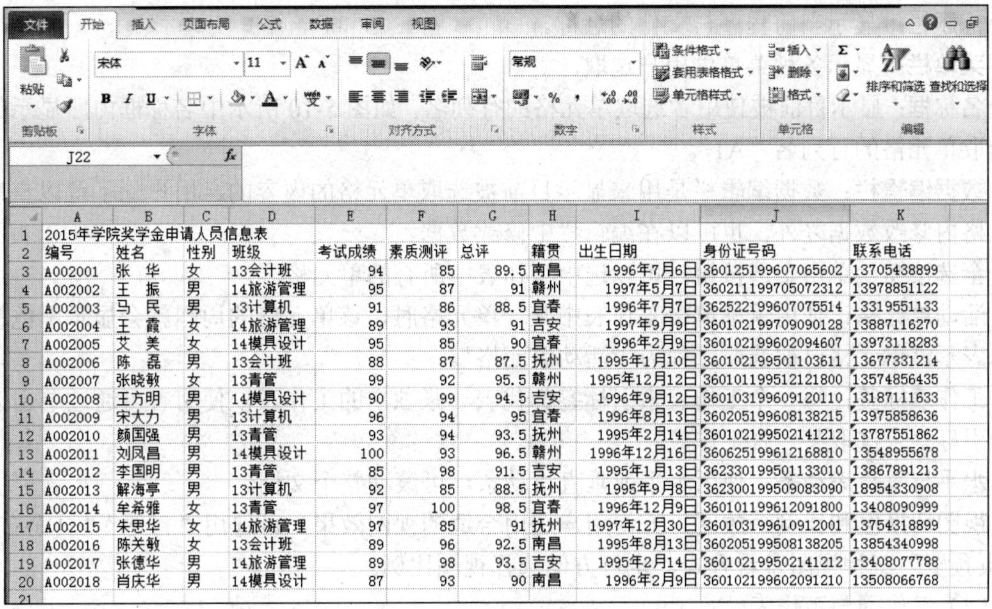

	A	B	C	D	E	F	G	H	I	J	K
1	2015年学院奖学金申请人员信息表										
2	编号	姓名	性别	班级	考试成绩	素质测评	总评	籍贯	出生日期	身份证号码	联系电话
3	A002001	张　华	女	13会计班	94	85	89.5	南昌	1996年7月6日	360125199607065602	13705438899
4	A002002	王　振	男	14旅游管理	95	87	91	赣州	1997年5月7日	360211199705072312	13978851122
5	A002003	马　民	男	13计算机	91	86	88.5	宜春	1996年7月7日	362522199607075514	13319551133
6	A002004	王　霞	女	14旅游管理	89	93	91	吉安	1997年9月9日	360102199709090128	13887116270
7	A002005	艾　美	女	14模具设计	95	85	90	宜春	1996年2月9日	360102199602094607	13973118283
8	A002006	陈　磊	男	13会计班	88	87	87.5	抚州	1995年1月10日	360102199501103611	13677331214
9	A002007	张晓敏	女	13青管	99	92	95.5	赣州	1995年12月12日	360101199512121800	13574856435
10	A002008	王方明	男	14模具设计	90	99	94.5	吉安	1996年9月12日	360103199609120110	13187111633
11	A002009	宋大力	男	13计算机	96	94	95	宜春	1996年8月13日	360205199608138215	13975858636
12	A002010	颜国强	男	13青管	93	94	93.5	抚州	1995年2月14日	360102199502141212	13787551862
13	A002011	刘凤昌	男	14模具设计	100	93	96.5	赣州	1996年12月16日	360625199612168810	13548955678
14	A002012	李国明	男	13青管	85	98	91.5	吉安	1995年1月13日	362330199501133010	13867891213
15	A002013	解海亭	男	13计算机	92	85	88.5	抚州	1995年9月8日	362300199509083090	18954330908
16	A002014	牟希雅	女	13青管	97	100	98.5	宜春	1996年12月9日	360101199612091800	13408090999
17	A002015	朱思华	女	14旅游管理	97	85	91	抚州	1997年12月30日	360103199610912001	13754318899
18	A002016	陈关敏	女	13会计班	89	96	92.5	南昌	1995年8月13日	360205199508138205	13854340998
19	A002017	张德华	男	14旅游管理	89	98	93.5	吉安	1995年2月14日	360102199502141212	13408077788
20	A002018	肖庆华	男	14模具设计	87	93	90	南昌	1996年2月9日	360102199602091210	13508066768
21											

图 5-10　表格内容的输入

知识储备——Excel 基础操作

1. Excel 概述

（1）窗口简介

单击“开始”按钮，在弹出的开始菜单中单击“Microsoft Excel 2010”，或者在“开始”菜单中选择“所有程序”→“Microsoft Office”→“Microsoft Excel 2010”。

在使用 Excel 之前，首先要了解它的操作界面，如图 5-11 所示。

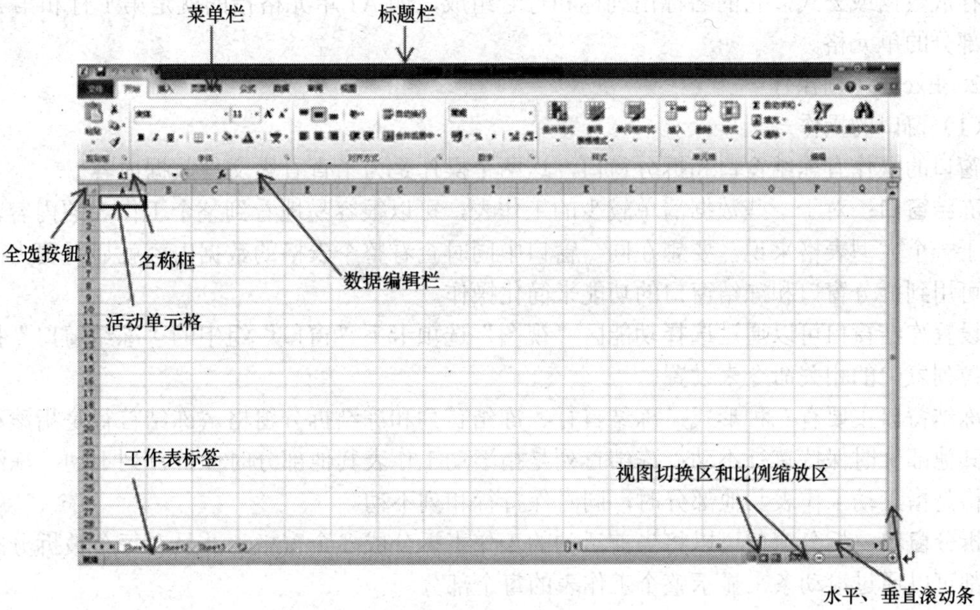

图 5-11　Excel 界面

标题栏：显示当前程序与文件的名称。

菜单栏：显示各种菜单供用户选取。

名称框：显示目前被使用者选取单元格的行列名，如图 5-10 所示中名称框内所显示的是被选取单元格的行列名“A1”。

数据编辑栏：数据编辑栏是用来显示目前被选取单元格的内容的，用户除了可以直接在单元格内修改数据之外，也可以在编辑栏中修改数据。

全选按钮：单击全选按钮，可以选中工作表中所有的单元格。

活动单元格：使用鼠标单击工作表中某一单元格时，该单元格的周围就会显示黑色粗边框，表示该单元格已被选取，称为“活动单元格”。

工作表标签：每一个工作表索引标签都代表一张独立的工作表，使用者可通过单击工作表索引标签来选取某一张工作表。

水平与垂直滚动条：使用水平或垂直滚动条，可滚动整个文档。

视图切换区和比例缩放区：方便用户选用合适的视图效果，可选用“普通”“页面布局”“分页预览”三种视图查看方式，也可方便选择视图比例。

（2）工作簿与工作表

工作簿：Excel 2010 中，用户创建的表格是以工作簿文件的形式存储和管理的。“工作簿”是 Excel 创建并存放在磁盘上的文件，扩展名为.xlsx。启动 Excel 时，Excel 会自动新建一个空白工作簿，并临时命名为“工作簿 1”。

工作表：工作簿的一部分，一个工作簿最多可以容纳 255 张工作表。Excel 默认设置 3 张工作表，默认名为“Sheet1”“Sheet2”“Sheet3”，工作表的标签名可以自由修改，正在被编辑的工作表称为“当前工作表”。一张工作表最多可以有 1～65536 行和 A～IV 共 256 列，每行以正整数编码，分配一个数字来做行号，每列分配 1～2 个字母做列标。

单元格：行和列组成工作表的单位，称为“单元格”。单元格是具体存放数据的基本单位，可以存放数据或公式，它的名称由列标和行号组成，如 A1 单元格指的就是第 1 行和第 A 列相交部分的单元格。

2. Excel 基础操作

（1）窗口的操作

窗口的操作有冻结窗口和拆分窗口，这两个操作是为了查看大文件数据内容。

冻结窗口：对于一些数据清单较少的工作表，可以很容易地看到整个工作表的内容，但是对于一个大型表格来说，要想在同一窗口中同时查看整个表格的数据内容就显得费力了，这时可用到拆分窗口和冻结窗口的功能来简化操作。

设置冻结窗口可以通过选择功能区“视图”选项卡下“窗口”组中的“冻结窗口”按钮的下拉列表中的相关命令来设置。

冻结窗口主要有三种形式：冻结首行、冻结首列和冻结拆分窗格。冻结首行是指滚动工作表其他部分时保持首行不动；冻结首列是指滚动工作表其他部分时保持首列不动；冻结拆分窗格是指滚动工作表其他部分时，同时保持行和列不动。

拆分窗口：拆分窗口可以将当前活动的工作表拆分成多个窗格，并且在每个被拆分的窗格中都可以通过滚动条来显示整个工作表的每个部分。

选定拆分分界位置的单元格，单击功能区“视图”选项卡下“窗口”组中的“拆分”按钮，在选定单元格的左上角，系统将工作表窗口拆分成 4 个不同的窗口。利用工作表右侧及下侧的 4 个滚动条，可以清楚地在每个部分查看整个工作表的内容。

拆分窗口可以通过先选定单元格，再单击功能区“视图”选项卡下“窗口”组中的“拆分”按钮来实现，系统会将工作表窗口拆分成 4 个不同的窗格。如果要拆分成上下两个窗格，应当先选中要拆分位置下面的相邻行；要拆分成左右两个窗格，则应当先选中拆分位置右侧的相邻列；如果要拆分成四个窗格，则应当先选中要拆分位置右下方的单元格。

要调整拆分位置的话，可以将鼠标指向拆分框，当鼠标变为拆分指针双向箭头后，可上下左右拖动拆分框改变每个窗格的大小。

要撤销拆分，可以通过再次单击功能区“视图”选项卡下“窗口”组中的“拆分”按钮使它处于非选中状态来实现，或者使用鼠标在拆分框上双击来实现。

（2）新建工作簿

- 在“快速访问工具栏”添加“新建”按钮，通过单击“新建”按钮可以得到一个新的空白工作簿，在已有“工作簿 1”的基础上，临时取名为“工作簿 2”“工作簿 3”，以此类推。
- 使用“文件”按钮的下拉菜单创建：单击“文件”按钮，在弹出的下拉菜单中选择“新建”菜单项，在“可用模板”列表框中选择“空白工作簿”选项，单击“创建”按钮，如图 5-12 所示。如果需要根据模板创建工作簿可以选择“模板”中的创建选项。

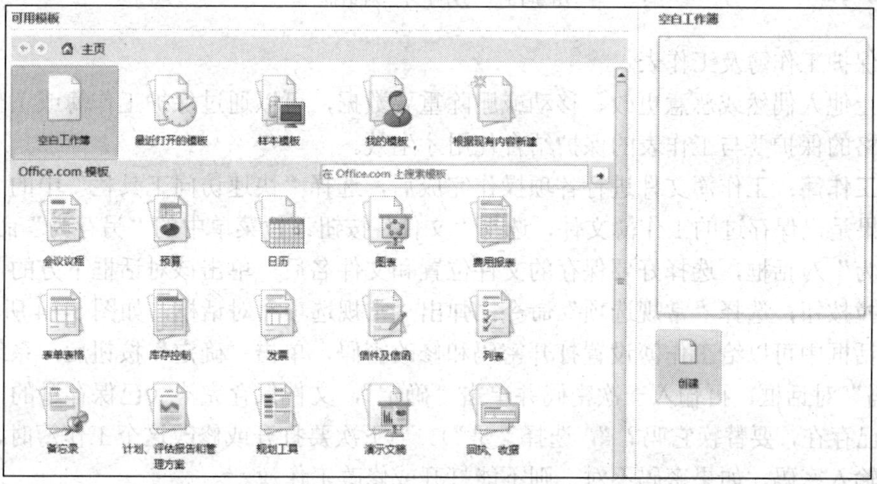

图 5-12　“新建”菜单项内容

- 直接在 Windows 中创建工作簿：在需要创建工作簿的目标文件夹中，用鼠标右键单击窗口空白处，在弹出的快捷菜单中选择“新建”子菜单下的“Microsoft Excel 工作表”命令。

（3）保存工作簿

新建的工作簿只是打开了一个临时的工作簿文件，要真正实现工作簿的最后建立，需要对临时工作簿文件进行保存。单击“快速访问工具栏”中的“保存”命令，在“另存为”对话框中设置“保存位置”“文件名”，单击“保存”按钮，如图 5-13 所示。

对已经保存过的工作簿文件进行保存，可以直接单击“快速访问工具栏”中的“保存”命令或使用快捷键【Ctrl】+【S】即可。如果要将文件存储到其他位置，则需要使用“文件”

按钮下拉菜单中的“另存为”菜单项。使用 Excel 2010 提供的自动保存功能，可以在断电或死机的情况下最大限度地减少损失，实现自动保存可以在“文件”按钮的下拉菜单中单击“选项”，打开“Excel 选项”对话框，在“保存”选项中进行设置。

图 5-13 “另存为”对话框

（4）保护工作簿及工作表

要防止他人偶然或恶意更改、移动或删除重要数据，可以通过保护工作簿或工作表来实现，单元格的保护要与工作表的保护结合使用才生效。

保护工作簿：工作簿文件进行各项操作完成后，选择“快速访问工具栏”中的“保存”命令（如果是已保存过的工作簿文件，选择“文件”按钮下拉菜单中的“另存为”命令），弹出“另存为”对话框，选择好要保存的文件位置和文件名后，单击该对话框下方的“工具”按钮的下拉按钮，选择“常规选项”命令，弹出“常规选项”对话框，如图 5-14 所示。

在对话框中可以给工作簿设置打开密码和修改密码，单击“确定”按钮后，系统会弹出“确认密码”对话框，再输入一次密码并单击“确定”，文件保存完毕（已保存过的文件会提示“文件已存在，要替换它吗？”，选择“是”）。当下次要打开或修改这个工作簿时，系统就会提示要输入密码，如果密码不对，则不能打开或修改工作簿。

保护单元格：全选工作表，单击鼠标右键，在弹出的快捷菜单中选择“设置单元格格式”命令，打开“设置单元格格式”对话框，选择“保护”选项卡，取消“锁定”选项，单击“确定”按钮。选中需要保护的数据区域，重新勾选刚才“保护”选项卡中的“锁定”选项，单击“确定”按钮。再执行下面的工作表保护，即可实现对单元格的保护。

如果要隐藏任何不希望显示的公式，可选中“保护”选项卡中的“隐藏”复选框。

保护工作表：选择要进行保护的工作表“Sheet1”，单击功能区“审阅”选项卡下“更改”组中的“保护工作表”按钮，弹出“保护工作表”对话框，如图 5-15 所示。在此对话框中设置保护密码，选择保护内容，以及允许其他用户进行修改的内容，单击“确定”按钮。

工作表被保护后，当在被锁定的区域内输入内容时，系统会提示如图 5-16 所示的警告框，用户无法输入内容。

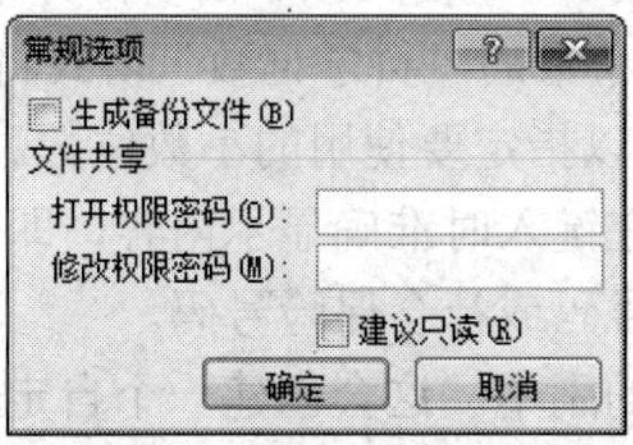

图 5-14 “常规选项”对话框

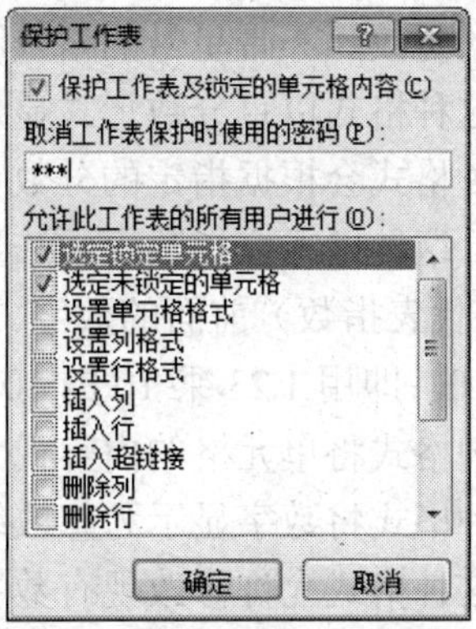

图 5-15 保护工作表对话框

图 5-16 试图修改被保护单元格内容警告框

在保护工作表中设置可编辑数据区域：选定允许编辑区域，单击功能区“审阅”选项卡下“更改”组中的“允许用户编辑区域”按钮，屏幕显示如图 5-17 所示对话框。

单击“新建”按钮，在如图 5-18 所示对话框中可以设置单元格区域及密码，单击“权限”按钮还可以设置各用户权限，单击“确定”按钮，再选择 “保护工作表”按钮，进行工作表保护即可。

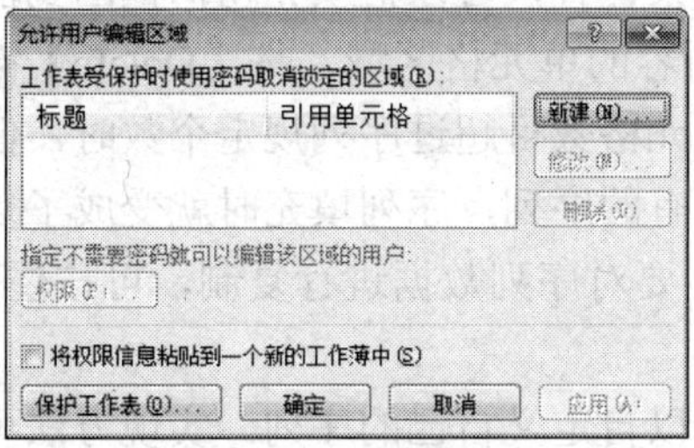

图 5-17 “允许用户编辑区域”对话框

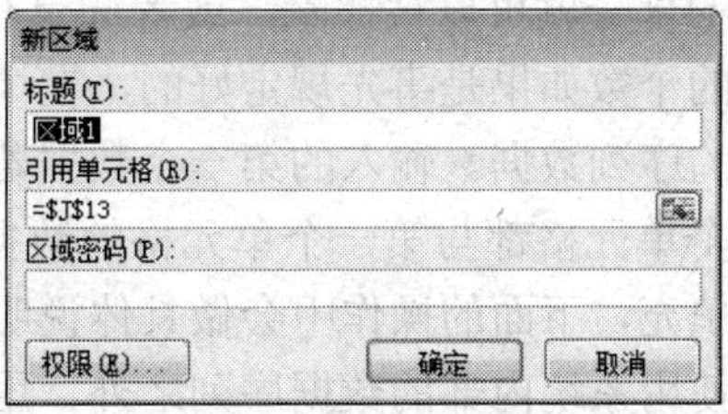

图 5-18 区域与密码设置

（5）工作簿的隐藏与保护

选定工作表后，单击功能区“视图”选项卡下“窗口”组中的“隐藏”按钮，即可把该工作簿隐藏起来，工作簿被隐藏后，表标签看不见了，但工作簿内的数据仍然可以使用。单击功能区“视图”选项卡下“窗口”组中的“取消隐藏”按钮，即可取消对该工作簿的隐藏。

3. 数据的基础操作

（1）数据类型

常规：这是键入数字时 Excel 应用的默认数字格式。大多数情况下，“常规”格式的数字以键入的方式显示。

数值：这种格式用于数字的一般表示。可以指定要使用的小数位数、是否使用千位分隔符以及如何显示负数。

会计专用：这种格式也用于货币值，但是它会在一列中对齐货币符号和数字的小数点。

日期、时间：这种格式会根据你指定的类型和区域设置（国家/地区），将日期和时间系列数显示为时间值。以星号（*）开头的时间格式响应在 Windows 控制面板中指定的区域日期和时间设置的更改。不带星号的格式不受控制面板设置的影响。

百分比：这种格式以百分数形式显示单元格的值，可以指定要使用的小数位数。

分数：这种格式会根据指定的分数类型以分数形式显示数字。

科学记数：这种格式以指数表示法显示数字，用 E＋n 替代数字的一部分，其中用 10 的 n 次幂乘以 E（代表指数）前面的数字。例如，2 位小数的“科学记数”格式将 12345678901 显示为 1.23E+10，即用 1.23 乘 10 的 10 次幂。您可以指定要使用的小数位数。

文本：这种格式将单元格的内容视为文本，并在键入时准确显示内容，即使键入数字。

特殊：这种格式将数字显示为邮政编码、电话号码或社会保险号码。

自定义：这种格式允许修改现有数字格式代码的副本。这会创建一个自定义数字格式并将其添加到数字格式代码的列表中。可以添加 200 到 250 个自定义数字格式，

（2）快速填充序列

在输入连续性的数据时，并不需要逐一键入，Excel 提供了填充序列功能，可以快速输入数据，节省工作时间。能够通过填充完成的数据有等差数据序列（如 1、2、3…1、3、5…）、等比数据序列（如1、2、4…1、4、16…），时间日期（3：00、4：00、5：00…6 月1 日、6 月2 日、6 月3 日等），同时 Excel 还提供了一些已经设置好的文本系列数据（如甲、乙、丙、丁…子、丑、寅、卯等）。

只要输入数据序列中的数据，就可以从该数据开始填充序列。填充时需要使用“填充句柄”来完成，所谓“填充句柄”，是指位于当前活动单元格右下方的黑色方块，当鼠标变为黑色的十字型“+”时，可以用鼠标拖动填充句柄进行自动填充。

使用鼠标拖动填充句柄的时候，向下和向右是按数据序列顺序填充，如果是向上或向左方向拖动，就会进行倒序填充。如果拖动超过了结束位置，可以把填充句柄拖回到需要的位置，多余的部分就可以被擦除，或者选定有多余内容的单元格区域，按【Delete】键删除。数据序列的个数如果是事先规定好的，在填充的单元格数目超过序列规定个数时，便会反复填充同样的序列数据。输入的第一个数据若不是已有的序列，序列填充时就变成了复制，拖过的每一个单元格都与第一个单元格的数据相同。要对序列数据进行复制，可按住【Ctrl】键再进行填充，下面的操作中会做具体说明。

除了使用系统内部的数据序列之外，用户也可以自定义自己的序列。实现方法可以通过单击“文件”按钮下拉菜单中的“打印”菜单项，打开“Excel 选项”对话框，在“高级”选项中找到“编辑自定义列表”按钮 编辑自定义列表(O)... ，如图 5-19 所示，单击打开“自定义序列”对话框，在“输入序列”区域输入自定义序列后，单击“添加”按钮来设置；也可以从单元格直接导入，具体操作步骤在后面的项目操作步骤中会有详细介绍。

（3）选取工作表数据

选取单元格是进行其他操作的基础，在进行其他操作之前必须熟悉和掌握选取单元格的知识。

选定一个以上单元格区域，被选定区域左上角的单元格是当前活动单元格，颜色为白色，其他单元格为淡蓝色。

选中一行或一列：直接单击行号或列号即可。

连续单元格的选定：用空心十字形指针从单元格区域左上角向下、向右拖曳到最后单元格，即可选择一块连续的单元格区域。

如果需要选取的是较大的单元格区域，可以先单击第一个单元格，然后按住【Shift】键不放，移动滚动条到所需的位置，再单击区域中的最后一个单元格，即可很方便地选中整个区域。

不相邻的单元格的选取：选定第一个单元格区域，按住【Ctrl】键不放，继续选择第 2

个或第 3 个单元格区域。

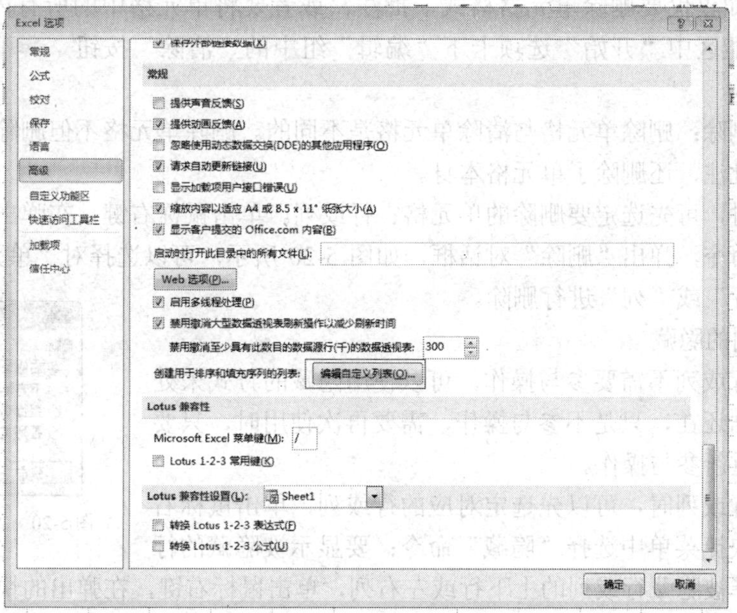

图 5-19 “编辑定义列表”按钮

选取全部单元格：单击工作表左上角的全选按钮，即可选中整个工作表。

选取全部单元格也可以使用快捷键【Ctrl】+【A】。

（4）修改工作表数据

输入数据后，若发现错误或者需要修改单元格内容，可以先单击单元格，再到编辑栏进行修改；或者双击单元格，再将光标定位到单元格内相应的修改位置处进行修改。

（5）移动和复制工作表数据

移动工作表数据：可以先选定待移动的单元格区域，将鼠标指向选定区域的黑色边框，将选定区域拖动到粘贴区域，释放鼠标，Excel 将用选定区域替换粘贴区域中任何现有数据。

复制工作表数据：应先选定需复制的单元格区域，将鼠标指向选定区域的黑色边框，按住【Ctrl】键，将选定区域拖动到粘贴区域的左上角单元格，释放鼠标，完成数据的复制。

移动操作和复制操作也可以分别使用组合键【Ctrl】+【X】配合【Ctrl】+【V】，以及【Ctrl】+【C】配合【Ctrl】+【V】来完成。

（6）选择性粘贴

选择性粘贴与平常所说的粘贴是有区别的。粘贴是把所有的东西都复制粘贴下来，包括数值、公式、格式、批注等；选择性粘贴是指把剪贴板中的内容按照一定的规则粘贴到工作表中，是有选择的粘贴，如只粘贴数值、格式或者批注等。

利用“选择性粘贴”命令还可以完成工作表行列关系的交换，实现的方式是勾选“选择性粘贴”对话框中的“转置”复选框。

（7）单元格的清除和删除

单元格的清除：输入数据时，除输入了数据本身之外，有时候还会输入数据的格式、批注等信息。清除单元格时，如果使用选定单元格后按【Delete】键或【Backspace】键进行删除，只能删除单元格中的内容，单元格格式和批注等内容会保留下来；在需要删除特定的内容时，如仅仅要删除单元格格式、批注，或者要将单元格中的所有内容全部删除，都需要使用功能区中“开始”选项卡下“编辑”组中的“清除”按钮 清除 下拉列表中的“清除”命令。

单元格的删除：删除单元格与清除单元格是不同的。删除单元格不但删除了单元格中的内容、格式和批注，还删除了单元格本身。

具体删除时，可先选定要删除的单元格、行或列。单击鼠标右键，在弹出的快捷菜单中选择“删除”命令，弹出“删除”对话框，如图 5-20 所示，可以选择对“单元格”，或者是工作表中的“行”或“列”进行删除。

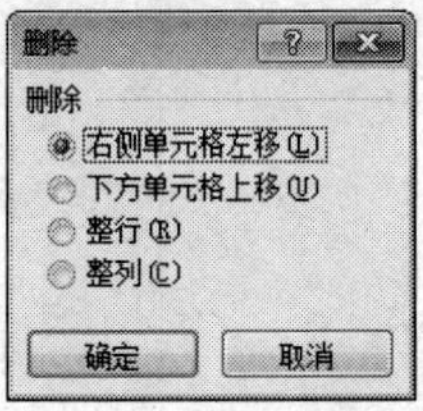

图 5-20 “删除”对话框

（8）行和列的隐藏

如果有些行或列不需要参与操作，可以使用隐藏的方式来处理，隐藏后数据还在，只是不参与操作，需要再次使用时，只要取消隐藏即可重新参与操作。

具体隐藏行或列时，可以先选定对应的行或列，单击鼠标右键，在弹出的快捷菜单中选择“隐藏”命令；要显示被隐藏的行或列，可以选择被隐藏行或列的上下行或左右列，单击鼠标右键，在弹出的快捷菜单中选择“取消隐藏”命令即可。

如果被隐藏的是第 1 行或第 A 列，在取消选择时，需要将鼠标从第 2 行向上方拖动或从第 B 列向左方拖动，超过全选框时放开鼠标左键，方可以取消对第 1 行或第 A 列的隐藏。

实践拓展

元旦放假，同学们都回去了，小明留在系里帮忙。教务处老师得知后，拿来几张成绩单，请小明帮忙将表格美化一下。

到配套实训指导中找到任务一起完成吧。

情境二 表格的格式化

花了两节课的时间，小明总算把表格内容输好了，但问题也来了：可是怎样才能把表格做的更加美观？如何将总评 90 分以上的字体用红色标注出来，更利于奖学金的统计？如何将完成的工作表打印出来呢？

种种问题困扰着小明，不知不觉，小明又走到了计算机教研室，看来又要和老师一起来完成了。

学习目标

① 掌握格式化工作表。
② 学会条件格式的用法。
③ 学会打印。

课前准备

将配套材料中的“计算机基础情景式教程/主教材素材/5-2”打开。

样图

样图如图 5-21 所示。

2015年学院奖学金申请人员信息表

编号	姓名	性别	班级	考试成绩	素质测评	总评	籍贯	出生日期	身份证号码	联系电话
A002001	张 华	女	13会计班	94	85	89.5	南昌	1996年7月6日	360125199607065602	13705438899
A002002	王 振	男	14旅游管理	95	87	91.0	赣州	1997年5月7日	360211199705072312	13978851122
A002003	马 民	男	13计算机	91	86	88.5	宜春	1996年7月7日	362522199607075514	13319551133
A002004	王 霞	女	14旅游管理	89	93	91.0	吉安	1997年9月9日	360102199709090128	13887116270
A002005	艾 美	女	14模具设计	95	85	90.0	宜春	1996年2月9日	360102199602094607	13973118283
A002006	陈 磊	男	13会计班	88	87	87.5	抚州	1995年1月10日	360102199501103611	13677331214
A002007	张晓敏	女	13青管	99	92	95.5	赣州	1995年12月12日	360101199512121800	13574856435
A002008	王方明	男	14模具设计	90	99	94.5	吉安	1996年9月12日	360103199609120110	13187111633
A002009	宋大力	男	13计算机	96	94	95.0	宜春	1996年8月13日	360205199608138215	13975858636
A002010	颜国强	男	13青管	93	94	93.5	抚州	1995年2月14日	360102199502141212	13787551862
A002011	刘凤昌	男	14模具设计	100	93	96.5	赣州	1996年12月16日	360625199612168810	13548955678
A002012	李国明	男	13青管	85	98	91.5	吉安	1995年1月13日	362330199501133010	13867891213
A002013	解海亭	男	13计算机	92	85	88.5	抚州	1995年9月8日	362300199509083090	18954330908
A002014	牟希雅	女	13青管	97	100	98.5	宜春	1996年12月9日	360101199612091800	13408090999
A002015	朱思华	女	14旅游管理	97	85	91.0	抚州	1997年12月30日	360103199610912001	13754318899
A002016	陈关敏	女	13会计班	89	96	92.5	南昌	1995年8月13日	360205199508138205	13854340998
A002017	张德华	男	14旅游管理	89	98	93.5	吉安	1995年2月14日	360102199502141212	13408077788
A002018	肖庆华	男	14模具设计	87	93	90.0	南昌	1996年2月9日	360102199602091210	13508066768

图 5-21 奖学金申请表

解决方案

【步骤 1】 表格格式的设置。表格列宽的调整。选中 A2∶K20 单元格，在“开始”选项卡中的“单元格”组中，选择“格式”按钮下拉选项中的“自动调整列宽”命令，调整表格各列宽度，如图 5-22 所示。

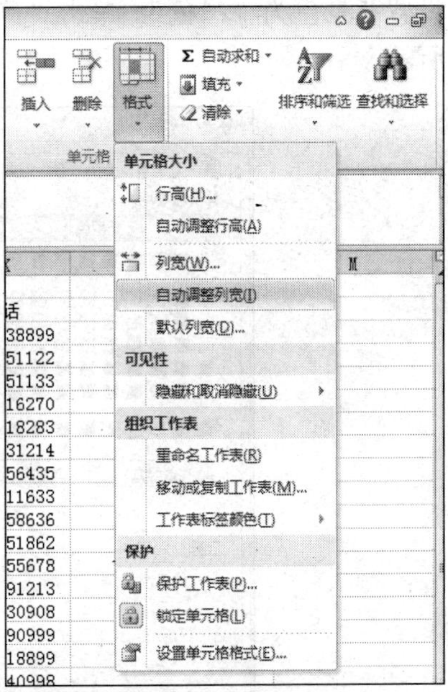

图 5-22 调整列宽

【步骤 2】 表格内容的格式设置。选中 A1∶K1 单元格，单击“开始”选项卡中的“字体”组，设置表格标题字体为“华文中宋”，字号为“22 号”。并在“对齐方式”中选择“合并后居中”。选中 A2∶K2 单元格，单击“开始”选项卡中的“字体”组，设置表格标题字体为“宋体”，“加粗”，字号为“14 号”。选中 A3∶K20 单元格，单击“开始”选项卡中菜单中的“字体”组，设置表格标题字体为“宋体”，字号为“12 号”，如图 5-23 所示。

【步骤 3】 设置表格的边框：选中 A2 到 K20 所有单元格，单击鼠标右键，在弹出的快捷菜单中选择“设置单元格格式”命令，打开“设置单元格格式”对话框，在“边框”选项卡中选择线条样式为“粗实线”“蓝色”，单击“预置”选项中的“外边框”按钮，继续选择线条样式为“实线”“浅绿”，单击“预置”选项中的“内部”按钮，如图 5-24 所示。

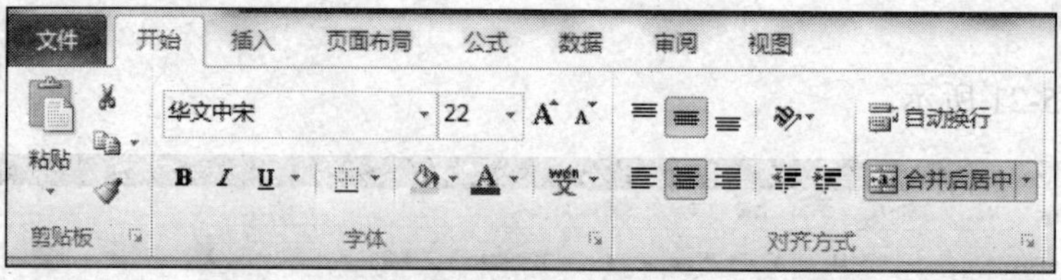

图 5-23　字体格式设置

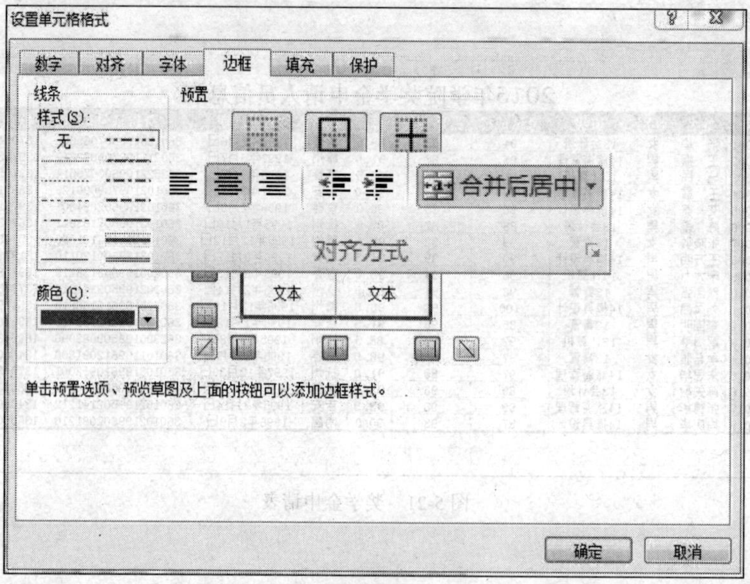

图 5-24　表格边框设置

【步骤 4】　设置表格的背景：打开“设置单元格格式”对话框，选择“填充”选项卡，设置背景色为“绿色”，单击“确定”按钮，完成对表格边框及背景色的设置，如图 5-25 所示。

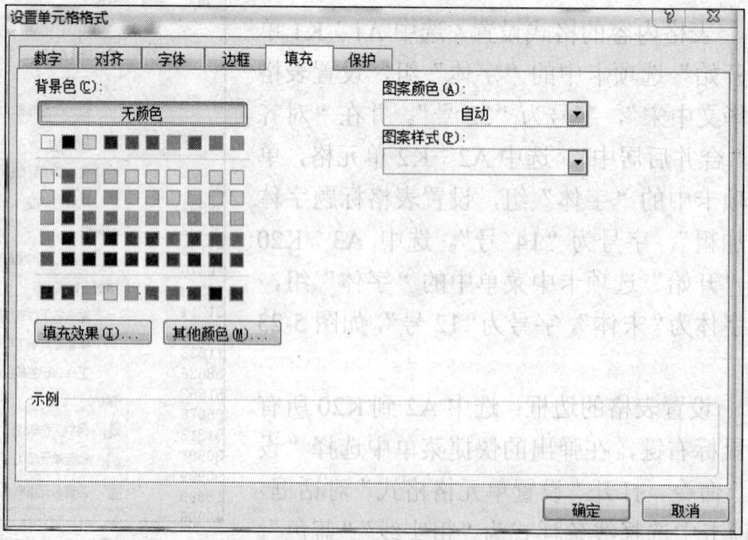

图 5-25　表格背景设置

【步骤 5】　设置表格内容的对齐方式。选中 A2：K20 单元格，选择“开始”选项卡中的“对齐方式”组中的“合并后居中”命令，完成对表格内容的对齐设置，如图 5-26 所示。

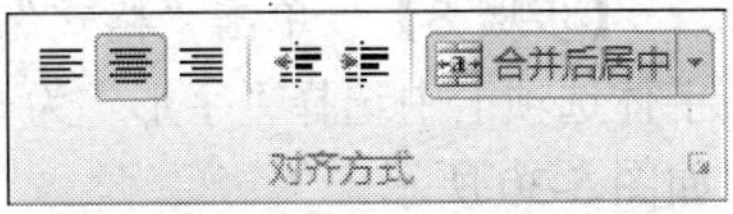

图 5-26　表格内容对齐设置

【步骤 6】　使用“条件格式”将“总评”列中分数大于 90 的字体设置为“红色，加粗”。选中 G3∶G20 单元格，单击“开始”选项卡中“样式”组中的“条件格式”按钮。选择“新建规则”命令，如图 5-27 所示。

图 5-27　总评设置条件格式

【步骤 7】　在“新建格式规则”对话框中，单击“选择规则类型”中的“只为包含以下内容的单元格设置格式”，然后在“编辑规则说明”中将“单元格值”“大于”“90”等条件设置好，如图 5-28 所示对话框。

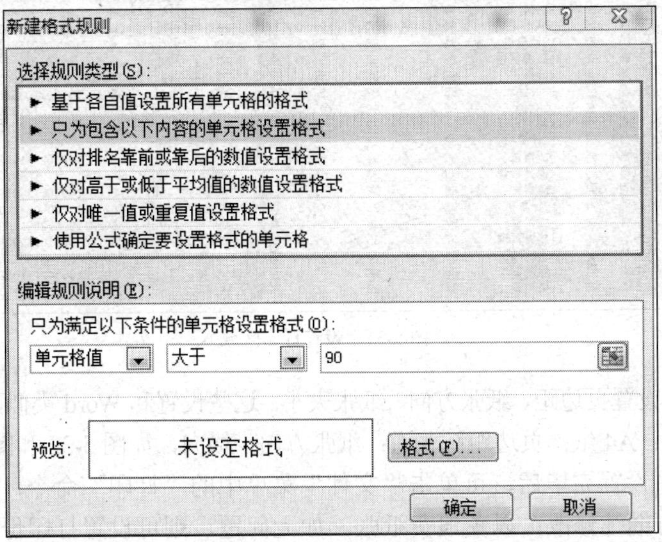

图 5-28　设置条件

【步骤 8】 单击“格式”按钮，打开“设置单元格格式”对话框，如图 5-29 所示。在字体选项卡中选择“字形”为“加粗”，“颜色”选择“红色”，单击“确定”按钮，最终效果如图 5-30 所示。

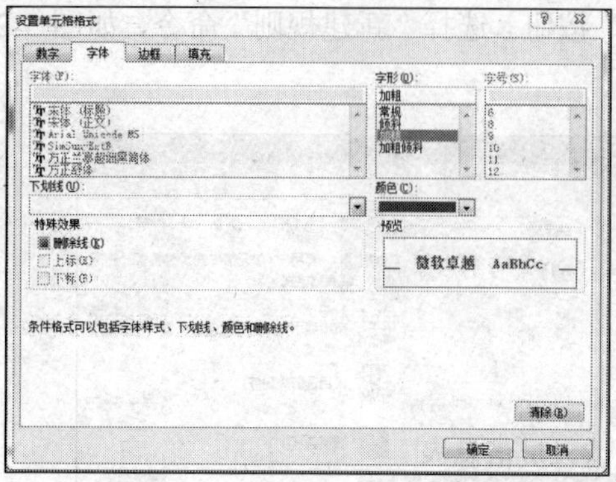

图 5-29 设置格式

图 5-30 效果展示

【步骤 9】 保存工作表。单击“快速访问工具栏”上的“保存”按钮，对编辑好的文档进行保存。

【步骤 10】 打印工作表。设置打印区域。选中要打印的单元格区域 A1：K20，单击“页面布局”选项卡中的“打印区域”按钮，在弹出的下拉列表中选择“设置打印区域”选项，如图 5-31 所示。

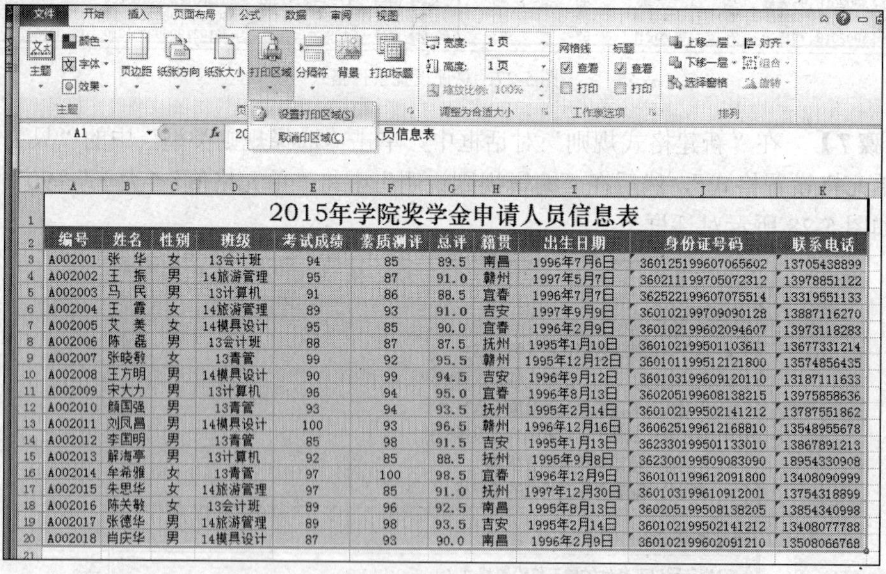

图 5-31 设置打印区域

【步骤 11】 设置页边距、纸张方向、纸张大小。这些设置和 Word 类似，单击“页面布局”，分别设置纸张大小：A4 纸；页边距：普通；纸张方向：横向，如图 5-32 和图 5-33 所示。

【步骤 12】 设置完毕后，可单击“文件”菜单中的“打印”命令，预览打印的效果，如设置不理想，可继续修改，以免浪费纸张。如无问题，则可设置打印份数，单击“打印”按钮打印即可，如图 5-34 所示。

图 5-32 设置纸张方向、纸张大小

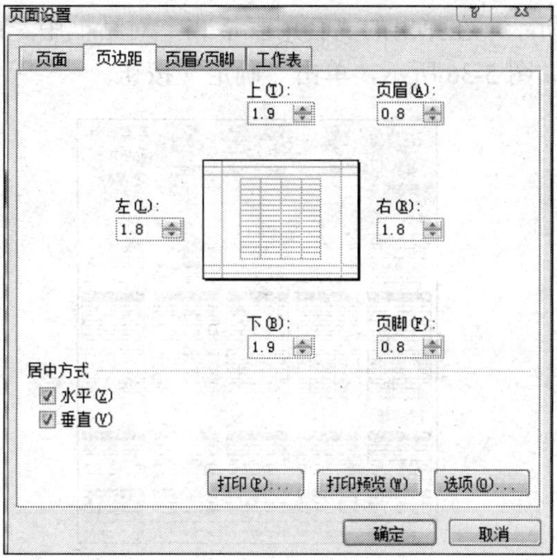

图 5-33 设置页边距

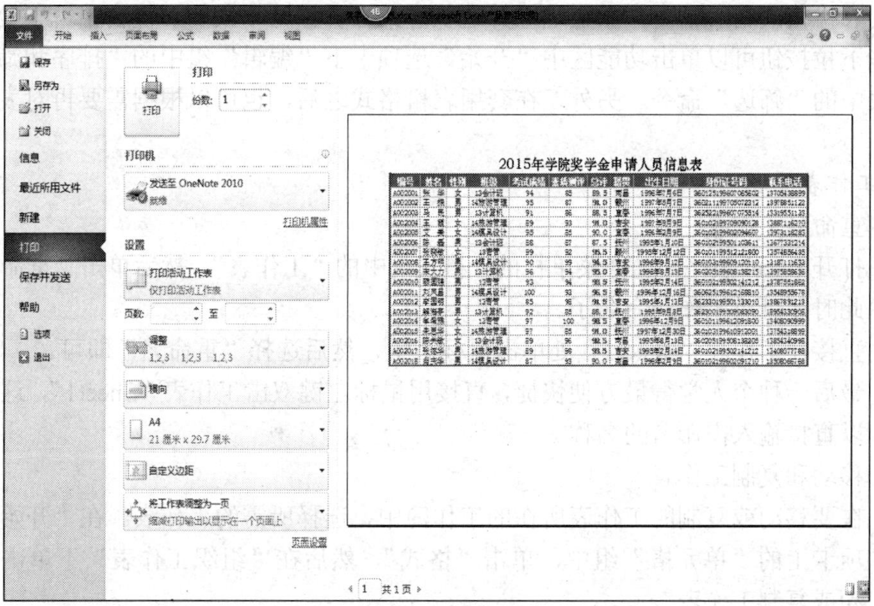

图 5-34 打印工作表

【步骤 13】 关闭文档。保存文件后就可以放心地关闭文档窗口或退出程序了。关闭当前文档窗口时，Excel 程序是不会关闭的。具体操作是：单击“文件”按钮，在弹出的下拉菜单中单击“关闭”按钮。

如要退出程序（关闭程序窗口），需单击标题栏最右端的“X”按钮，或单击“文件”按钮，在弹出的下拉菜单中单击“退出”按钮。退出程序后，程序窗口和文档窗口一起关闭。

知识储备——格式化工作表

1. *套用表格格式*

选中要套用表格样式的数据清单，例如选中 A1 至 F15 单元格，单击“开始”选项卡下“样式”组中的“套用表格格式”按钮下拉列表中的“表样式中等深浅 2”选项命令，如图 5-35

所示，在弹出的“套用表格式”对话框中，确认表数据来源，选中“表包含标题”复选框，如图 5-36 所示，单击“确定”按钮。

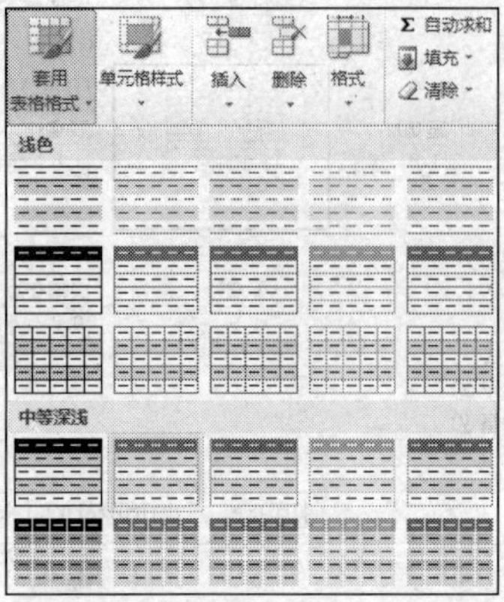

图 5-35 “套用表格格式”下拉列表

图 5-36 “套用表格式”对话框

套用表格格式之后，工作表会进入筛选状态，即各标题字段的右侧会出现下拉按钮，要取消这些下拉按钮可以单击功能区中“开始”选项卡下“编辑”组中的“排序和筛选”按钮下拉列表中的“筛选”命令。另外，在套用表格格式之后，也可以根据需要再对表格进行格式设置。

2. 工作表管理

（1）重命名工作表

- 打开 Excel 表格，选择菜单栏的“格式”中的“工作表”，然后单击“重命名”，此时即可对工作表命名了。
- 直接在工作表“Sheet1”处单击鼠标右键，然后选择“重命名”即可。
- 最后一种个人觉得最方便快捷，直接用鼠标左键双击工作表“Sheet1”，这时可以直接输入需命名的名称。

（2）移动和复制工作表

- 在要移动或复制的工作表所在的工作簿中，选择所需的工作表。在“开始”选项卡上的“单元格”组中，单击“格式”，然后在“组织工作表”下单击“移动或复制工作表”。
- 用鼠标右键单击选定的工作表标签，然后单击快捷菜单上的“移动或复制工作表”。

提示：要复制工作表而不移动它们，请选中“建立副本”复选框。

要在当前工作簿中移动工作表，可以沿工作表的标签行拖动选定的工作表。要复制工作表，请按住【Ctrl】键，然后拖动所需的工作表；释放鼠标按钮，然后释放【Ctrl】键。

（3）删除工作表

选中要删除的工作表标签，单击鼠标右键，在弹出的快捷菜单中选择“删除”选项。

实践拓展

要巩固 Excel 条件格式和工作表格式化，当然就要多做题，配套实训指导中有小明要做的一级考试的必考练习题，试着做做，看看你会做吗？

情境三 强大的力量

小明会做电子表格在寝室里引起了一个小小的轰动，其他人都不会呢！一天晚自习时间，同寝室的小聪拿来一张他兼职公司的销售表，说老板要他计算出结果，可是小明还没学这个呢，这多不好意思啊！

不过小明有个万能的计算机教研室老师，这个时间可以在 QQ 上向她请教。

学习目标

① 学习 Excel 中公式的编辑与使用。

② 了解 Excel 中绝对地址，二维、三维地址的应用。

课前准备

将配套材料中的“计算机基础情景式教程/主教材素材/5-3”打开。

解决方案

【步骤 1】 双击打开“销售业绩表.xlsx”工作簿，如图 5-37 所示。

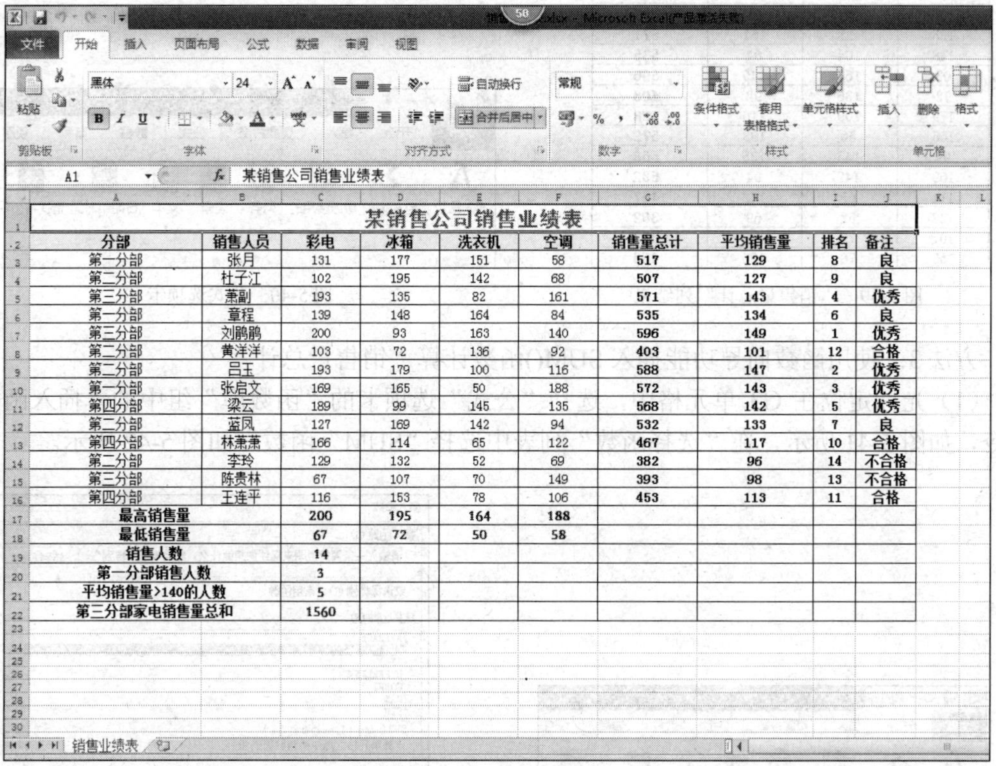

分部	销售人员	彩电	冰箱	洗衣机	空调	销售量总计	平均销售量	排名	备注
第一分部	张月	131	177	151	58	517	129	8	良
第二分部	杜子江	102	195	142	68	507	127	9	良
第三分部	萧副	193	135	82	161	571	143	4	优秀
第一分部	章程	139	148	164	84	535	134	6	良
第三分部	刘鹏鹏	200	93	163	140	596	149	1	优秀
第二分部	黄洋洋	103	72	136	92	403	101	12	合格
第二分部	吕玉	193	179	100	116	588	147	2	优秀
第一分部	张启文	169	165	50	188	572	143	3	优秀
第四分部	梁云	189	99	145	135	568	142	5	优秀
第二分部	蓝凤	127	169	142	94	532	133	7	良
第四分部	林萧萧	166	114	65	122	467	117	10	合格
第二分部	李玲	129	132	52	69	382	96	14	不合格
第三分部	陈贵林	67	107	70	149	393	98	13	不合格
第四分部	王连平	116	153	78	106	453	113	11	合格
最高销售量		200	195	164	188				
最低销售量		67	72	50	58				
销售人数		14							
第一分部销售人数		3							
平均销售量>140的人数		5							
第三分部家电销售量总和		1560							

图 5-37　销售业绩表效果

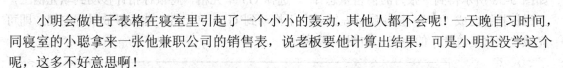

【步骤 2】 运用不同方法计算“销售量总计”。

方法 1：使用公式计算“销售量总计”

选中 G3 单元格，输入“=”号，单击 C3 单元格，继续输入“+”号，再单击 D3 单元格，仍然输入“+”号，再单击 E3 单元格，继续输入“+”，最后单击 F3 单元格，按回车键确认，如图 5-38 所示得到“张月的销售量总计”。选择 G3 单元格，将鼠标指针移动到填充柄上，当鼠标指针变成“+”，按住鼠标左键并向下拖动到 G16 单元格，然后释放鼠标左键，即可完成“销售量总计”的填充。如图 5-39 所示。

图 5-38　使用公式计算“销售量总计”

方法 2：使用自动求和功能插入 SUM()函数计算“销售量总计”。

选中 G3：G16 单元格，然后单击“公式”选项卡中的“自动求和”按钮Σ，如图 5-40 所示，“销售量总计”自动会显示在 G3：G16 单元格中。

=C3+D3+E3+F3

某销售公司销售业绩表

冰箱	洗衣机	空调	销售量总计
177	151	58	517
195	142	68	507
135	82	161	571
148	164	84	535
93	163	140	596
72	136	92	403
179	100	116	588
165	50	188	572
99	145	135	568
169	142	94	532
114	65	122	467
132	52	69	382
107	70	149	393
153	78	106	453

图 5-39　“销售量总计”列结果

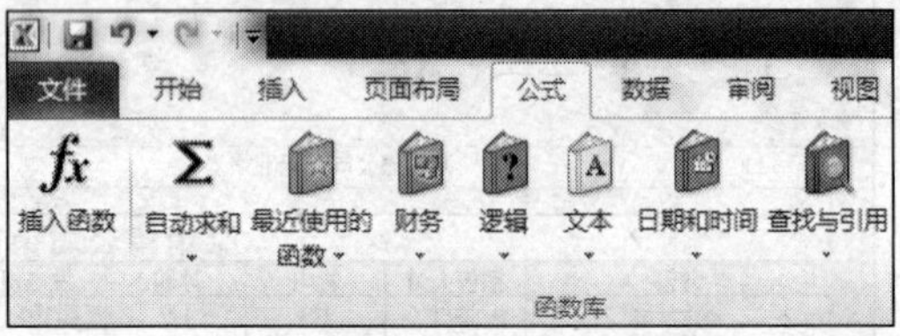

图 5-40　公式选项卡

方法 3：使用函数向导功能插入 SUM()函数计算“销售量总计”

（1）光标定位在 G3 单元格中，选择“公式”选项卡的“函数库”组中的“插入函数”命令，如图 5-41 所示，在“选择函数”列表中选择“SUM”函数，如图 5-42 所示。

图 5-41　插入函数命令

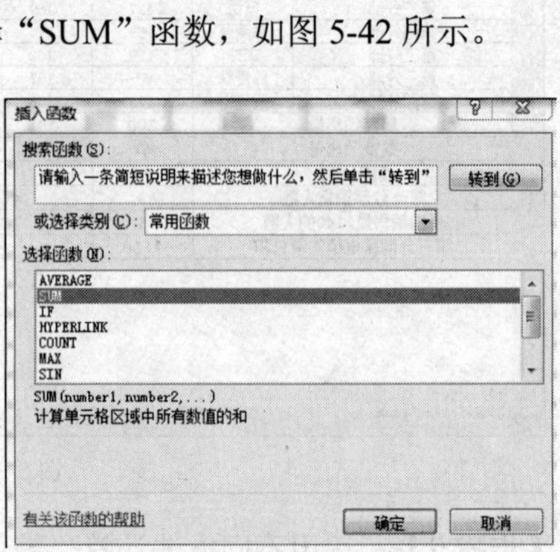

图 5-42　插入函数对话框

（2）单击“确定”按钮，打开“函数参数”对话框如图 5-43 所示，此时要计算的单元格区域出现在“Number1”中，核对无误后，单击“确定”按钮，即可完成计算。

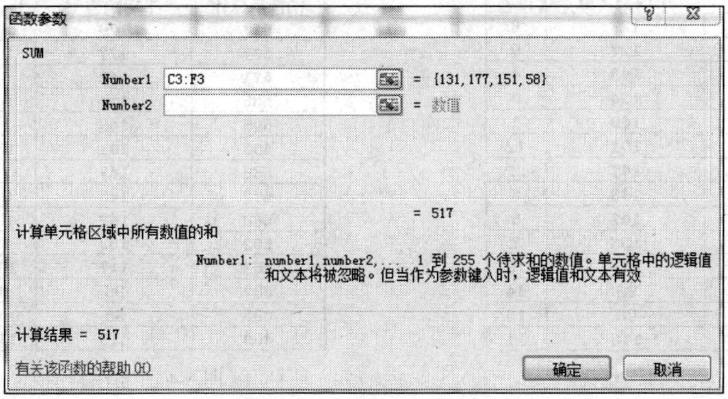

图 5-43 “函数参数”对话框

（3）使用填充柄将其他“销售额总计”数据填充完整。

【步骤 3】 计算“平均销售量”。选中 H3：H16 单元格，然后单击“公式”选项卡中的“自动求和”按钮Σ按钮下方的三角按钮，在弹出的菜单中选择“平均值”如图 5-44 所示，“平均销售量”自动会显示在 H3：H16 单元格中，如图 5-45 所示。

图 5-44 “自动求和”下拉菜单

平均销售量
129
127
143
134
149
101
147
143
142
133
117
96
98
113

图 5-45 计算“平均销售量”

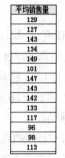

【步骤 4】 对“销售量”进行排名。将光标定位在“I3”单元格中，输入“＝RANK（G3，$G$3：$G$16）”，然后按【Enter】键即可。

【步骤 5】 将鼠标指针移动到 I3 的填充柄上，当鼠标指针变成“＋”时，按住鼠标左键并向下拖动到 G16 单元格，然后释放鼠标左键，即可完成对“排名”的填充，如图 5-46 所示。

【步骤 6】 使用 IF()函数填充“备注”列信息。将光标定位在“J3”单元格中，输入“=IF(H3>140，"优秀"，IF(H3>120，"良"，IF(H3>100，"合格"，"不合格")))”，然后按【Enter】键即可。

【步骤 7】 将鼠标指针移动到 J3 的填充柄上，当鼠标指针变成“＋”时，按住鼠标左键并向下拖动到 J16 单元格，然后释放鼠标左键，即可完成对“备注”列的填充，如图 5-47 所示。

【步骤 8】 使用 MAX()函数计算最高销售量。将光标定位在“C17”单元格中，输入“＝MAX（C3：C16）”，然后按【Enter】键，最大值“200”即出现在“C17”单元格中。

G	H	I
销售量总计	平均销售量	排名
517	129	8
507	127	9
571	143	4
535	134	6
596	149	1
403	101	12
588	147	2
572	143	3
568	142	5
532	133	7
467	117	10
382	96	14
393	98	13
453	113	11

图 5-46 排名结果

G	H	I	J
销售量总计	平均销售量	排名	备注
517	129	8	良
507	127	9	良
571	143	4	优秀
535	134	6	良
596	149	1	优秀
403	101	12	合格
588	147	2	优秀
572	143	3	优秀
568	142	5	优秀
532	133	7	良
467	117	10	合格
382	96	14	不合格
393	98	13	不合格
453	113	11	合格

图 5-47 备注列结果

【步骤 9】 将鼠标指针移动到“C17”单元格的填充柄上，当鼠标指针变成“＋”时，按住鼠标左键并向右拖动到 F17 单元格，然后释放鼠标左键，即可完成对不同家电销量最大值的填充，如图 5-48 所示。

最高销售量	200	195	164	188
最低销售量	67	72	50	58

图 5-48 计算最大值、最小值

【步骤 10】使用 MIN()函数计算最低销售量。将光标定位在“C18”单元格中，输入“＝MIN（C3：C16）”，然后按 Enter 键，最小值“67”即出现在“C18”单元格中。

【步骤 11】 将鼠标指针移动到“C18”单元格的填充柄上，当鼠标指针变成“＋”时，按住鼠标左键并向右拖动到 F18 单元格，然后释放鼠标左键，即可完成对不同家电销量最小值的填充，如图 5-48 所示。

【步骤 12】 使用 COUNT()函数计算销售人数。将光标定位在“C19”单元格中，输入“＝COUNT（C3：C16）”，然后按【Enter】键，销售人数“14”出现在“C19”单元格中，如图 5-49 所示。

【步骤 13】 使用 COUNTIF()函数计算第一分部销售人数。将光标定位在“C20”单元格中，输入“＝COUNTIF（A3：A16，A3）”，然后按【Enter】键，得到第一分部人数销售人数“3”出现在“C20”单元格中，如图 5-50 所示。

19	销售人数	14

图 5-49 销售人数

20	第一分部销售人数	3

图 5-50 第一分部销售人数

【步骤 14】 使用 COUNTIF()函数计算平均销售量＞140 的人数，将光标定位在“C21”单元格中，输入“＝COUNTIF（H3：H16，“＞140”），然后按【Enter】键，得到平均销售量＞140 的人数“5”出现在“C21”单元格中，如图 5-51 所示。

【步骤 15】 使用 SUMIF 函数计算第三分部家电销售量总和。将光标定位在“C22”单元格中，输入“＝SUMIF（A3：A16，A15，G3：G16），然后按【Enter】键，得到第三分部家电销售总和“1560”结果出现在“C21”单元格中，如图 5-52 所示。

平均销售量>140的人数	5

图 5-51 平均销售量＞140 的人数

第三分部全年销售量总和	1560

图 5-52 第三分部家电销售量总和

知识储备——公式与函数

公式既可以在单元格内输入，也可以在编辑栏内输入，如果公式内容较长，建议在编辑栏中输入更方便。

1. 公式中的运算符

在 Excel 中，有算术、文本、比较和引用这四类运算符。常用的是算术运算符，对其他运算符可以做简单了解。

（1）算术运算符

+（加号）、-（减号或负号）、*（乘号）、/（除号）、%（百分号）、^（乘方号，如 2^2 表示 2 的平方）。

（2）比较运算符

=（等号）、>（大于号）、<（小于号）、>=（大于等于号）、<=（小于等于号）、<>（不等于号）。

（3）文本运算符

文本运算符“&”，可以将两个文本连接起来生成一串新文本，比如在 A1 单元格中输入：公式，在 B1 单元格内输入：=A1&“函数”（常量用双引号括起来），回车后 B1 单元格内容显示为公式函数。

（4）引用运算符

区域运算符“:”，SUM(A1:D4)表示对 A1 到 D4 共 16 个单元格的数值进行求和；联合运算符“,”，SUM(A1,D4)表示对 A1 和 D4 共 2 个单元格的数值进行求和；交叉运算符“␣”（空格），SUM(A1:D4 B2:E5)表示对 B2 到 D4 共 9 个单元格的数值进行求和。

2. 公式中的错误信息

在 Excel 2010 中输入或编辑公式时，一旦因为各种原因不能正确计算出结果，系统就会提示出错误信息，下面介绍几种在 Excel 中常常出现的错误信息，对引起错误的原因进行分析，并提供纠正这些错误的方法。

1）####：表示输入单元格中的数据太长或单元格公式所产生的结果太大，在单元格中显示不下。可以通过调整列宽来改变。Excel 中的日期和时间必须为正值。如果日期或时间产生了负值，也会在单元格中显示####。如果要显示这个数值，选择“格式”菜单中的“单元格”命令，在“数字”选项卡中，选定一个不是日期或时间的格式。

2）#DIV/0!：输入的公式中包含除数 0，或在公式中除数使用了空单元格（当运算区域是空白单元格，Excel 把它默认为零）或包含有零值单元格的单元格引用。解决办法是修改单元格引用，或者在除数的单元格中输入不为零的值。

3）#VALUE!：在使用不正确的参数或运算符时，或者在执行自动更正公式功能时不能更正公式，都将产生错误信息#VALUE!。在需要数字或逻辑值时输入了文本，Excel 不能将文本转换为正确的数据类型，也会显示这种错误信息。这时应确认公式或函数所需的运算符或参数正确，并且公式引用的单元格中包含有效的数值。

4）#NAME?：在公式中使用了 Excel 所不能识别的文本时将产生错误信息#NAME?。可以从以下几方面进行检查纠正错误：如果是使用了不存在的名称而产生这种错误，应该确认使用的名称确实存在。选择“插入”菜单中的“名称”，再单击“定义”命令，如果所需名称没有被列出，使用“定义”命令添加相应的名称。如果是名称或者函数名拼写错误应修改拼写错误。检查公式中使用的所有区域引用都使用了冒号（:），公式中的文本都是括在双引号中。

5）#NUM!：当公式或函数中使用了不正确的数字时将产生错误信息#NUM!。

6）首先要确认函数中使用的参数类型是否正确。还有一种可能是因为公式产生的数字太大或太小，系统不能表示，如果是这种情况就要修改公式，使其结果在−1×10307 到 1×10307 之间。

7）#N/A：这是在函数或公式中没有可用数值时产生的错误信息。如果某些单元格暂时没有数值，可以在这些单元格中输入"#N/A"，这样，公式在引用这些单元格时便不进行数值计算，而是返回"#N/A"。

8）#REF!：这是因为该单元格引用无效的结果。比如，删除了有其他公式引用的单元格，或者把移动单元格粘贴到了其他公式引用的单元格中。

9）#NULL!：这是试图为两个并不相交的区域指定交叉点时产生的错误。例如，使用了不正确的区域运算符或不正确的单元格引用等。

3. 单元格位置引用

进行公式计算时，要用到单元格的地址，也就是位置引用。

单元格的位置引用分为以下几种。

1）相对地址引用：单元格引用地址会随着公式所在单元格的变化而发生变化。

2）绝对地址引用：当公式复制到不同的单元格中时，公式中的单元格引用始终不变，这种引用叫做绝对地址。它的表示方式是在列标及行号前加"$"符号，如"$A$1"。

3）混合地址引用：如果在单元格的地址引用中，既有绝对地址又有相对地址，则称该引用地址为混合地址，如"A$1"。

在输好单元格地址引用后，通过按<F4>功能键，可实现在相对地址、绝对地址和混合地址中进行切换。

4. 函数的使用

函数是系统内部预先定义好的公式，通过函数同样可以实现对工作表数据进行加、减、乘、除等基本运算，完成各种类型的计算，与公式运算相比较，函数使用起来更方便快捷。

Excel 内部函数有 200 多个，通常分为财务函数、逻辑函数、文本函数、日期和时间函数、查找与引用函数、数学和三角函数等。

1）**SUM**（number1，number2，…）：计算所有参数数值的和。参数 number1、number2，…代表需要计算的值，可以是具体的数值、引用的单元格（区域）、逻辑值等，总数不超过 30 个。

2）**AVERAGE**（number1，number2，…）：计算参数的平均值。参数使用同 SUM 函数。

3）**COUNT**（value1，value2，…）：计算参数表中包含数字的单元格的个数。参数可以是单个的值或单元格区域，最多 30 个，文本、逻辑值、错误值和空白单元格将被忽略掉。

4）**MAX**（number1，number2，…）：求出一组数中的最大值。参数使用同上。

5）**MIN**（number1，number2，…）：求出一组数中的最小值。参数使用同上。

6）**IF**（Logical_test，Value_if_true，Value_if_false）函数对指定的条件 Logical_test 进行真假逻辑判断，如果为真，返回 Value_if_true 的内容；如果为假，返回 Value_if_false 的内容。

Logical_test 代表逻辑判断条件的表达式；Value_if_true 表示当判断条件为逻辑“真（True）”时的显示内容，如果忽略返回“True”；Value_if_false 表示当判断条件为逻辑“假（False）”时的显示内容，如果忽略返回“False”。

举例：=IF（A1>100，“优秀”，“不合格”）

当 A1 满足条件，显示优秀，不满足显示不合格

=IF（A1>100，“优秀”，“ ”）

当 A1 满足条件，显示优秀，不满足为空

=IF（AND(A1>100，B1>100，C1>100)，“优秀”，“不合格”）

当 A1、B1、C1 均满足>100，显示优秀，不满足显示不合格

7）**RANK** 函数是排名函数。RANK 函数最常用的是求某一个数值在某一区域内的排名。

RANK 函数语法形式：RANK(number,ref,[order])

函数名后面的参数中 number 为需要求排名的那个数值或者单元格名称（单元格内必须为数字），ref 为排名的参照数值区域，order 的为 0 和 1，0 默认不用输入，得到的就是从大到小的排名，若是想求倒数第几，order 的值请使用 1。

例如：　=RANK(A1,$A$1:$A$10) 降序排
　　　　=RANK(A1,$A$1:$A$10,1)　升序排

8）**COUNTIF**（range，criteria）：对区域中满足单个指定条件的单元格进行计数。参数 range 是指需要计算其中满足条件的单元格数目的单元格区域，criteria 用于定义将对哪些单元格进行计数，它的形式可以是数字、表达式、单元格引用或文本字符串。

9）**SUMIF** 函数语法是：SUMIF(range，criteria，sum_range)。

sumif 函数的参数如下：

第一个参数：Range 为条件区域，用于条件判断的单元格区域。

第二个参数：Criteria 是求和条件，由数字、逻辑表达式等组成的判定条件。

第三个参数：Sum_range 为实际求和区域，需要求和的单元格、区域或引用。

实践拓展

小明的同班都报考了全国计算机等级考试，作为班长的小明当然要为大家共同进步做些工作。他上网下载了一些有关函数运算的试题，让班上同学分组练习一下，并讨论分享做题过程。

这个共同学习的方法引起了大家的学习积极性，你也跟着配套实训指导完成实验吧。

情境四　排队的数据

部长找来了小明，表扬小明上次奖学金的文件整理得很好。两人坐在一起谈起了历年奖学金工作，小明得知，每次都要在成千上万个数据中手动筛选后，提出自己的看法：能不能使用这个 Excel 软件直接把符合奖学金要求的同学名单进行排序，并筛选出结果呢。

部长鼓励小明试着做做，小明把想法和计算机老师说了，老师也赞成小明先探索再问他。

学习目标

① 学会排序。

② 掌握设置多个关键字的排序方法。

③ 掌握自动筛选的方法。

④ 掌握高级筛选的方法查询数据。

课前准备

将配套材料中的“计算机基础情景式教程/主教材素材/5-4”打开（见图 5-53）。

编号	所在专业	姓名	大学英语	体育	毛泽东思想概论	程序设计基础	计算机应用基础	平均成绩	综合测评	最后得分
A—002	经济管理	王哲	85	95	97	94	98	94	67	83
A—003	经济管理	刘丽丽	74	79	86	95	81	83	86	84
A—001	经济管理	丁峰	91	88	79	91	83	86	87	87
A—004	经济管理	陈美	72	89	86	76	93	83	89	86
E—002	空乘	肖鹏	80	86	82	74	93	83	64	75
E—003	空乘	刘佩佩	93	83	73	92	95	87	85	86
E—001	空乘	吴一	73	73	79	87	96	82	95	87
B—002	物流	卢龙	93	70	81	76	78	80	64	73
B—001	物流	胡进	78	79	75	84	90	81	72	78
B—003	物流	李云	89	91	89	90	99	92	81	87
B—004	物流	郑艳	82	82	83	86	98	86	98	91
C—003	环境艺术	祝连连	93	77	89	72	86	83	65	76
C—002	环境艺术	付能	91	77	97	94	84	89	82	86
C—001	环境艺术	金胜	87	89	85	85	72	84	97	89
D—002	计算机应用	吴炜	94	83	97	72	95	88	73	82
D—003	计算机应用	丁路	96	77	80	76	79	82	84	83
A—005	计算机应用	熊和	87	87	70	94	79	83	91	86
D—001	计算机应用	刘福	76	95	89	82	100	88	98	92

图 5-53　排序效果

解决方案

【步骤 1】 对编号列进行“升序”排序。双击打开“奖学金申请人员得分一览表.xlsx”工作簿，如图 5-54 所示。

【步骤 2】 单击“奖学金申请人员得分一览表”工作表标签，选中 A 列中任一有数据的单元格，单击“数据”选项卡下“排序和筛选”组中的“升序”按钮，排序后效果如图 5-55 所示。

【步骤 3】 将数据区域以“所在专业”为第一关键字按照笔划升序进行排列，“综合测评”为第二关键字的降序进行排列，“最后得分”为第三关键字的降序进行排列。右击“奖学金申请人员得分一览表”工作表标签，在弹出的快捷菜单中选择“重命名”命令，将该工作表重命名为“简单排序”。

【步骤 4】 保存文档。

【步骤 5】 用鼠标右键单击“简单排序”工作表标签，在弹出的快捷菜单中选择“移动或复制工作表”命令，选择“移至最后”，勾选“建立副本”，单击“确定”按钮。

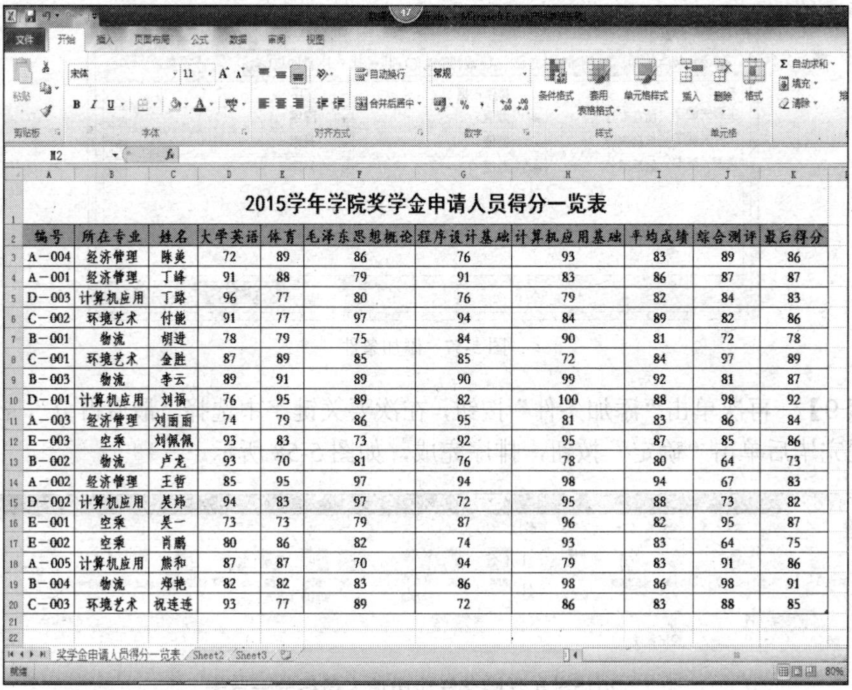

2015学年学院奖学金申请人员得分一览表

编号	所在专业	姓名	大学英语	体育	毛泽东思想概论	程序设计基础	计算机应用基础	平均成绩	综合测评	最后得分
A−004	经济管理	陈美	72	89	86	76	93	83	89	86
A−001	经济管理	丁峰	91	88	79	91	83	86	87	87
D−003	计算机应用	丁璐	96	77	80	76	79	82	84	83
C−002	环境艺术	付能	91	77	97	94	84	89	82	86
B−001	物流	胡进	78	79	75	84	90	81	72	78
C−001	环境艺术	金胜	87	89	85	85	72	84	97	89
B−003	物流	李云	89	91	89	90	99	92	81	87
D−001	计算机应用	刘福	76	95	89	82	100	88	98	92
A−003	经济管理	刘丽丽	74	79	86	95	81	83	86	84
E−003	空乘	刘佩佩	93	83	73	92	95	87	85	86
B−002	物流	卢龙	93	70	81	76	78	80	64	73
A−002	经济管理	王哲	85	95	97	94	98	94	67	83
D−002	计算机应用	吴炜	94	83	97	72	95	88	73	82
E−001	空乘	吴一	73	73	79	87	96	82	95	87
E−002	空乘	肖鹏	80	86	82	74	93	83	64	75
A−005	计算机应用	熊和	87	87	70	94	79	83	91	86
B−004	物流	郑艳	82	82	83	86	98	86	98	91
C−003	环境艺术	祝连连	93	77	89	72	86	83	88	85

图 5-54　奖学金申请人员得分一览表

【步骤 6】　用鼠标右键单击得到的新工作表的工作表标签，在弹出的快捷菜单中选择“重命名”命令，将新工作表重命名为“复杂排序”。

【步骤 7】　将光标定位在数据区域内，单击“数据”选项卡下“排序和筛选”组中的“排序”按钮，打开“排序”对话框，在第一个排序条件中的“次序”下拉列表中选择“所在专业”选项，打开“选项”对话框，在“排序选项”列表框中选择“方法”中的笔划排序，单击“确定”按钮，在次序的下拉列表中选择升序，如图 5-56 所示。

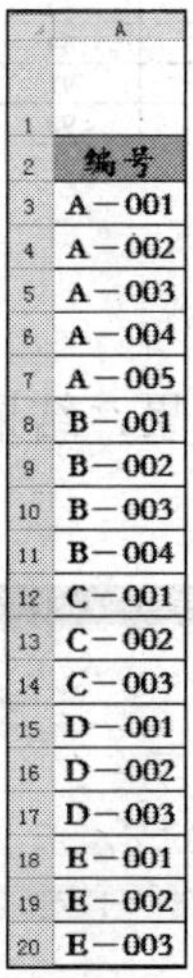

图 5-55　对“编号”列按字母“升序”排序

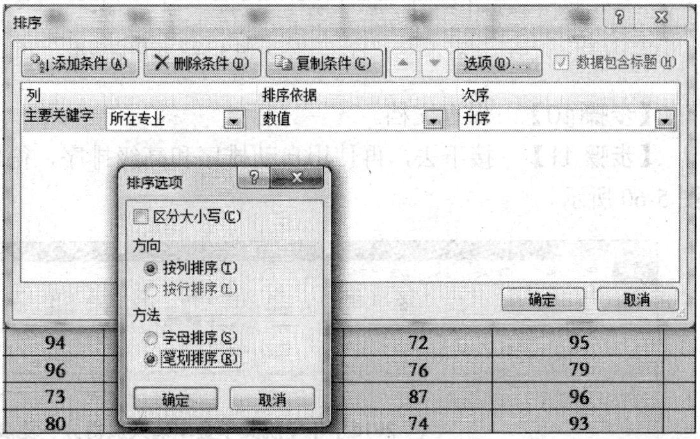

图 5-56　按笔划排序

【步骤 8】　单击“添加条件”按钮，在次要关键字中选择“综合测评”，次序为“升序”，如图 5-57 所示。

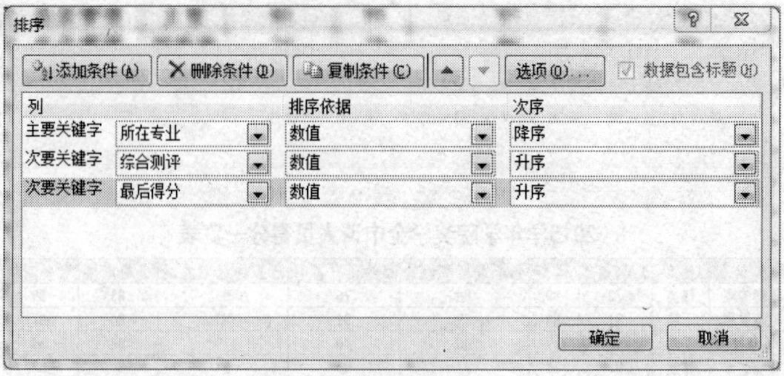

图 5-57　添加条件

【步骤 9】　再次单击“添加条件”按钮，在次要关键字中选择“最后得分”，次序为“升序”，设置完毕后单击“确定”按钮，排序完成，如图 5-58 所示。

2015学年学院奖学金申请人员得分一览表

编号	所在专业	姓名	大学英语	体育	毛泽东思想概论	程序设计基础	计算机应用基础	平均成绩	综合测评	最后得分
A－002	经济管理	王哲	85	95	97	94	98	94	67	83
A－003	经济管理	刘雨丽	74	79	86	95	81	83	86	84
A－001	经济管理	丁峰	91	88	79	91	83	86	87	87
A－004	经济管理	陈美	72	89	86	76	93	83	89	86
E－002	空乘	肖鹏	80	86	82	74	93	83	64	75
E－003	空乘	刘佩佩	93	83	73	92	95	87	85	86
E－001	空乘	吴一	73	73	79	87	96	82	95	87
B－002	物流	卢龙	93	70	81	76	78	80	64	73
B－001	物流	胡进	78	79	75	84	90	81	72	78
B－003	物流	李云	89	91	89	90	99	92	81	87
B－004	物流	郑艳	82	82	83	86	98	86	98	91
C－003	环境艺术	祝莲莲	93	77	89	72	86	83	65	76
C－002	环境艺术	付能	91	77	97	94	84	89	82	86
C－001	环境艺术	金胜	87	89	85	85	72	84	97	89
D－002	计算机应用	吴炜	94	83	97	72	95	88	73	82
D－003	计算机应用	丁路	96	77	80	76	79	82	84	83
A－005	计算机应用	熊和	87	87	70	94	79	83	91	86
D－001	计算机应用	刘福	76	95	89	82	100	88	98	92

图 5-58　排序后效果

【步骤 10】　保存文档。

【步骤 11】　接下去，再使用自动排序和高级排序，得出最后的结果，结果如图 5-59 和图 5-60 所示。

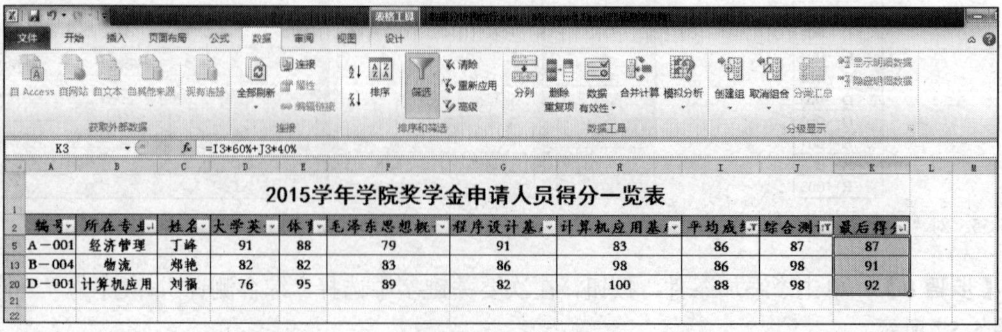

2015学年学院奖学金申请人员得分一览表

编号	所在专业	姓名	大学英语	体育	毛泽东思想概论	程序设计基础	计算机应用基础	平均成绩	综合测评	最后得分
A－001	经济管理	丁峰	91	88	79	91	83	86	87	87
B－004	物流	郑艳	82	82	83	86	98	86	98	91
D－001	计算机应用	刘福	76	95	89	82	100	88	98	92

图 5-59　筛选效果

所在专业	平均成绩	综合测评	最后得分
计算机应用	>80	>80	>80

编号	所在专业	姓名	大学英语	体育	毛泽东思想概论	程序设计基础	计算机应用基础	平均成绩	综合测评	最后得分
D－003	计算机应用	丁路	96	77	80	76	79	82	84	83
A－005	计算机应用	熊和	87	87	70	94	79	83	91	86
D－001	计算机应用	刘福	76	95	89	82	100	88	98	92

图 5-60　高级筛选效果

在数据区域中，将平均成绩、综合测评、最后成绩均“大于 85 分”的学生用自动筛选命令筛选出来。用鼠标右键单击“复杂排序”工作表标签，在弹出的快捷菜单中选择“移动或复制工作表”命令，选择“移至最后”，勾选“建立副本”，单击“确定”按钮。

【步骤 12】　用鼠标右键单击复制得到的“复杂排序（2）”工作表标签，在弹出的快捷菜单中选择“重命名”命令，将该工作表重命名为“自动筛选”。

【步骤 13】　将光标定位在数据域中，单击“数据”选项卡下“排序和筛选”组中的“筛选”按钮，之后在每个行标题右边会出现一个下拉按钮，如图 5-61 所示。

图 5-61　自动筛选

【步骤 14】　单击“平均成绩”字段名所在单元格的下拉按钮，在弹出的下拉菜单中选择“数字筛选”中的“大于”，在弹出的对话框中选择“大于”“85”，如图 5-62 所示。

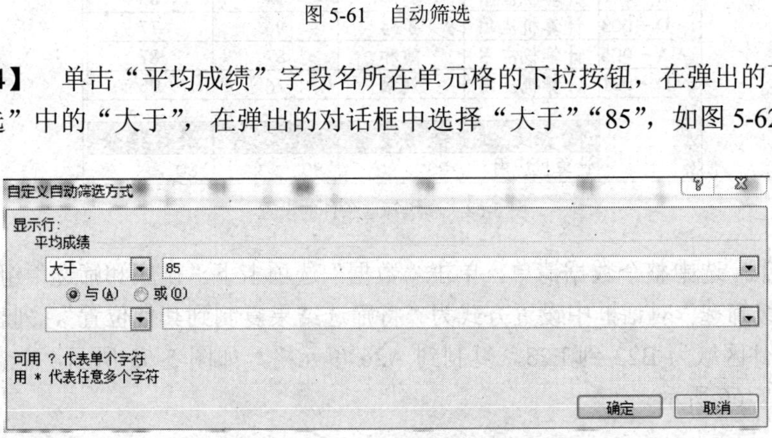

图 5-62　自定义自动筛选方式

【步骤 15】 依次完成对综合测评、最后得分字段的筛选。效果如图 5-63 所示。

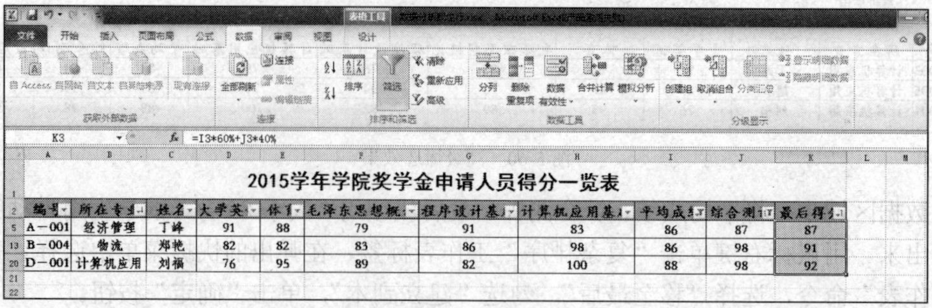

2015学年学院奖学金申请人员得分一览表

编号	所在专业	姓名	大学英语	体育	毛泽东思想概论	程序设计基础	计算机应用基础	平均成绩	综合测评	最后得分
A－001	经济管理	丁峰	91	88	79	91	83	86	87	87
B－004	物流	郑艳	82	82	83	86	98	86	98	91
D－001	计算机应用	刘福	76	95	89	82	100	88	98	92

图 5-63 自动筛选结果

【步骤 16】 复制“自动筛选”工作表，重命名为“高级筛选”，显示全部记录。利用“高级筛选”筛选出所在专业为“计算机应用”且“平均成绩”“综合测评”“最后得分”均大于 80 分的学生，筛选结果放在 A26 单元格。用鼠标右键单击“自动筛选”工作表标签，在弹出的快捷菜单中选择“移动或复制工作表”命令，选择“移至最后”，勾选“建立副本”，单击“确定”按钮。

【步骤 17】 用鼠标右键单击复制得到的“筛选（2）”工作表标签，在弹出的快捷菜单中选择“重命名”命令，将该工作表重命名为“高级筛选”。

【步骤 18】 单击功能区中“数据”选项卡下“排序和筛选”组中的“清除”按钮和“筛选”按钮，显示全部数据并取消筛选。

【步骤 19】 选中 B2 单元格，按住【Ctrl】键再依次选中 I2、K2、J2 单元格区域，复制“所在专业”字段名、“平均成绩”字段名、“综合测评”字段名、“最后得分”字段名，字段名分别放至 B22∶E22 单元格。选中 B23 单元格，输入“计算机应用”，再选中 C23、D23、E2，分别输入“>80”，完成筛选条件的建立，如图 5-64 所示。

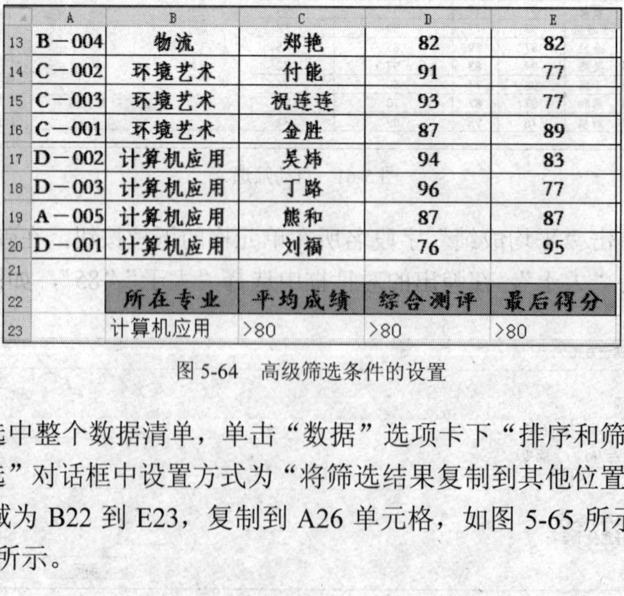

	A	B	C	D	E
13	B－004	物流	郑艳	82	82
14	C－002	环境艺术	付能	91	77
15	C－003	环境艺术	祝莲莲	93	77
16	C－001	环境艺术	金胜	87	89
17	D－002	计算机应用	吴炜	94	83
18	D－003	计算机应用	丁路	96	77
19	A－005	计算机应用	熊和	87	87
20	D－001	计算机应用	刘福	76	95
21					
22		所在专业	平均成绩	综合测评	最后得分
23		计算机应用	>80	>80	>80

图 5-64 高级筛选条件的设置

【步骤 20】 选中整个数据清单，单击“数据”选项卡下“排序和筛选”组中的“高级”按钮，在“高级筛选”对话框中设置方式为“将筛选结果复制到其他位置”，列表区域为数据清单区域，条件区域为 B22 到 E23，复制到 A26 单元格，如图 5-65 所示，单击“确定”按钮，效果如图 5-66 所示。

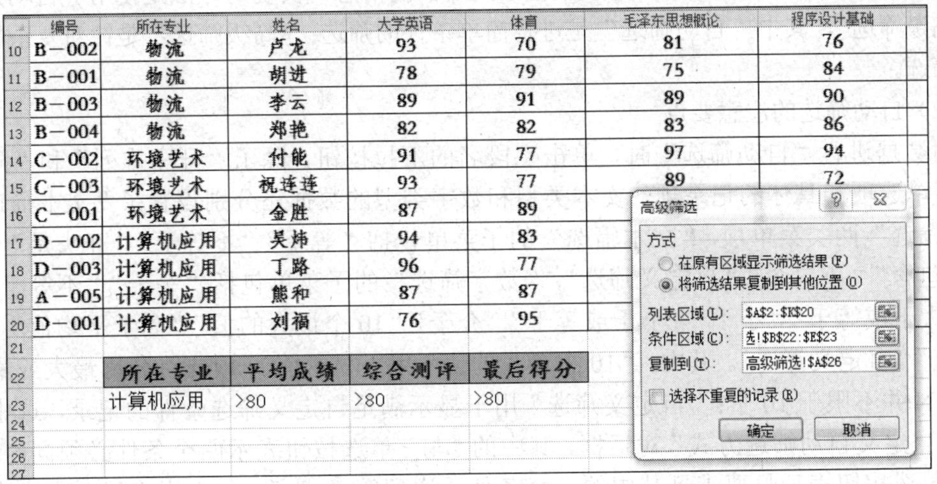

	编号	所在专业	姓名	大学英语	体育	毛泽东思想概论	程序设计基础
10	B－002	物流	卢龙	93	70	81	76
11	B－001	物流	胡进	78	79	75	84
12	B－003	物流	李云	89	91	89	90
13	B－004	物流	郑艳	82	82	83	86
14	C－002	环境艺术	付能	91	77	97	94
15	C－003	环境艺术	祝连连	93	77	89	72
16	C－001	环境艺术	金胜	87	89		
17	D－002	计算机应用	吴炜	94	83		
18	D－003	计算机应用	丁路	96	77		
19	A－005	计算机应用	熊和	87	87		
20	D－001	计算机应用	刘福	76	95		
21							
22		所在专业	平均成绩	综合测评	最后得分		
23		计算机应用	>80	>80	>80		

图 5-65 “高级筛选”对话框和筛选条件

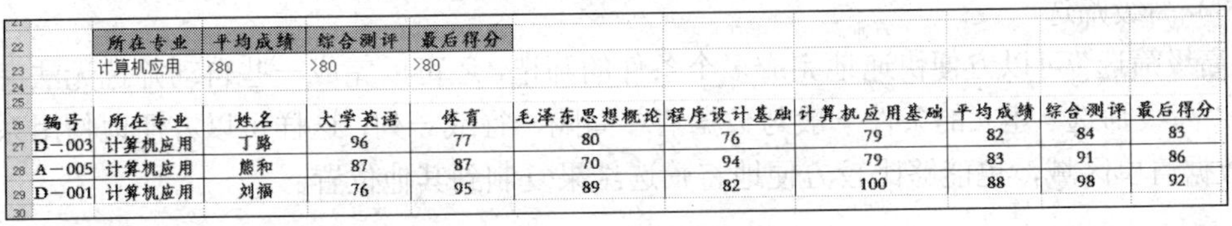

22		所在专业	平均成绩	综合测评	最后得分						
23		计算机应用	>80	>80	>80						
26	编号	所在专业	姓名	大学英语	体育	毛泽东思想概论	程序设计基础	计算机应用基础	平均成绩	综合测评	最后得分
27	D－003	计算机应用	丁路	96	77	80	76	79	82	84	83
28	A－005	计算机应用	熊和	87	87	70	94	79	83	91	86
29	D－001	计算机应用	刘福	76	95	89	82	100	88	98	92

图 5-66 高级筛选结果

知识储备——数据排序与筛选

1. 数据的排序

（1）排序的作用

排序是数据分析的基本功能之一，为了数据查找方便，往往需要对数据进行排序。排序是指将工作表中的数据按照要求的次序重新排列。

（2）排序的三种类型

数据排序主要包括简单排序、复杂排序和自定义排序三种。在排序过程中，每个关键字均可按“升序”，即递增方式，或“降序”，即递减方式进行排序。

以升序为例，介绍 Excel 的排序规则：

数字，从最小的负数到最大的正数进行排序；

字母，按 A-Z 的拼音字母排序；

空格，在升序与降序中始终排在最后。

（3）排序的注意要点

在排序之前，数据的选定要么选定一个有数据的单元格，要么选定所有的数据单元格。如果在排序中只选定某一列或某几列，那么排序的结果可能只有这一列或几列中的数据在发生变化，导致各行中的数据错位。

2. 数据的筛选

（1）筛选的作用

筛选是通过操作把满足条件的记录显示出来，同时将不满足条件的记录暂时隐藏起来。

使用筛选功能可以从大量的数据记录中检索到所需的信息，实现的方法是使用“自动筛选”或“高级筛选”，其中“自动筛选”是进行简单条件的筛选；“高级筛选”是针对复杂的条件进行筛选。

（2）自动筛选的注意要点

对数据进行“自动筛选”时，单击字段名的下拉按钮，除了“升序排列”和“降序排列”菜单选项和具体的记录项，文本类型和数字类型的数据还分别设置了“文本筛选”和“数字筛选”两类菜单项，“文本筛选”的子菜单包括“等于”“不等于”“开头是”“结尾是”“包含”“不包含”“自定义筛选”，“数字筛选”的子菜单包括“等于”“不等于”“大于”“大于或等于”“小于”“小于或等于”“介于”“10个最大的值”“高于平均值”“低于平均值”“自定义筛选”。其中，“10个最大的值”用于显示前N项或百分比最大或最小的记录，N并不限于10个；“自定义筛选”用于显示满足自定义筛选条件的记录，选中后会打开“自定义自动筛选方式”对话框，其中的“与”单选按钮表示两个条件必须同时满足，“或”单选按钮表示只要满足其中的一个条件，通配符“*”和“?”用来辅助查询满足部分相同的记录。

（3）高级筛选

“高级筛选”可以方便快速地完成多个条件的筛选，还可以完成一些自动筛选无法完成的工作。“高级筛选”建立的条件一般与数据清单间隔一行或一列，这样可以方便地使用系统默认的数据清单区域，也能够比较方便地将筛选结果复制到其他位置。

实践拓展

课余时间的兼职工作让小明接触了大量的表格数据，这些数据的统计和分析工作原来总让小明头痛。学习了Excel软件以后，小明总觉得数据处理什么的如同浮云般轻松。当然，这只是想想，要在等级考试海量题库中一次通过，熟练的操作才能完胜。还是跟着配套实训指导多做题目吧。

情境五 看透数据

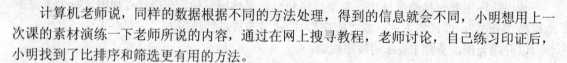

计算机老师说，同样的数据根据不同的方法处理，得到的信息就会不同，小明想用上一次课的素材演练一下老师所说的内容，通过在网上搜寻教程，老师讨论，自己练习印证后，小明找到了比排序和筛选更有用的方法。

学习目标

① 掌握分类汇总的方法。
② 学会创建数据透视表。
③ 学会利用数据透视表分析查询数据。

课前准备

将配套材料中的“计算机基础情景式教程/主教材素材/5-5”打开。

样图（见图 5-67、图 5-68）

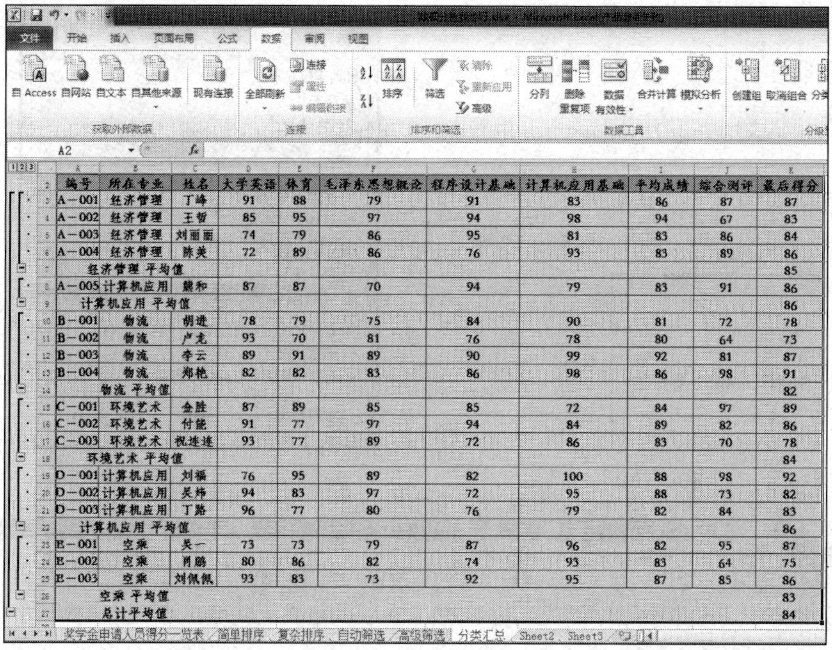

编号	所在专业	姓名	大学英语	体育	毛泽东思想概论	程序设计基础	计算机应用基础	平均成绩	综合测评	最后得分
A－001	经济管理	丁峰	91	88	79	91	83	86	87	87
A－002	经济管理	王哲	85	95	97	94	98	94	67	83
A－003	经济管理	刘丽丽	74	79	86	95	81	83	86	84
A－004	经济管理	陈美	72	89	86	76	93	83	89	86
经济管理 平均值										85
A－005	计算机应用	熊和	87	87	70	94	79	83	91	86
计算机应用 平均值										86
B－001	物流	胡进	78	79	75	84	90	81	72	78
B－002	物流	卢龙	93	70	81	76	78	80	64	73
B－003	物流	李云	89	91	89	90	99	92	81	87
B－004	物流	郑艳	82	82	83	86	98	86	98	91
物流 平均值										82
C－001	环境艺术	金胜	87	89	85	85	72	84	97	89
C－002	环境艺术	付能	91	77	97	94	84	89	82	86
C－003	环境艺术	祝连连	93	77	89	72	86	83	70	78
环境艺术 平均值										84
D－001	计算机应用	刘福	76	95	89	82	100	88	98	92
D－002	计算机应用	吴炜	94	83	97	72	95	88	73	82
D－003	计算机应用	丁路	96	77	80	76	79	82	84	83
计算机应用 平均值										86
E－001	空乘	吴一	73	73	79	87	96	82	95	87
E－002	空乘	肖鹏	80	86	82	74	93	83	64	75
E－003	空乘	刘佩佩	93	83	73	92	95	87	85	86
空乘 平均值										83
总计平均值										84

图 5-67　分类汇总效果

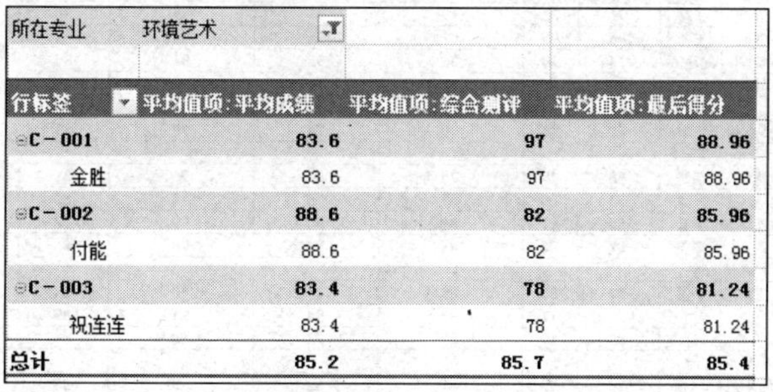

所在专业　环境艺术

行标签	平均值项:平均成绩	平均值项:综合测评	平均值项:最后得分
C－001	83.6	97	88.96
金胜	83.6	97	88.96
C－002	88.6	82	85.96
付能	88.6	82	85.96
C－003	83.4	78	81.24
祝连连	83.4	78	81.24
总计	85.2	85.7	85.4

图 5-68　数据透视表效果

解决方案

【步骤 1】　复制“简单排序”工作表，重命名为“分类汇总”，在本工作表中统计不同专业的“最后得分”的平均值。用鼠标右键单击“简单排序”工作表标签，在弹出的快捷菜单中选择“移动或复制工作表”命令，选择“移至最后”，勾选“建立副本”，单击“确定”按钮。

【步骤 2】　用鼠标右键单击复制得到的“简单排序（2）”工作表标签，在弹出的快捷菜单中选择“重命名”命令，将该工作表重命名为“分类汇总”。

【步骤 3】　选中“所在专业”列的任一有数据的单元格，单击“数据”选项卡下“排序和筛选”组中的排序按钮（升降均可）。

【步骤 4】　单击“数据”选项卡下“分级显示”组中的“分类汇总”按钮，如图 5-69 所示，在“分类汇总”对话框中设置分类字段为“所在专业”，汇总方式为“平均值”，选定汇总项中勾选“最后得分”，并去掉其他汇总项，如图 5-70 所示。单击“确定”按钮，结果如图 5-71 所示。

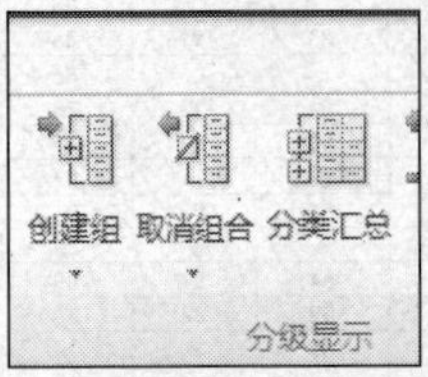

图 5-69 “分类汇总”按钮

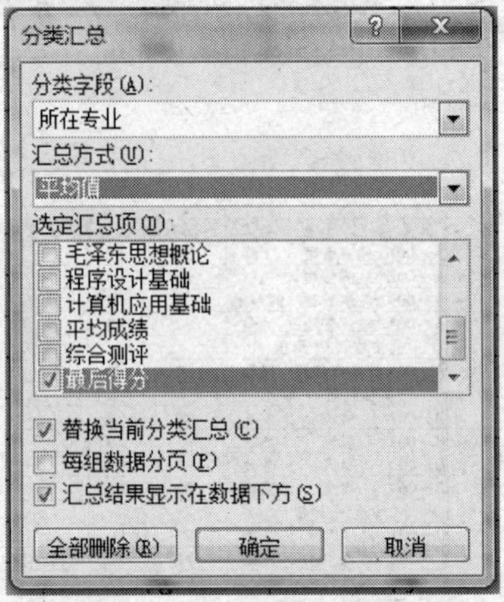

图 5-70 “分类汇总”对话框

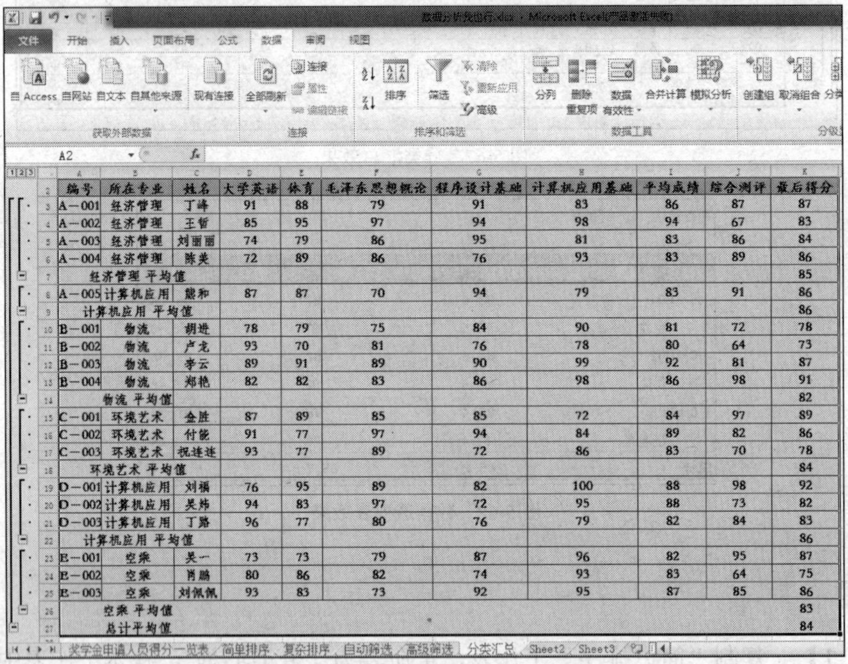

编号	所在专业	姓名	大学英语	体育	毛泽东思想概论	程序设计基础	计算机应用基础	平均成绩	综合测评	最后得分
A—001	经济管理	丁峰	91	88	79	91	83	86	87	87
A—002	经济管理	王哲	85	95	97	94	98	94	67	83
A—003	经济管理	刘丽丽	74	79	86	95	81	83	86	84
A—004	经济管理	陈美	72	89	86	76	93	83	89	86
	经济管理 平均值									85
A—005	计算机应用	熊和	87	87	70	94	79	83	91	86
	计算机应用 平均值									86
B—001	物流	胡进	78	79	75	84	90	81	72	78
B—002	物流	卢龙	93	70	81	76	78	80	64	73
B—003	物流	李云	89	91	89	90	99	92	81	87
B—004	物流	郑艳	82	82	83	86	98	86	98	91
	物流 平均值									82
C—001	环境艺术	金胜	87	89	85	85	72	84	97	89
C—002	环境艺术	付能	91	77	97	94	84	89	82	86
C—003	环境艺术	祝连连	93	77	89	72	86	83	70	78
	环境艺术 平均值									84
D—001	计算机应用	刘福	76	95	89	82	100	88	98	92
D—002	计算机应用	吴炜	94	83	97	72	95	88	73	82
D—003	计算机应用	丁路	96	77	80	76	79	82	84	83
	计算机应用 平均值									86
E—001	空乘	吴一	73	73	79	87	96	82	95	87
E—002	空乘	肖鹏	80	86	82	74	93	83	64	75
E—003	空乘	刘佩佩	93	83	73	92	95	87	85	86
	空乘 平均值									83
	总计平均值									84

图 5-71 分类汇总结果

【步骤 5】 复制“简单排序”工作表，重命名为“数据透视表”，在本工作表中统计各系的“平均成绩”“综合测评”“最后得分”等情况。用鼠标右键单击“简单排序”工作表标签，在弹出的快捷菜单中选择“移动或复制工作表”命令，选择“移至最后”，勾选“建立副本”，单击“确定”按钮。

【步骤 6】 用鼠标右键单击复制得到的“简单排序（2）”工作表标签，在弹出的快捷菜单中选择“重命名”命令，将该工作表重命名为“数据透视表”。

【步骤 7】 单击数据区域内的任意单元格，选择功能区中“插入”选项卡下“表格”组中的“数据透视表”按钮下拉菜单中的“数据透视表”命令，如图 5-72 所示，打开“创建数据透视表”对话框，如图 5-73 所示。

图 5-72 “数据透视表”按钮

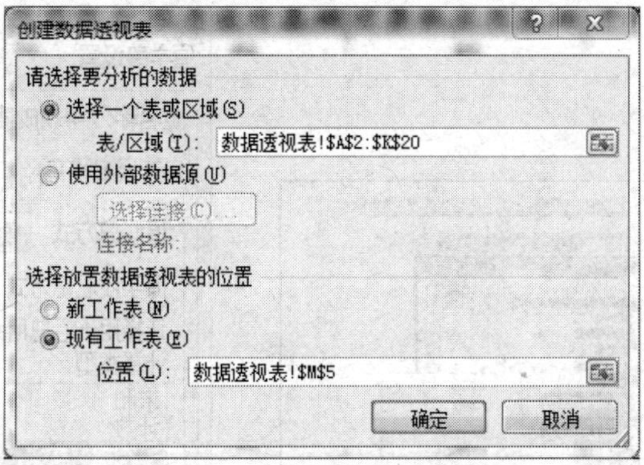

图 5-73 “创建数据透视表”对话框

【步骤 8】 在“请选择要分析的数据”中“表/区域”的内容为系统默认的整张工作表数据区域，也可以自行选择数据区域的单元格区域引用。

【步骤 9】 选择“现有工作表”作为数据透视表的显示位置，并将显示区域设置为“数据透视表”工作表中的 M5 单元格位置，单击“完成”按钮，在“数据透视表”工作表中生成一个“数据透视表”框架，同时出现的还有“数据透视表字段列表”框，如图 5-74 所示。

【步骤 10】 在数据表字段列表中拖动“所在专业”字段按钮到框架的“报表筛选”框中，拖动“编号”“姓名”字段按钮到“行标签”框中，拖动“平均成绩”“综合测评”“最后得分”字段按钮到“数值”框中，设置列宽为自动调整列宽，透视表生成后的结果如图 5-75 所示。

图 5-74 “数据透视表”框架

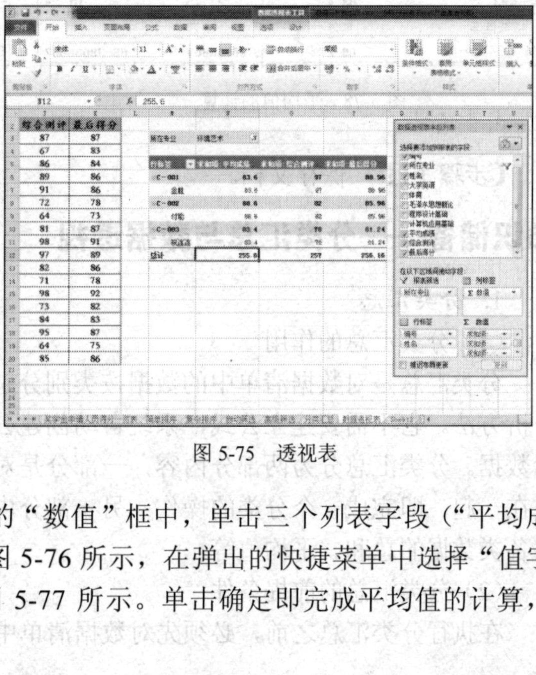

图 5-75 透视表

【步骤 11】 在数据透视表字段列表中的“数值”框中，单击三个列表字段（“平均成绩”“综合测评”“最后得分”）的右边，如图 5-76 所示，在弹出的快捷菜单中选择“值字段设置”，将计算类型改为“平均值”，如图 5-77 所示。单击确定即完成平均值的计算，如图 5-78 所示。

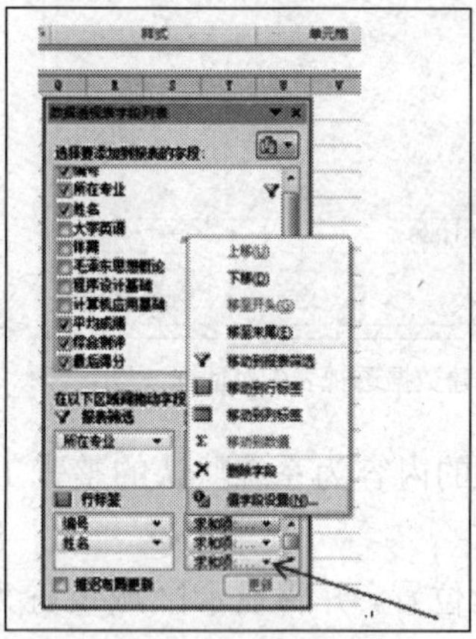

图 5-76　更改计算类型

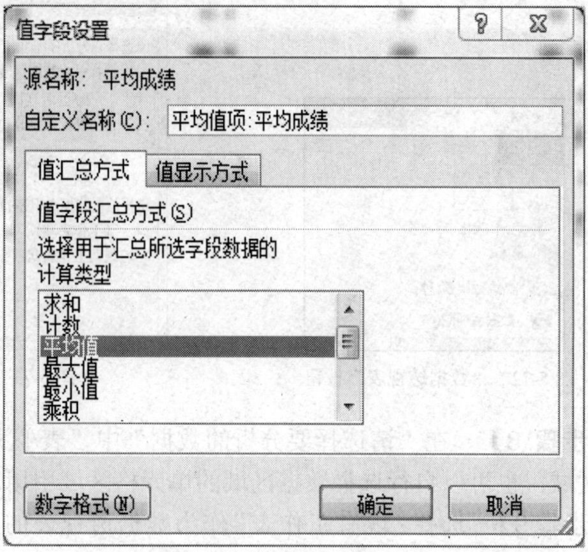

图 5-77　“值字段设置”对话框

【步骤 12】　选择 N12：P12 单元格范围，单击“开始”选项卡“数值”组中的“减少小数位数”，保留 1 位小数，如图 5-79 所示。

所在专业	环境艺术		
行标签	平均值项:平均成绩	平均值项:综合测评	平均值项:最后得分
⊟C－001	83.6	97	88.96
金胜	83.6	97	88.96
⊟C－002	88.6	82	85.96
付能	88.6	82	85.96
⊟C－003	83.4	78	81.24
祝连连	83.4	78	81.24
总计	85.2	85.66666667	85.38666667

图 5-78　平均值的计算

所在专业	环境艺术		
行标签	平均值项:平均成绩	平均值项:综合测评	平均值项:最后得分
⊟C－001	83.6	97	88.96
金胜	83.6	97	88.96
⊟C－002	88.6	82	85.96
付能	88.6	82	85.96
⊟C－003	83.4	78	81.24
祝连连	83.4	78	81.24
总计	85.2	85.7	85.4

图 5-79　透视表效果

【步骤 13】　保存文档。

知识储备——分类汇总与数据透视

1. 分类汇总

（1）分类汇总的作用

分类汇总是对数据清单中的数据按类别分别进行求和、求平均等汇总的一种基本的数据分析方法。它不需要建立公式，系统自动创建公式、插入分类汇总与总计行，并自动分级显示数据。分类汇总分为两部分内容，一部分是对要汇总的字段进行排序，把相同类别的数据放在一起，即完成一个分类的操作；另一部分内容就是把已经分好类的数据按照要求分别求出各类数据的总和、平均值等。

（2）分类汇总的前提条件

在执行分类汇总之前，必须先对数据清单中要进行汇总的项进行排序。

选择好汇总项目后应该通过滚动条上下看看，因为系统会默认选定一些汇总项目，如果不需要，应该去掉这些项目的选择。

（3）分类汇总的分级显示

进行分类汇总后，在数据清单左侧上方出现带有“1”“2”“3”数字的按钮，其下方又有带有“+”“-”符号的按钮，这些都是用来分级显示汇总结果的。单击在数据清单的左侧出现的“+”“-”号也可以实现分级显示，还可以选择显示一部分明细一部分汇总。

- 单击“1”按钮，只显示总计数据。
- 单击“2”按钮，显示各类别的汇总数据和总计数据。
- 单击“3”按钮，显示明细数据、各类别的汇总数据和总计数据。

（4）分类汇总选项设置

在“分类汇总”对话框中，还有一些选项设置。

- 选中“替换当前分类汇总”复选框会在进行第二次分类汇总时，把第一次的分类汇总替换掉。
- 选中“每组数据分页”复选框会把汇总后的每一类数据放在不同页里。
- 选中“汇总结果显示在数据下方”复选框会把汇总后的每一类的汇总数据结果放在该类的最后一个记录后面。
- “全部删除”按钮用来删除分类汇总的结果。

2. 数据透视

排序可以将数据重新排列分类，筛选能将符合条件的数据查询出来，分类汇总能对数据有一个总的分析，这3项工作都是从不同的角度来对数据进行分析。而数据透视表能一次完成以上三项工作，它是一种交互的、交叉制表的Excel报表，是基于一个已有的数据清单（或外部数据库）按照不同角度进行数据分析的方法。数据透视表是交互式报表，可快速合并和比较大量数据。旋转它的行和列可以看到源数据的不同汇总，而且可以显示区域的明细数据。如果要分析相关的汇总值，尤其是在要合计较大的列表并对每个数字进行多种比较时，可以使用数据透视表。

（1）数据透视图

数据透视图是提供交互式数据分析的图表，与数据透视表类似。可以更改数据的视图，查看不同级别的明细数据，或通过拖动字段和显示或隐藏字段中的项来重新组织图表的布局，数据透视图也可以像图表一样进行修改。

创建数据透视图可以通过单击功能区“数据透视表工具”栏上的“选项”选项卡下“工具”组中的“数据透视图”按钮直接生成数据透视图，也可以通过选择功能区中“插入”选项卡下“表格”组中的“数据透视表”按钮下拉菜单中的“数据透视图”命令实现。

（2）表中的其他操作

隐藏与显示数据：在完成的透视表中可以看到“行标签”和“列标签”字段名旁边各有一个下拉按钮。它们是用来决定哪些分类值将被隐蔽，而哪些分类值将要显示在表中的。

改变字段排列：在“数据透视表字段列表”中，通过拖动这些字段按钮到相应的位置，可以改变数据透视表中的字段排列。如果透视表中某个字段不需要时，可把该字段拖出数据透视表即可。

改变数据的汇总方式：选定表中的字段，单击“数据透视表工具”栏上的“选项”选项卡，在“活动字段”组中单击“字段设置”按钮，系统弹出“值字段设置”对话框，如图 5-80 所示。可以改变数据的汇总方式，如平均值、最大值和最小值等。

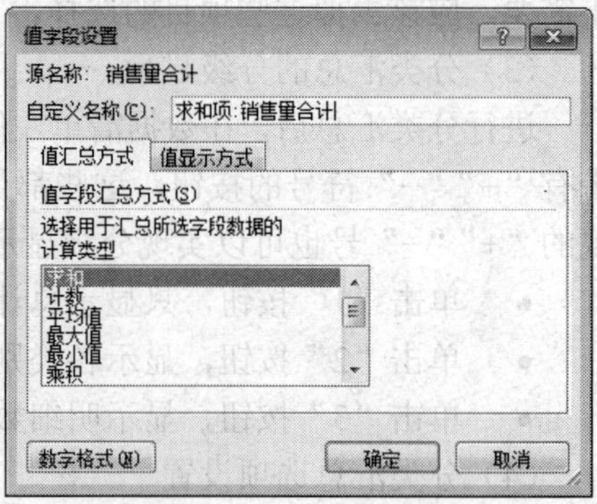

图 5-80 “值字段设置”对话框

数据透视表的排序：选定要排序的字段后，单击功能区“数据透视表工具”栏上的“选项”选项卡下“排序和筛选”组中的“升序”与“降序”按钮。

删除数据透视表：单击数据透视表，单击功能区“数据透视表工具”栏上的“选项”选项卡下“操作”组中“清除”按钮下拉菜单中的“全部清除”命令。

删除数据透视表，将会冻结与其相关的数据透视图，不可再对其进行更改。

实践拓展

数据透视表这个问题确实有点难度，小明花了很长的时间才理解，好在小明常找老师讨论这个问题，并自己找一些题目练习。你也跟着配套实训指导练习吧。

情境六 图表来说话

小明参加的话剧团要演一个心理小品，作为话剧副导演，小明要做好所有的道具准备，小品中有一个情节要展示大学生心理健康状况的数据。大家讨论后觉得如果用簇状柱形图来展示就更加直观了，这对小明来说是新的挑战。

学习目标

① 掌握创建图表的方法。

② 能较熟练地对图表进行各种编辑修改和格式的设置。

课前准备

将配套材料中的“计算机基础情景式教程/主教材素材/5-6”打开（见图 5-81、图 5-82）。

大学生心理健康状况统计表

选项	工学院	理学院	经济管理学院	软件学院	商学院	人数合计
成绩不理想	15%	16%	7%	17%	2%	57
恋爱不成功	5%	9%	17%	7%	16%	54
不适应宿舍生活	1%	17%	12%	14%	3%	47
经济困难	18%	16%	4%	10%	16%	64
就业压力大	1%	5%	8%	16%	10%	40

图 5-81 大学生心理健康状况统计表

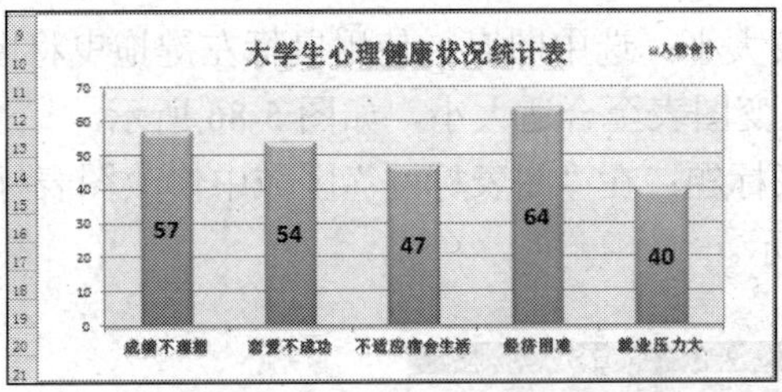

图 5-82 大学生心理健康状况统计表（簇状柱形图）

解决方案

【步骤 1】 打开工作簿：双击鼠标左键打开“大学生心理健康状况统计表数据.xlsx”工作簿，如图 5-81 所示。

【步骤 2】 选择生成图表的数据：鼠标选中 A2∶A7 区域，按住【Ctrl】键，再将 G2∶G7 选中，如图 5-83 所示。

【步骤3】 选择图表类型：单击“插入”选项卡下“图表”组中的“柱形图”按钮，在弹出的下拉列表中选择图 5-84 中“簇状柱形图”选项，完成基本图表的创建，如图 5-85 所示。

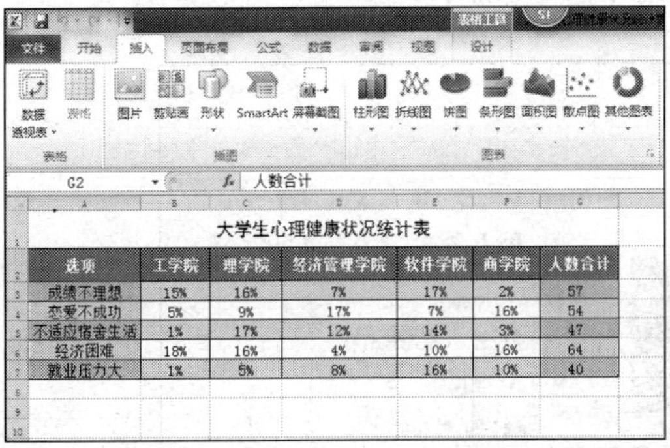

图 5-83 选择生成图表的数据

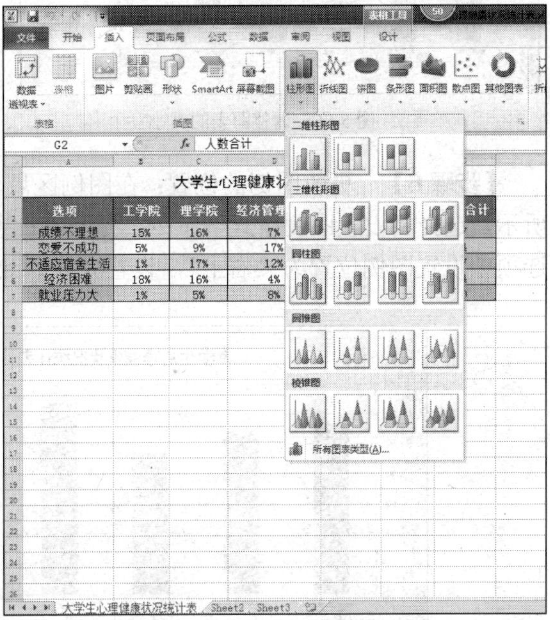

图 5-84 选择图表类型

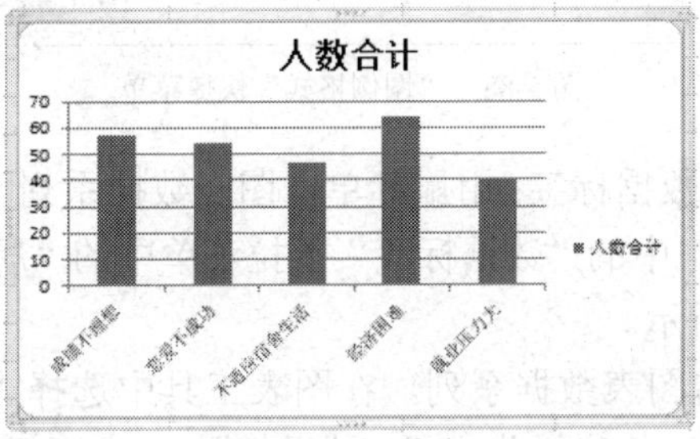

图 5-85 创建的图表

【步骤 4】 调整图表大小：选中图表，使用鼠标左键拖曳将图表移至 A9：F21 的位置，用鼠标调整图表控点 改变图表至合适大小，如图 5-86 所示。

【步骤 5】 修改图表标题：在“图表标题”区域中修改图表标题为“大学生心理健康状况统计表”，如图 5-87 所示。

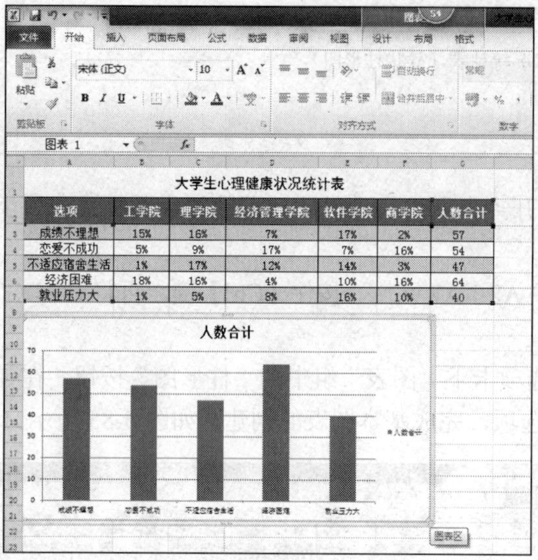

图 5-86 调整图表的大小

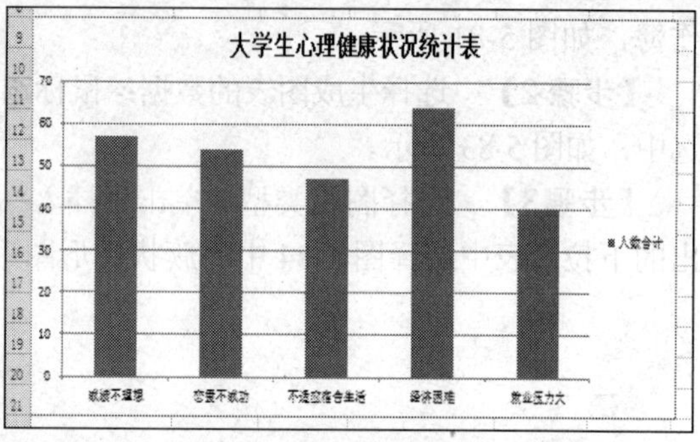

图 5-87 图表标题的修改

【步骤 6】 更改图例的位置：在图例区域单击鼠标右键，在弹出的快捷菜单，如图 5-88 所示，选择“设置图例格式”命令，打开“设置图例格式”对话框，如图 5-89 所示，在图例选项中设置图例位置为“右上”，设置完成后效果如图 5-90 所示。

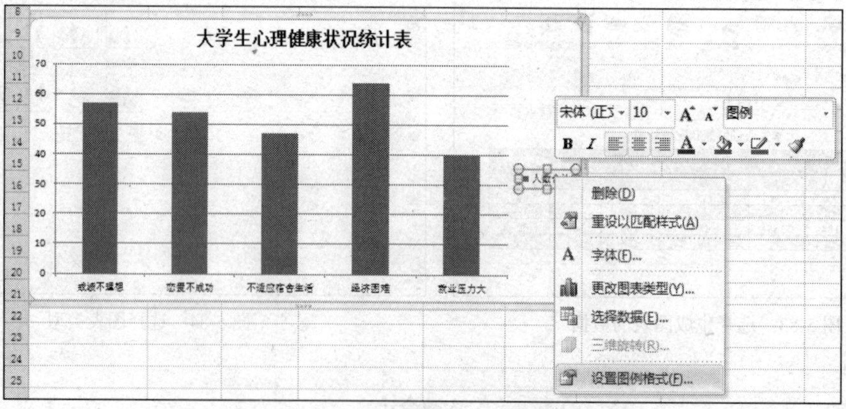

图 5-88 “图例格式”快捷菜单

【步骤 7】 为系列添加数据标签：用鼠标单击图表数据系列区域，在图表工具中选择“布局”选项卡，单击“布局”组中的“数据标签”下拉菜单中的“居中”命令，如图 5-91 所示。设置完成后效果如图 5-92 所示。

【步骤8】 用鼠标单击图表数据系列，在图表工具中选择“设计”选项卡，如图 5-93 所示。单击“图表样式”组中的“样式 29”，效果如图 5-94 所示。

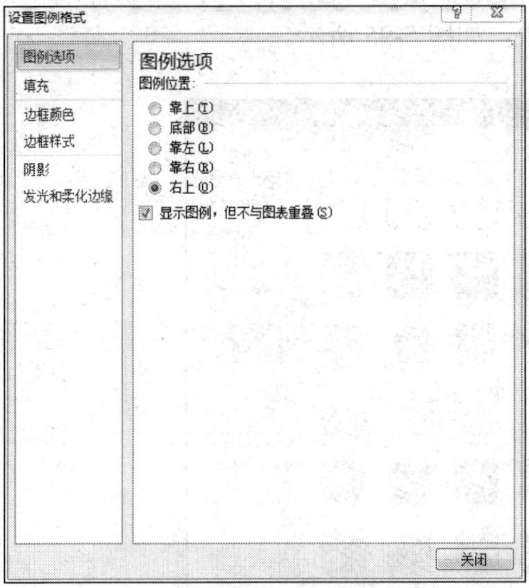

图 5-89　设置图像格式对话框

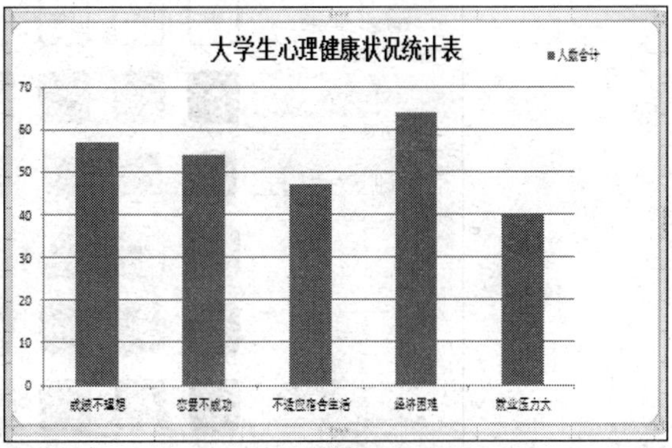

图 5-90　图例效果

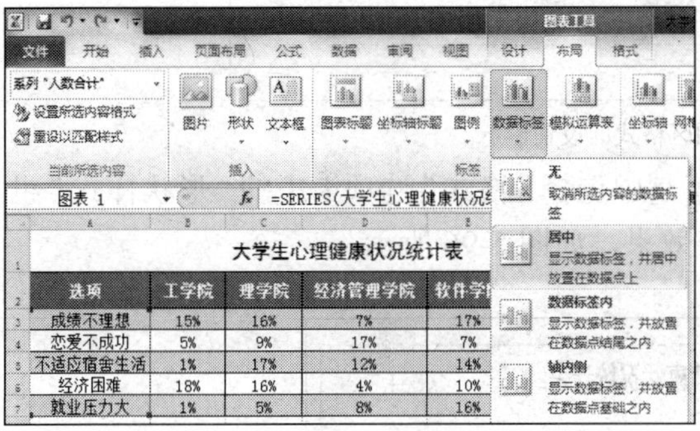

选项	工学院	理学院	经济管理学院	软件学
成绩不理想	15%	16%	7%	17%
恋爱不成功	5%	9%	17%	7%
不适应宿舍生活	1%	17%	12%	14%
经济困难	18%	16%	4%	10%
就业压力大	1%	5%	8%	16%

图 5-91　设置数据标签的居中效果

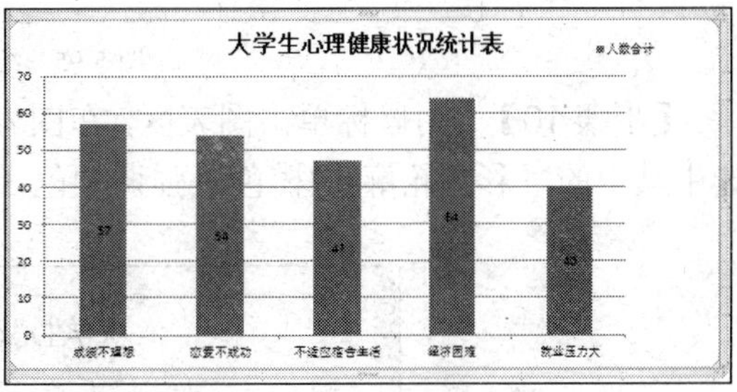

图 5-92　数据标签的居中效果

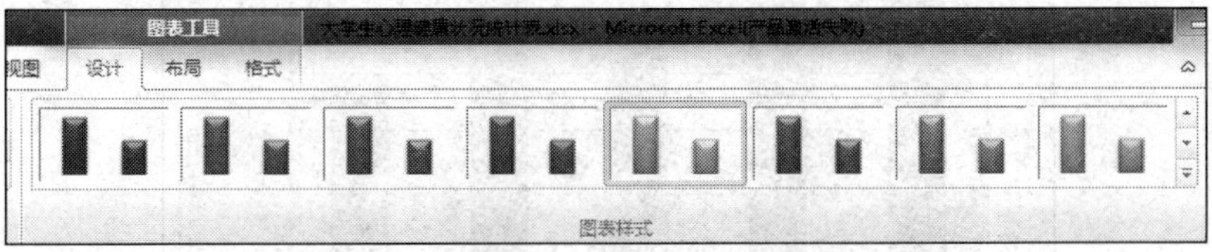

图 5-93　系列的格式设置

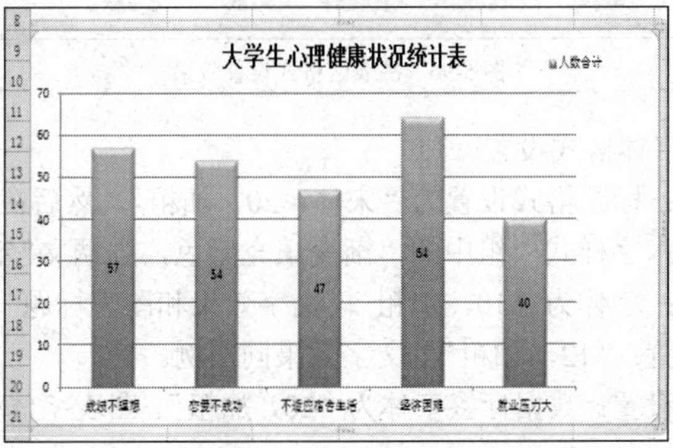

图 5-94　系列格式设置效果

【步骤 9】 用鼠标单击绘图区，在图表工具中选择“格式”选项卡中的“形状样式”组，选中其中的“细微效果-橄榄色，强调颜色 3”效果，如图 5-95 所示。

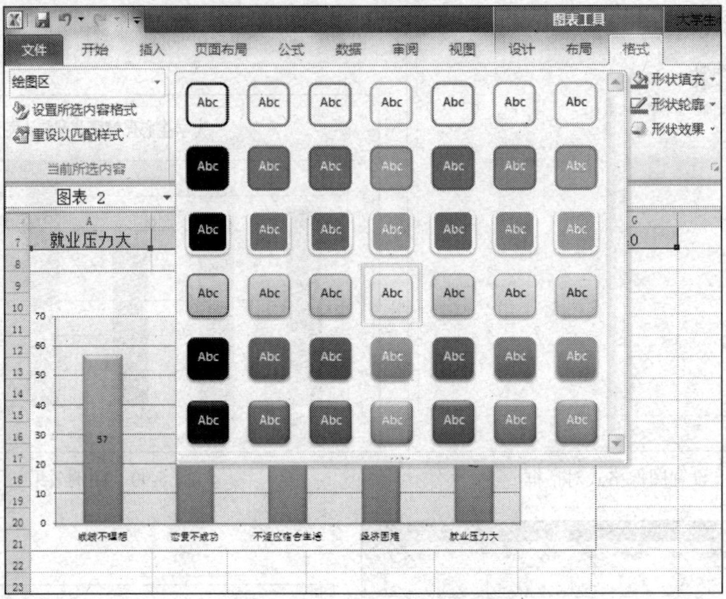

图 5-95 绘图区格式的设置

【步骤 10】 用鼠标单击图表区，在图表工具中选择“格式”选项卡中的“形状样式“组，选中其中的“彩色轮廓-橄榄色，强调颜色 3”效果，如图 5-96 所示。

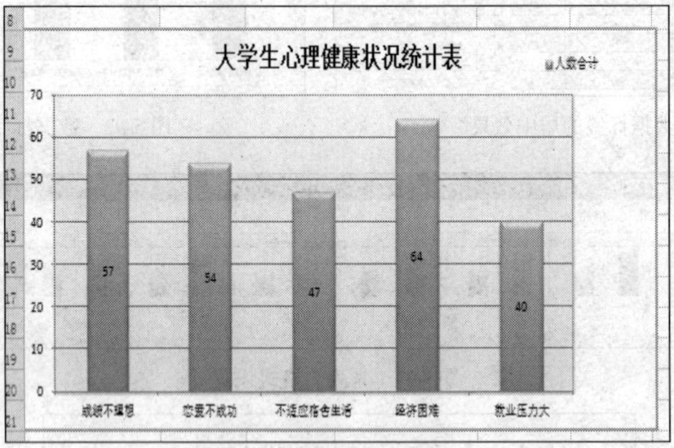

图 5-96 图表区格式设置效果

【步骤 11】 图表字体格式设置。

图标标题格式设置：标题格式设置为“宋体，20，加粗”。然后在图表工具中，选中“格式”选项卡，单击“艺术字样式”组中的“渐变填充紫色，强调文字颜色 4，映像”效果。

图例字体格式设置：字体为“10，加粗”，文字效果和图表标题一致。

水平轴字体格式设置：“12，加粗”，文字效果同图例。

数据标签字体格式设置：数据标签字体为“20，加粗”。图表字体格式设置效果如图 5-97 所示。

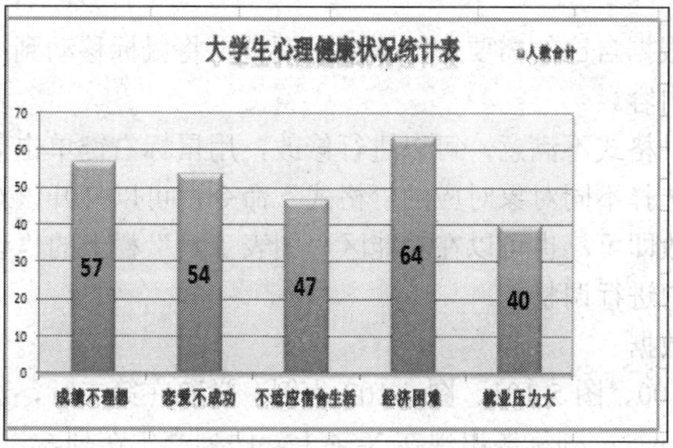

图 5-97 图表字体格式设置效果

知识储备——图表的制作

1. 创建图表

选择用于建立图表的数据区域，再按快捷键【F11】可以快速生成独立式图表，Excel 将会把它插入工作簿中当前工作表的左侧。

如果对通过快捷键生成的图表类型不满意，可以进行修改。用鼠标右键单击图表，选择快捷菜单中的“更改系列图表类型”命令，系统弹出“更改图表类型”对话框，在对话框中选择所需要的图表类型，单击“确定”按钮。

2. 图表的构成（见图 5-98）

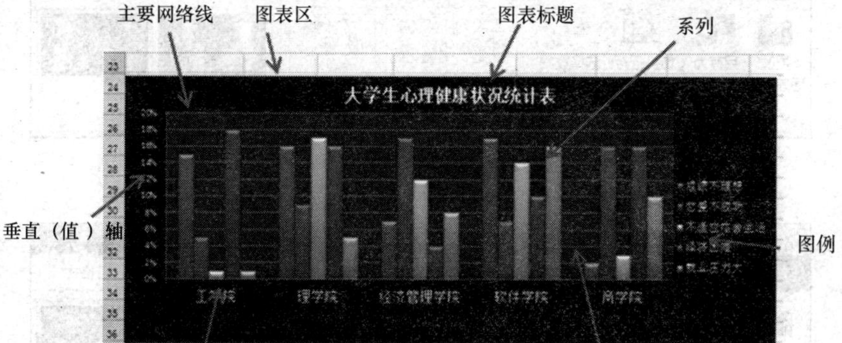

图 5-98 图表的构成

3. 图表类型

Excel 提供了 11 种不同的图表类型，在选用类型的时候要根据图表所要表达的意思而选择合适的图表类型，以最有效的方式展现出工作表的数据。

使用较多的基本图表类型有饼图、折线图、柱形图、条形图等。

“饼图”常用来表示各项条目在总额中的分布比例。

“折线图”常用于显示数据在一段时间内的趋势走向。

“柱形图”常用来表示显示分散的数据，比较各项的大小。

“条形图”常见于项目较多的数据比较。

4. 图表的编辑

生成的图表可以根据自己的需要进行修改与调整，将鼠标移动到图表的对应部位时，会弹出提示框解释对应内容。

如果对默认的各种格式不满意，可以进行修改，用鼠标右键单击需要修改的图表对象，在弹出的快捷菜单中选择不同对象对应的“格式”命令，可以打开该对象对应的格式设置对话框，在其中进行修改即可，也可以在功能区“图表工具”栏上的“设计”“布局”“格式”选项卡下的各项设置中进行调整。

（1）序列与行列数据

以图 5-99、图 5-100、图 5-101、图 5-102 为例：学院在第二行，选项在第一列，行标题在 X 轴上，序列产生在行；列标题出现在 X 轴上，序列产生在列。

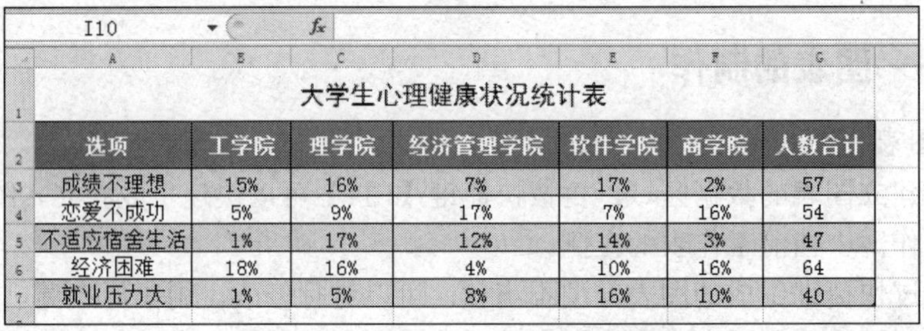

大学生心理健康状况统计表

选项	工学院	理学院	经济管理学院	软件学院	商学院	人数合计
成绩不理想	15%	16%	7%	17%	2%	57
恋爱不成功	5%	9%	17%	7%	16%	54
不适应宿舍生活	1%	17%	12%	14%	3%	47
经济困难	18%	16%	4%	10%	16%	64
就业压力大	1%	5%	8%	16%	10%	40

图 5-99　大学生心理健康状况统计表

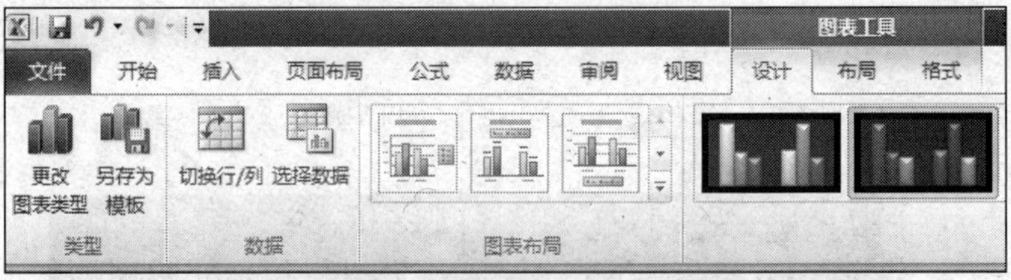

图 5-100　切换行/列的命令按钮

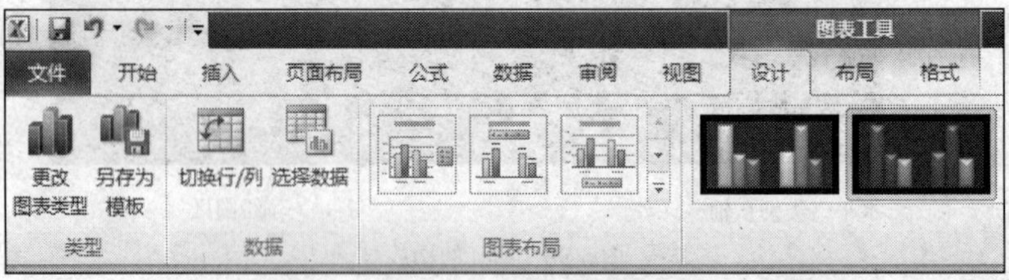

图 5-101　序列产生在行

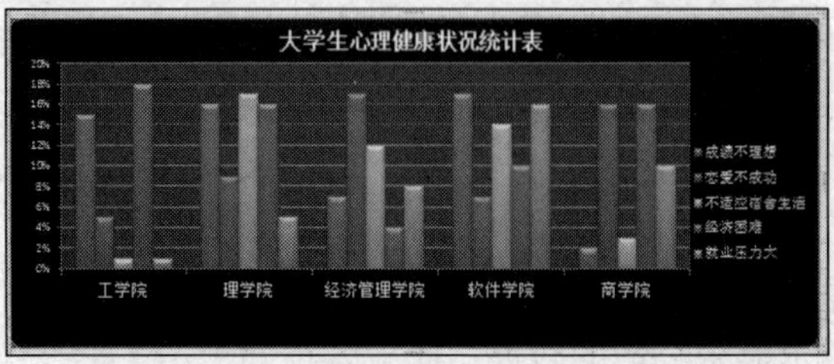

图 5-102　序列产生在列

（2）数据源的选取

图表源数据的选择中要注意选择数据表中的“有效数据”，千万不要看到数据就选，而是要通过分析选择真正的有效数据。

（3）图例的设置

如果要改变图例的位置，可以直接使用鼠标拖动图例的位置。

（4）编辑图表的小技巧

- 使用图片替代图表区和绘图区。除了在 Excel 中通过绘图工具来辅助绘制图表区域外，也可以直接使用背景图片来替代图表区和绘图区，此时相关的图表区和绘图区的边框和区域颜色要设置为透明，如图 5-103 所示。

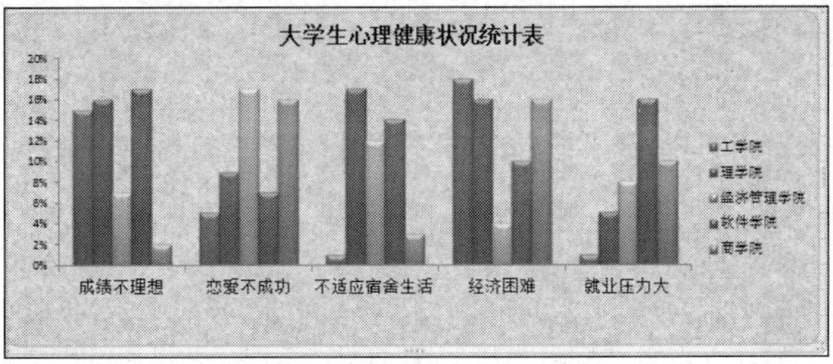

图 5-103　使用背景图片来美化图表

- 用矩形框或线条绘图对象来自制图例。与图表提供的默认的图例比较，自行绘制的图例无论在样式上或位置上都更为自由，如图 5-104 所示。

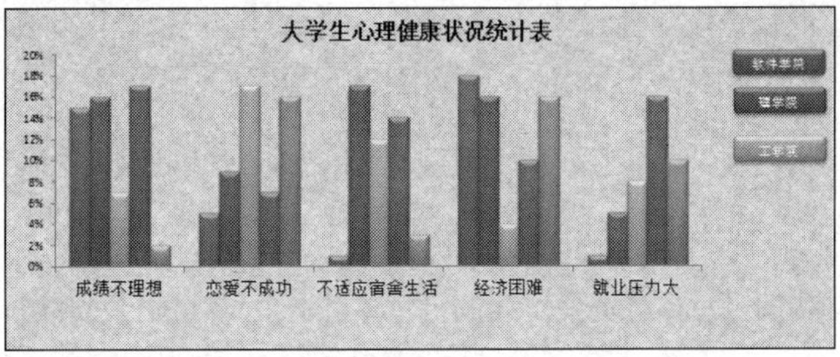

图 5-104　使用自制图例来美化图表

5. 做好图表的基本原则

图表的表现力应简洁大方，可以省略一些不必要的元素，如图 5-105 所示，图表背景图片太过于杂乱。在实际创建和修饰图表时，不必拘泥于某一标准形式，应围绕基本图表的创建，做到有意识地表达图表主题，有创意地美化图表外观。

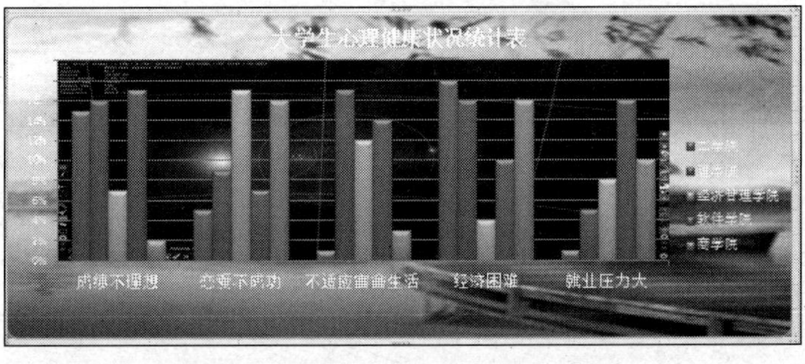

图 5-105　图表的表现力应尽可能简洁有力

实践拓展

室友小聪也在准备考全国计算机等级考试，考试大纲中的 Excel 图表对小聪来说无疑是个难点。小明得知后，主动提出帮助小聪，他收集了一些图表试题给小聪演练。你也试试配套实训指导的这些题目吧。

故事六 6 成功的演讲

班主任叫来小明，说现在开学已 3 个月了，同学们反映最近老是收到一些网络诈骗信息，班委是不是召开一个主题班会，让大家就防止网络诈骗交流一下，你也代表班委就这个话题做个宣讲吧。小明接受了任务。不过他没有一个人完成任务，而是召集班委中的 3 个班干部共同完成。

情境一　“网络诈骗预防”宣讲稿的诞生

小明回去想了想，用什么样的形式进行宣讲？干讲不如图文并茂效果好，大家商量后决定用 PowerPoint 2010 做个演示文稿。

学习目标

① 学会演示文稿的几种创建方法。

② 掌握 PowerPoint 2010 中视图的概念及用途。

样图（见图 6-1）

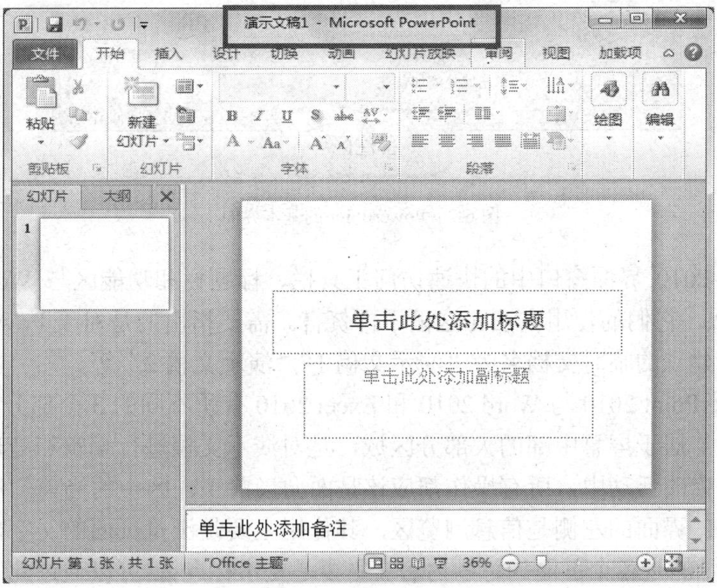

图 6-1　演示文稿界面

解决方案

【步骤 1】　单击任务栏上的开始按钮，在弹出的“开始”菜单中选择“所有程序”→“Microsoft Office 2010”→“Microsoft PowerPoint 2010”命令，启动 PowerPoint 2010，打开演示文稿窗口，如图 6-1 所示。

【步骤 2】 单击“文件”按钮，选择左侧窗格中的“保存”菜单项，在“另存为”对话框中将文件以“网络诈骗预防”命名并保存在指定位置，文件后缀为“.pptx”。

知识储备——PowerPoint 概述

1. PowerPoint 2010 界面

PowerPoint 2010（幻灯片制作和演示软件）是 Office 2010 中的应用软件之一，它和 Word 2010、Excel 2010 具有相似的操作界面。利用 PowerPoint 2010 可以将文本、图形、图像、视频、音频、动画、超链接等多媒体信息整合在一起，制作讲座提纲、系统介绍、产品简介等幻灯片演示文稿。PowerPoint 2010 是人们进行思想交流、学术探讨、发布信息和产品介绍的强有力的工具。操作界面，如图 6-2 所示。

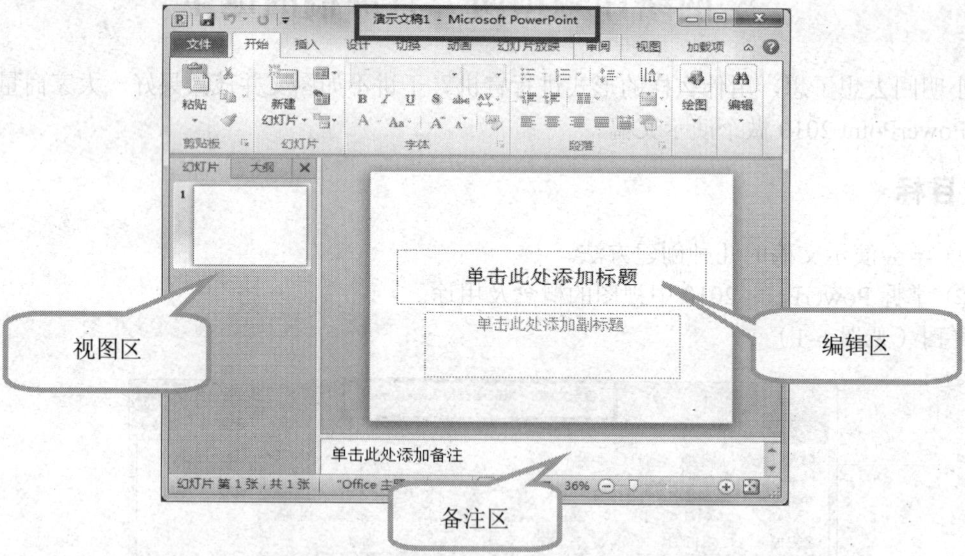

图 6-2 PowerPoint 的基本界面

PowerPoint 2010 界面窗口中的快速访问工具栏、标题栏和功能区与 Word 2010、Excel 2010 的基本类似，它们的使用方法在这里不再赘言。需要指出的是对于 PowerPoint 2010 新建的文档，系统建立的临时文档名为“演示文稿 1”“演示文稿 2”等。

另外，PowerPoint 2010 与 Word 2010 和 Excel 2010 有所不同的 3 个部分如下。

（1）编辑区：居于屏幕中部的大部分区域，是对演示文稿进行编辑和处理的区域。在演示文稿的建立和修改活动中，所有操作都应该是面向当前工作区中的当前幻灯片的。

（2）视图区：界面的左侧是信息浏览区，其作用主要是浏览页面的文字内容，也叫“大纲”区域。它显示的是各个页面的标题内容（主要是文字标题），可以通过此区域浏览多个页面的文字内容，也可以通过此区域快速地把某一页面变成当前页面，以便进行编辑。

（3）备注区：用来编辑幻灯片的一些备注文本。

2. PowerPoint 2010 视图的概念及用途

在编辑演示文稿时，PowerPoint 2010 的“视图”菜单提供了 4 种视图方式，如图 6-3 所示。

（1）普通视图。如图 6-4 所示，是 PowerPoint 2010 的默认视图，它将工作区分为 3 个窗格：最大的窗格显示了一张单独的幻灯片，可以在此编辑幻灯片的内容。所有的窗格可以通过选中边线并拖动边框来调整其大小，显示在左边的窗格显示所有幻灯片的滚动列表和文本的大纲。靠近底部的窗格采用简单的文字处理方式，可输入演讲者的备注。

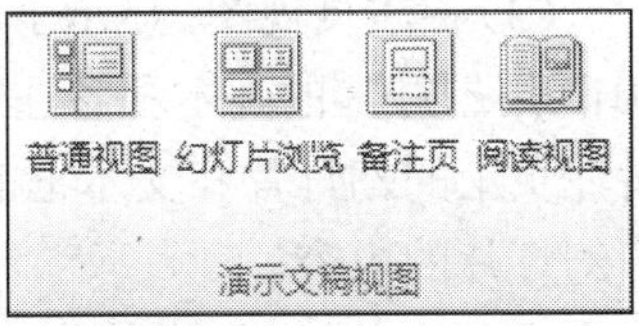

图 6-3 4 种视图方式

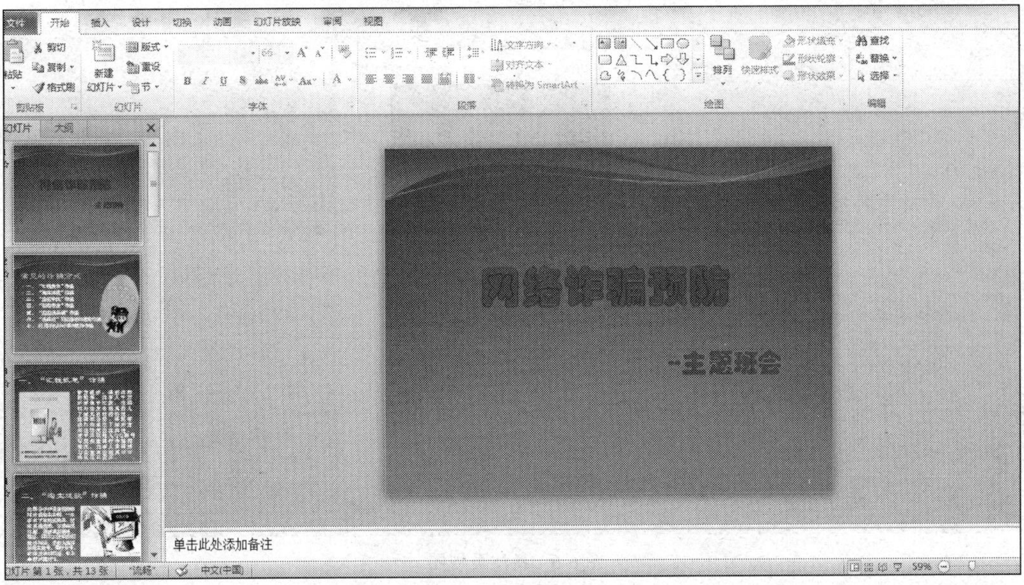

图 6-4 普通视图

（2）幻灯片浏览视图。如图 6-5 所示。用于浏览幻灯片，以幻灯片缩图的形式同时显示多张幻灯片，并可轻松地调整幻灯片的先后次序、增加或删除幻灯片、设置每张幻灯片的放映方式和时间。方便把握演示文稿艺术风格的统一，同时方便用户观察演示文稿中幻灯片间的关系。

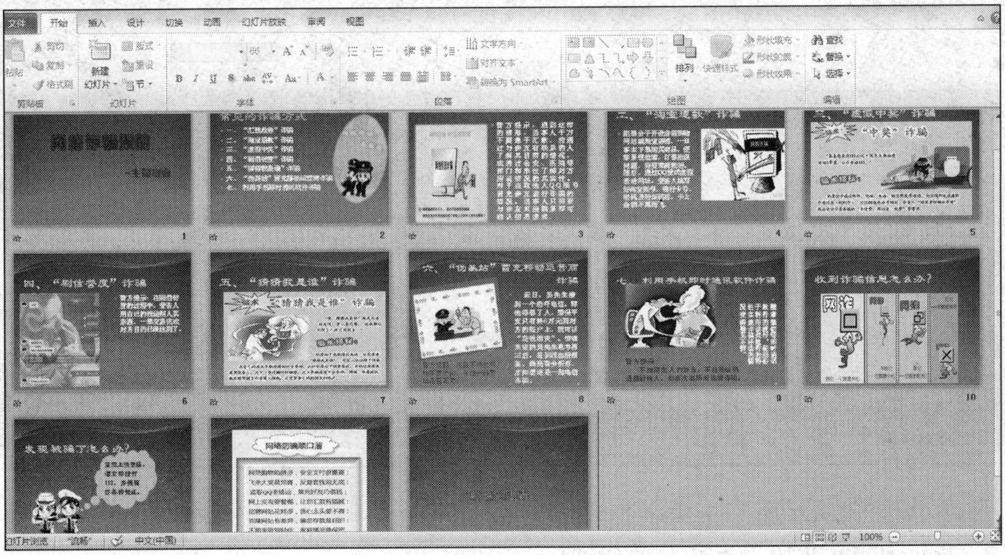

图 6-5 幻灯片浏览视图

（3）备注页视图。显示了一幅能够编辑演讲者备注的打印预览，如图 6-6 所示。PowerPoint 2010 用幻灯片的副本和备注文本为每张幻灯片创建了一幅独立的备注页。根据需要可以移动备注页上的幻灯片和文本框的边界，也可以添加更多的文本框和图形，但是不能改变该视图中幻灯片的内容。

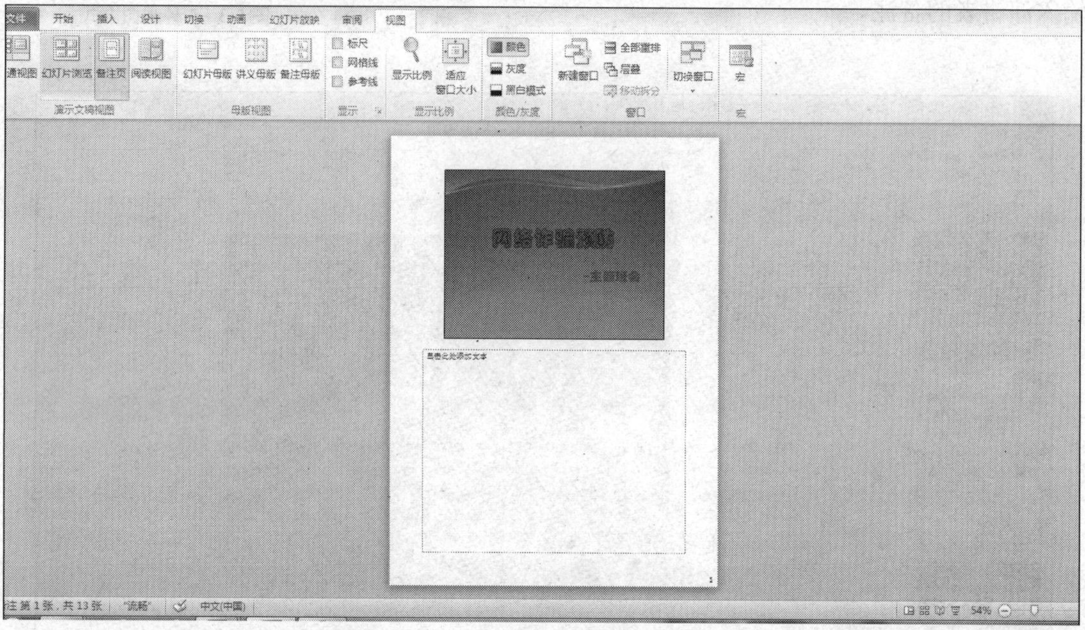

图 6-6　备注页视图

（4）阅读视图。阅读视图如图 6-7 所示，可用于预览演示文稿的实际效果。

图 6-7　阅读视图

3. PowerPoint 2010 演示文稿的创建

一般情况下，启动 PowerPoint 2010 时会自动创建一个空白演示文稿。

在演示文稿窗口中，单击“文件”按钮，在左侧窗格中选择“新建”菜单项，可以在右侧窗格的“可用模板和主题”列表中选择“空白演示文稿”“最近打开的模版”“样本模板”“主题”等多种新建演示文稿的方法，如图 6-8 所示。

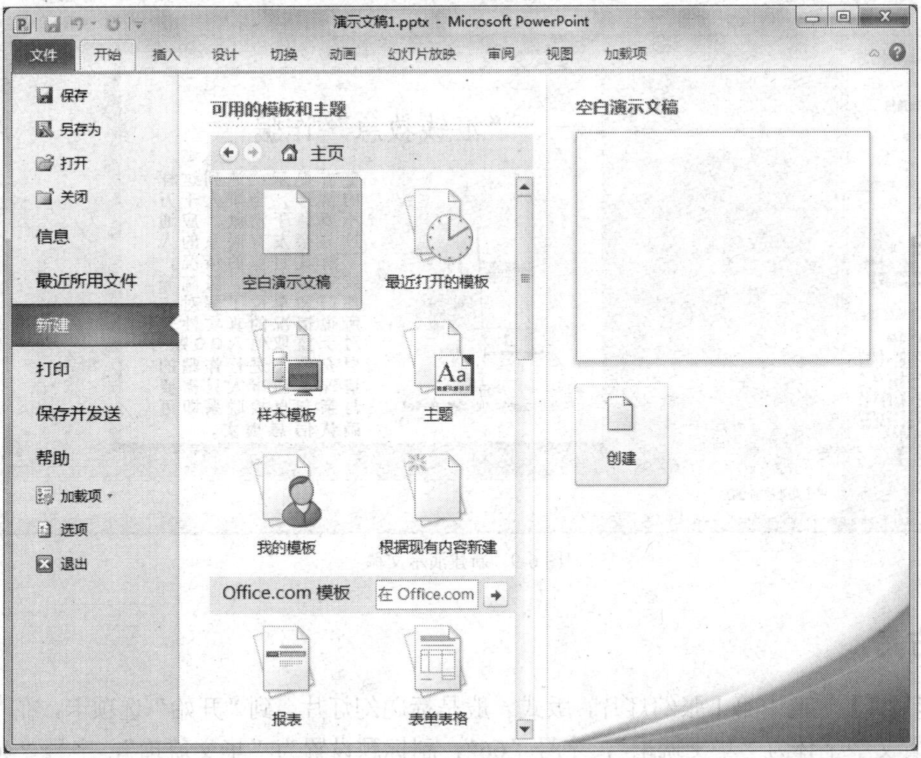

图 6-8 新建演示文稿

4. *演示文稿概述*

演示文稿就是由一张或若干张幻灯片组成，用来演示的稿件文件。在制作演示文稿时，将需要演示的内容输入一张张幻灯片上。然后对幻灯片进行适当的修改处理，配以必要的图片、动画和声音等。

情境二 丰富的版面

创建演示文稿后，大家认为要让同学们的注意力集中，就要把演示文稿做得漂亮，内容要能配合演讲内容，集合图片和文字，并符合大家的审美观。

学习目标

① 添加幻灯片。
② 设置幻灯片的版式。
③ 在幻灯片中插入文本、图片、艺术字、表格等对象。

样图（见图 6-9）

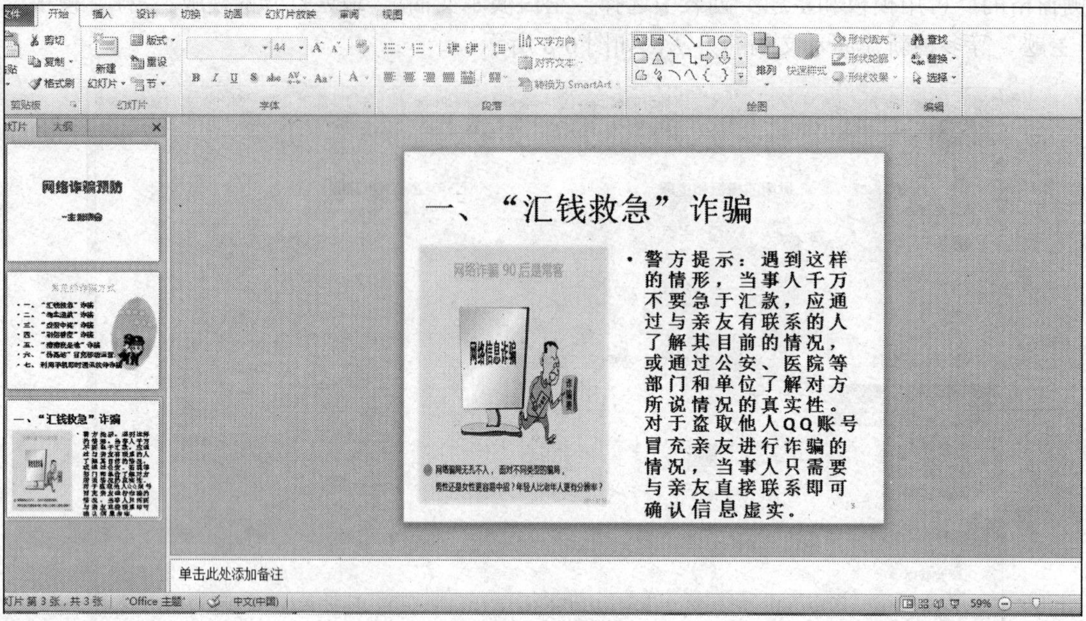

图 6-9　新建演示文稿

解决方案

【步骤 1】　选中第 1 张幻灯片，版式一般是标题幻灯片。到“开始”选项卡，在“字体”组中设置文字字体为“华文琥珀”，字号“66”，副标题设置为“华文琥珀”，字号“40”，颜色均为“红色”。如图 6-10 所示。

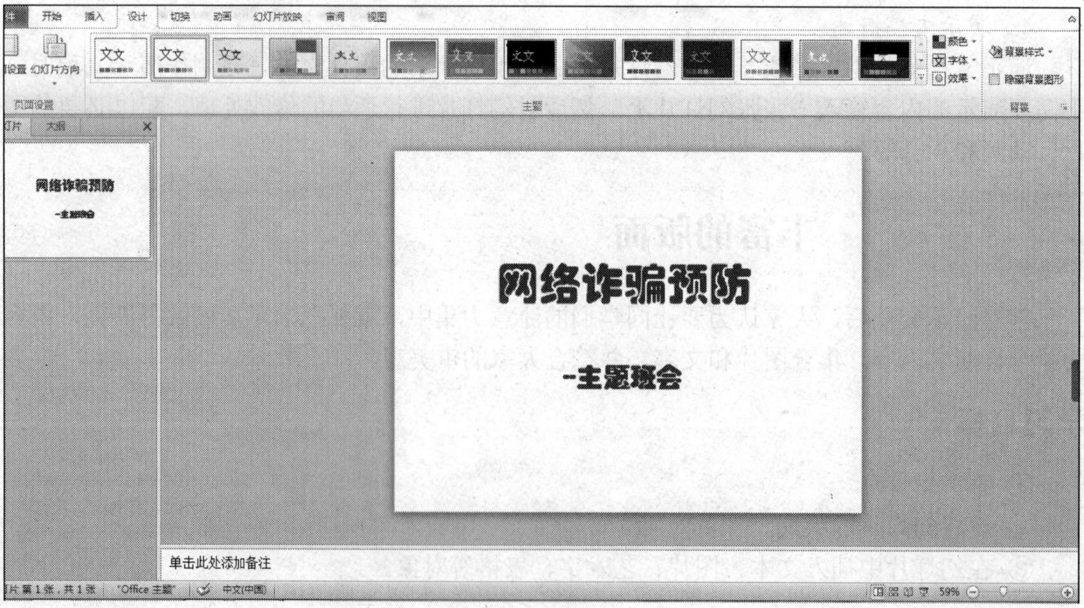

图 6-10　设置标题幻灯片

【步骤 2】　切换到“开始”选项卡，在“幻灯片”组中单击“新建幻灯片”下方的下拉按钮，在弹出的下拉列表中选择“标题和内容”选项，建立幻灯片。或者用快捷键【Ctrl】+【N】。

【步骤 3】 在幻灯片的标题占位符中输入标题文字“常见的诈骗方式”，在正文文本占位符中输入相应内容。对标题和内容进行相应的字体、段落、项目符号等设置。

【步骤 4】 切换到“插入”选项卡，在“图片”组中单击“图片”按钮，在弹出的“插入图片”对话框中选择要插入的图片插入，并适当调整图片在幻灯片中的位置，如图 6-11 所示。

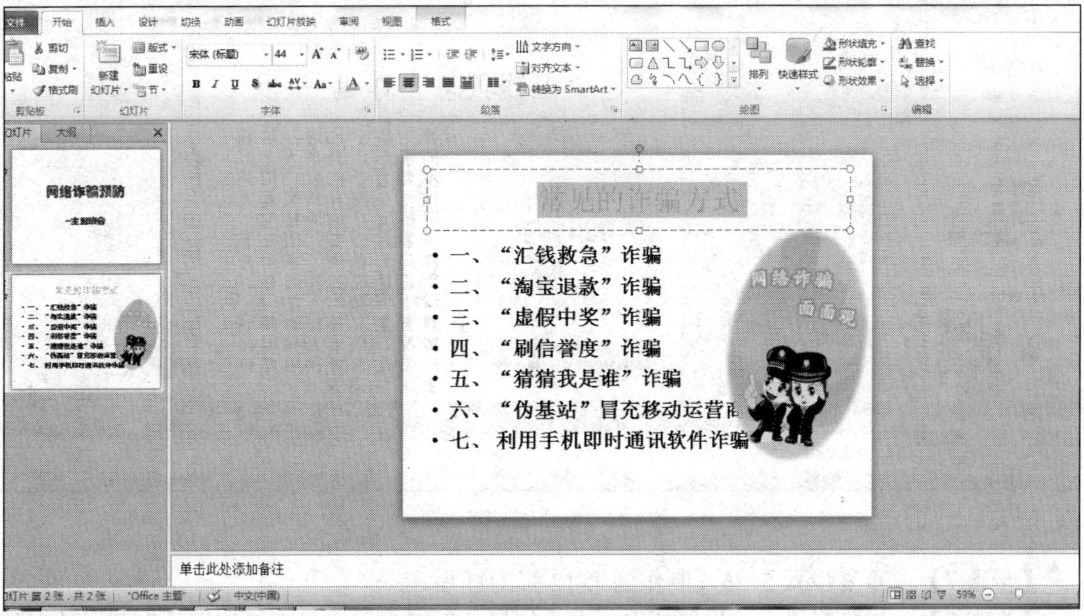

图 6-11 图片在幻灯片中的位置

【步骤 5】 切换到“开始”选项卡，在“幻灯片”组中单击“新建幻灯片”下方的下拉按钮，在弹出的下拉列表中选择“两栏内容”选项，建立幻灯片，如图 6-12 所示。

图 6-12 新建“两栏内容”幻灯片

【步骤 6】 选定标题占位符，切换到“开始”选项卡，在“字体”组中设置字体。选定两栏中右边文本占位符或文本内容，切换到“开始”选项卡，在“字体”组中设置字体；选定两栏中左边图片按钮占位符，在弹出的“插入图片”对话框中选择要插入的图片插入，并适当调整图片在幻灯片中的位置，如图 6-13 所示。

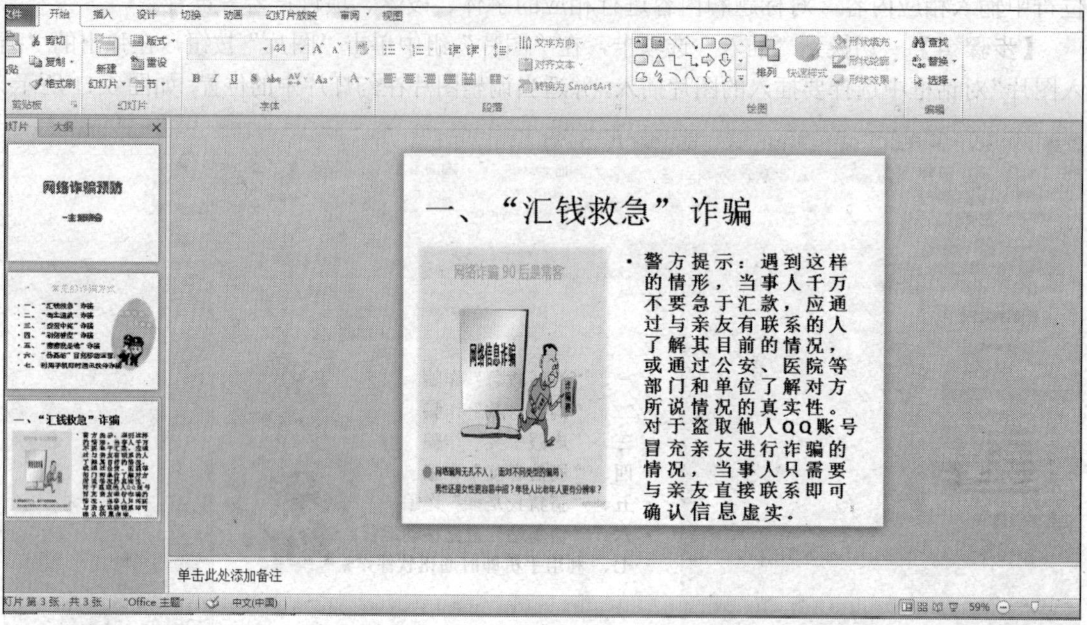

图 6-13　使用占位符后效果

【步骤 7】　重复步骤 5～6，制作到第 12 张幻灯片。

【步骤 8】　切换到“开始”选项卡，在“幻灯片”组中单击“新建幻灯片”下方的下拉按钮，在弹出的下拉列表中选择“空白”选项，建立幻灯片。

【步骤 9】　切换到“插入”选项卡，在“文本”组中单击“文本框”按钮，选择“横排文本框”，键入“谢谢观看”，设置合适的字体与对齐方式。如图 6-14 所示。

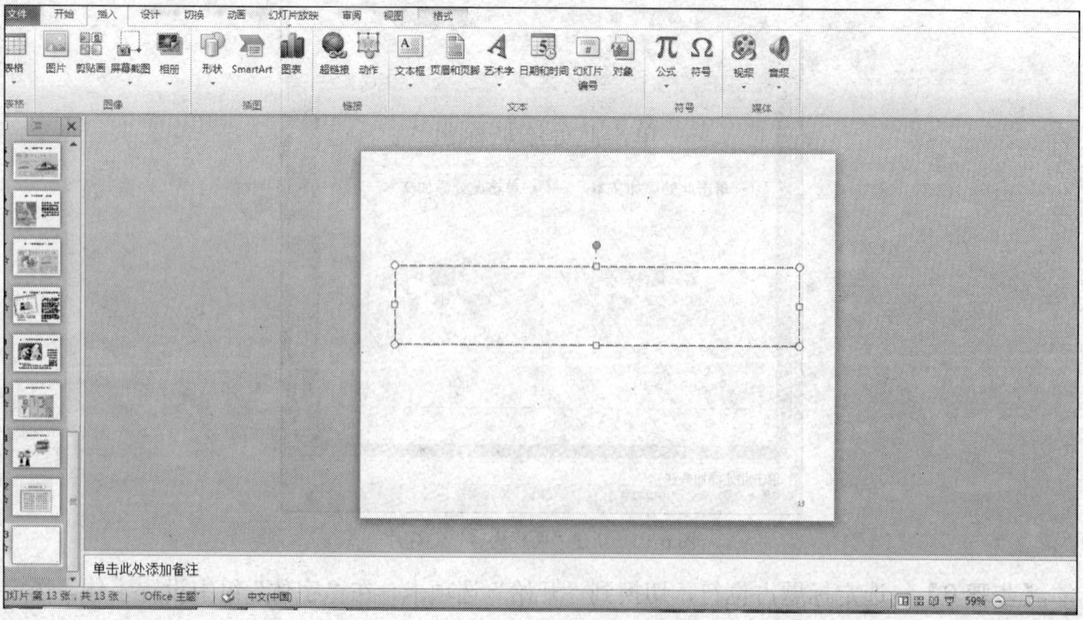

图 6-14　“空白”版式插入文本框

【步骤 10】 一共制作了 13 张幻灯片，效果如图 6-15 所示。

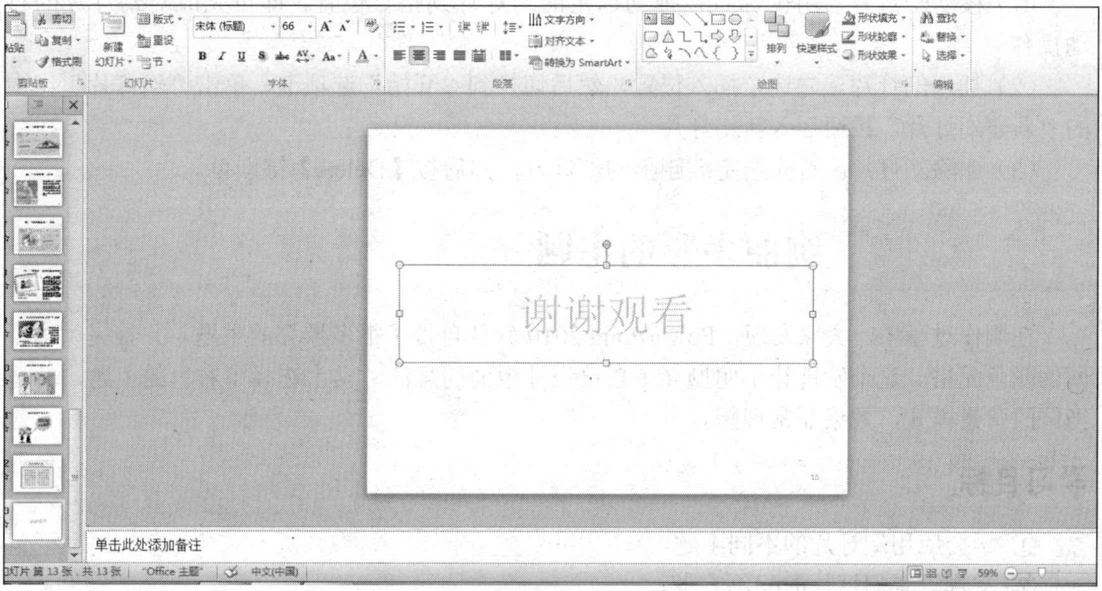

图 6-15 设计前效果图

知识储备

1. 幻灯片的版式（见图 6-16）

“开始”菜单中选择“版式”命令，然后在子菜单中选择需要的版式，在编辑窗口中可以看到版式发生了变化，用户可以在新的版式中添加新的内容。

2. 占位符的概念

占位符是带有虚线或影线标记边框的框，能容纳图表、表格和图片、音频或视频等对象，如图 6-17 所示。

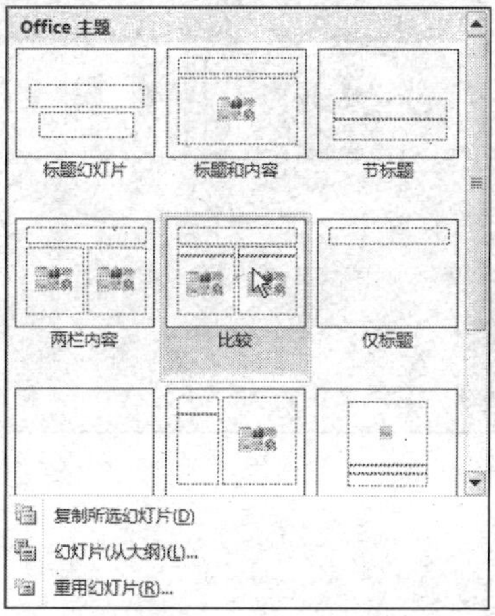

图 6-16 多种版式

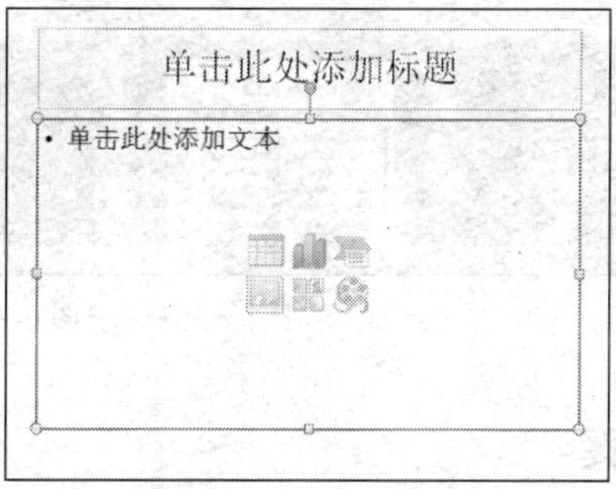

图 6-17 带有占位符的幻灯片

3. 幻灯片的插入、移动与删除方法

在创建演示文稿的过程中，可以调整幻灯片的先后顺序，也可以插入幻灯片或删除不需要的幻灯片，而这些操作若是在幻灯片浏览视图方式下进行，则非常方便和直观。

（1）移动幻灯片。用鼠标直接拖动选定的幻灯片到指定位置，即可完成对幻灯片的移动操作。

（2）插入幻灯片。先选定插入位置，然后切换到“开始”选项卡，单击“幻灯片”组中的“新建幻灯片”按钮插入新幻灯片。

（3）删除幻灯片。首先选定欲删除的幻灯片，然后按【Delete】键即可。

情境三 绚丽多彩的主题

在制作过程中，大家发现，PowerPoint 2010 软件自带了很多漂亮的主题，并且提供了不同的颜色配搭。这个发现让小明抛弃了自己设计版面的想法，马上选择了彩色的主题，并适当修改背景样式，效果非常理想。

学习目标

① 学会应用幻灯片的不同主题。

② 掌握设置幻灯片的配色方案。

③ 掌握设置幻灯片的背景方案。

样图（见图 6-18）

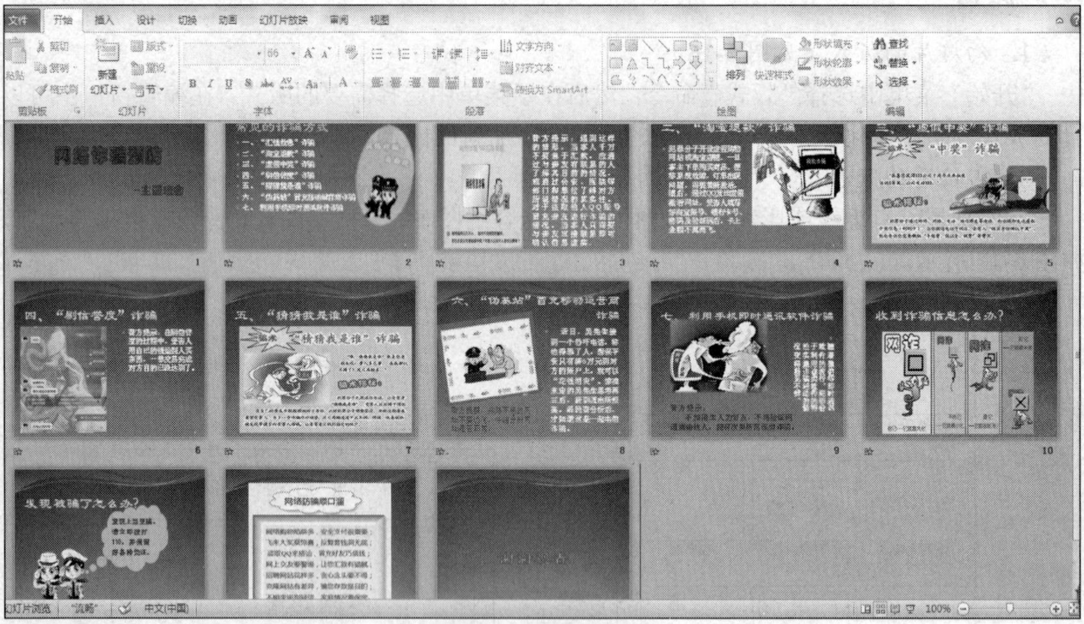

图 6-18 设计效果图

解决方案

【步骤 1】 打开“网络诈骗预防”演示文稿文件。

【步骤 2】 切换到“设计”选项卡，单击“主题”组中的“主题”按钮，在弹出的下拉列表中显示了两部分内容：“此演示文稿”和“内置”，如图 6-19 所示。

图 6-19 “主题”下拉列表

【步骤 3】 在“内置”中选择“流畅”主题，单击鼠标左键即可将所选主题应用到所有幻灯片上，如图 6-20 所示。应用主题后效果如图 6-21 所示。

图 6-20 应用主题

【步骤 4】 美化幻灯片背景，单击“背景”组中的“背景样式”按钮，在弹出的下拉列表中选择“样式 7”，如图 6-22 所示。

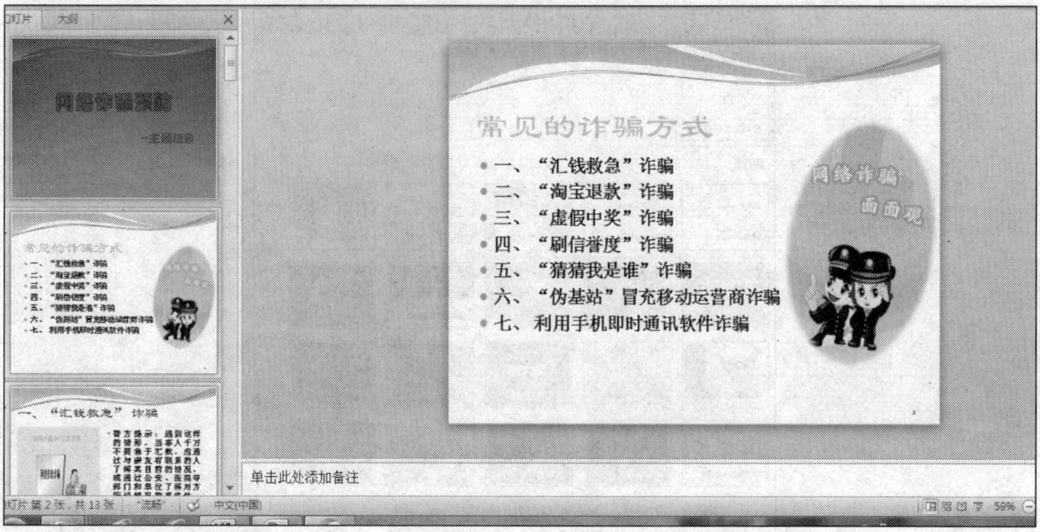

图 6-21　应用主题后

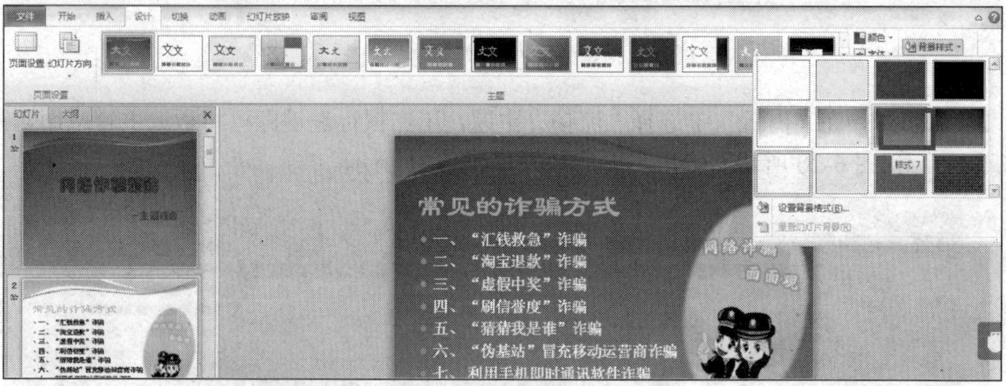

图 6-22　设置背景样式

知识储备——演示文稿的基本编辑

1. 演示文稿主题

PowerPoint 2010 演示文稿主题是由专业设计人员精心设计的，每个主题都包含一种配色方案和一组母版。

（1）使用主题（模板）

选择需要设置主题颜色的幻灯片，单击“设计”选项卡的“主题”选项组右侧的下拉按钮，在打开的“主题”列表中可以选择更多的主题效果样式。

如果在“内置”部分没有喜欢的主题，可单击列表下方的“浏览主题”选项，选择本地机上的其他主题。

如果想为某张幻灯片应用主题，可用鼠标右键单击即将运用的主题，弹出的快捷菜单如图 6-20 所示，选择其中的“应用于选定幻灯片”即可将主题应用到独立的幻灯片上。

（2）自定义主题（模板）

为了使幻灯片更加美观，用户除了使用 PowerPoint 2010 模板外，还可以自定义主题效果。设定完专用的主题效果后，可以单击“设计”选项卡的“主题”选项组右侧的小按钮，在弹出的下拉菜单中选择“保存当前主题”命令。保存的主题效果可以多次引用，不需要用一次设置一次。

2. 配色方案

除了使用 PowerPoint 2010 自带的主题样式，用户还可以自行搭配颜色以满足需要，每种颜色的搭配都会产生不同的视觉效果。

可以选择不同的配色方案，单击“主题”组中的“颜色”按钮，在弹出的下拉列表中选择“活力”配色方案，如图 6-23 所示。

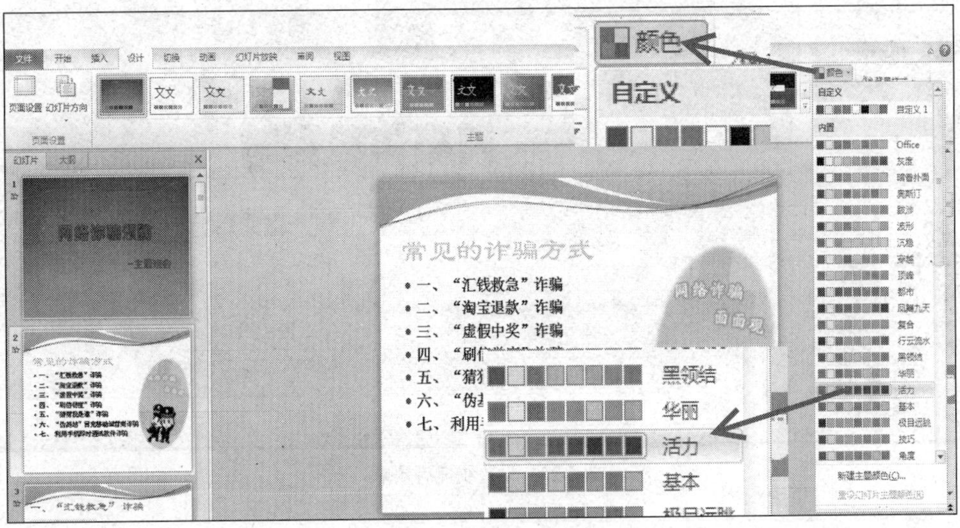

图 6-23　设置配色方案

3. 设置幻灯片的背景

PowerPoint 2010 自带多种背景样式，用户可根据需要挑选使用。

更改幻灯片背景，单击“背景”组中的“背景样式”按钮，在弹出的下拉列表中选择“设置样式格式”按钮，在对话框中选择“图片或者纹理填充”。如图 6-24 所示。

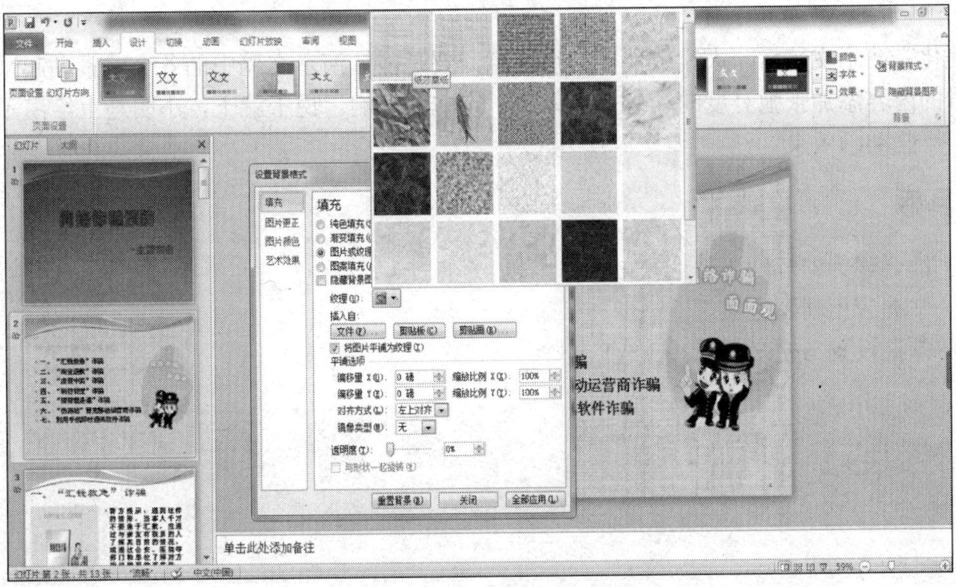

图 6-24　“设置背景格式”对话框

应用所有幻灯片，如图 6-25 所示。

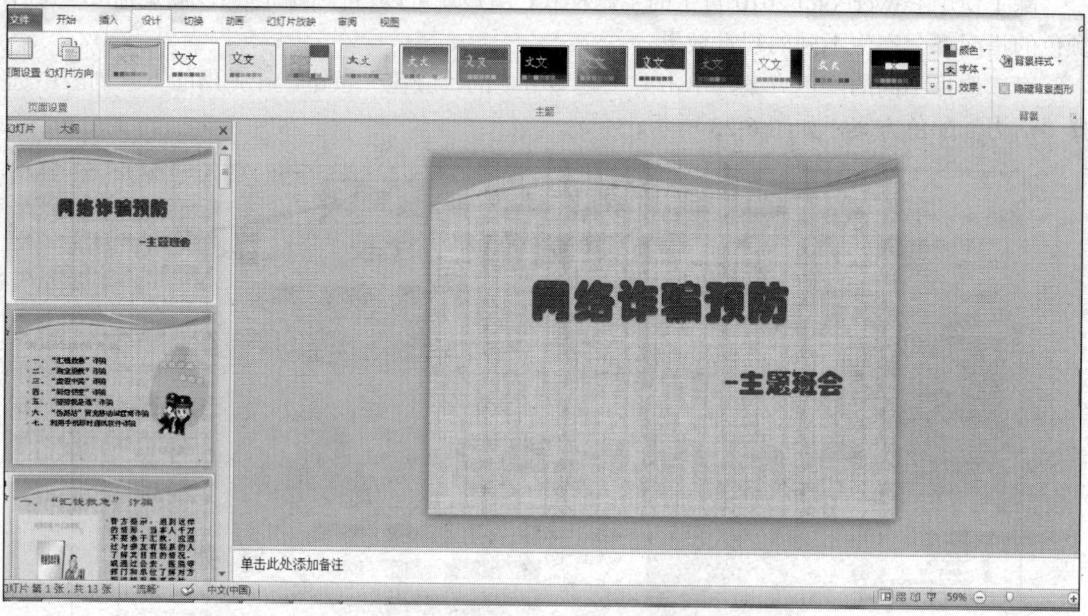

图 6-25　设置纹理后效果

实践拓展

学到现在大家应该能独立完成一个演示文稿了，试试配套实训指导的两个任务吧。文件好不好看，就看你的美化功底和对 PPT 主题的理解了。快动手吧！

情境四　“活”的幻灯片

美化完演示文稿后，大家依然不是很满意，要是能让演示文稿中的各个元素动起来，跟随演讲的内容添加张弛有度的动感，那效果一定非同凡响。说干就干，小明马上给演示文稿添加了一些动画效果。

学习目标

① 能合理为幻灯片添加切换效果。
② 掌握应用动画方案。
③ 掌握设置自定义动画。

样图（见图 6-26）

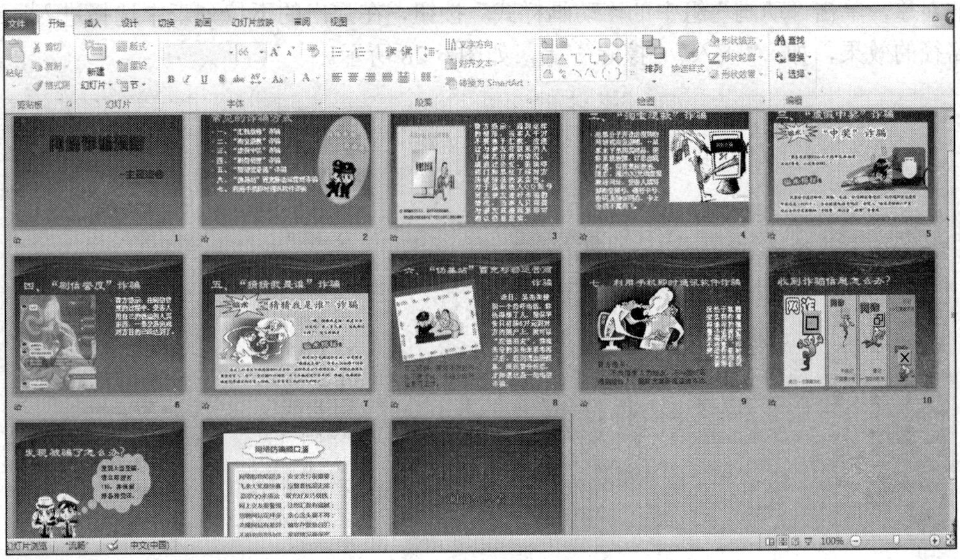

图 6-26 效果图

解决方案

【步骤 1】 切换到“切换”选项卡，在“切换到此幻灯片”组中单击“切换方案”按钮，在下拉列表中选择切换效果“华丽型”的“库”。

【步骤 2】 在“计时”组中的“声音”下拉列表中选择声音类型“风铃”来增加幻灯片切换的听觉效果，“持续时间”列表中设置幻灯片持续时间为 2s。

【步骤 3】 在“计时”选项卡的“换片方式”下，可设定“单击鼠标”。

【步骤 4】 将以上设置的幻灯片切换效果应用到所选幻灯片，单击“计时”选项组中的“全部应用”按钮；将切换效果应用到所有幻灯片上。如图 6-27 所示。

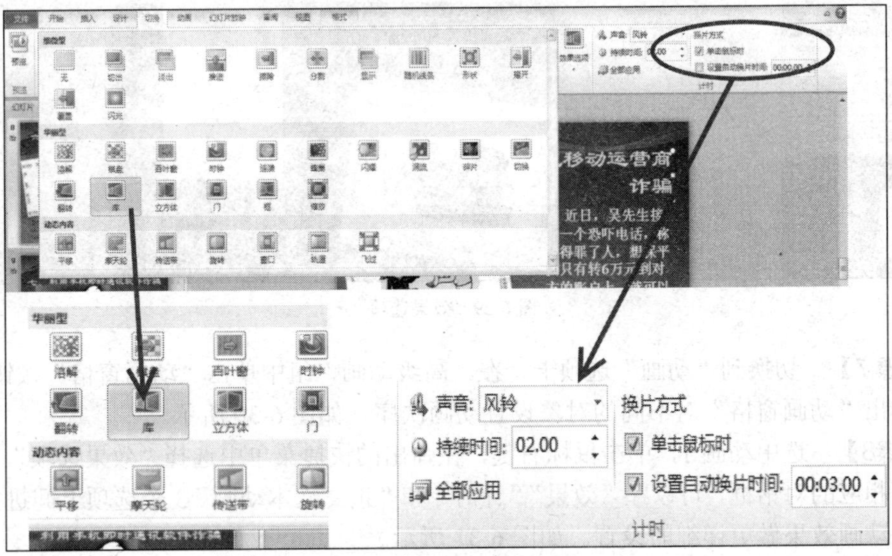

图 6-27 幻灯片“切换方案”

【步骤 5】 对所有幻灯片进行动画设置。切换到“动画”选项卡，选中幻灯片中要设置动画的对象，单击“动画”组中的“动画样式”按钮，在弹出的下拉列表中选择进入，退出，动作路径的效果，如 “飞入”“擦除”等，如图 6-28 所示。

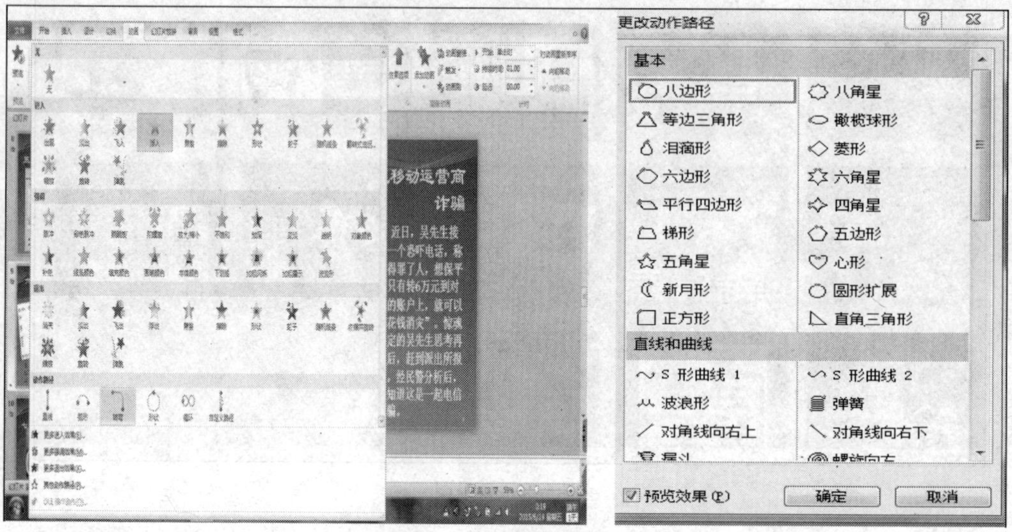

图 6-28 “动画样式”列表

【步骤 6】 随着不同动画样式的选定，单击“动画”组中的“效果选项”按钮，弹出的下拉列表中的内容将产生相应变化，根据实际情况在下拉列表中选择相应的属性状态。动画样式选择为“飞入”时，“效果选项”下拉列表中变为“方向”，可以选择“上浮”或“下浮”选项来控制动画播放的方向。如图 6-29 所示。

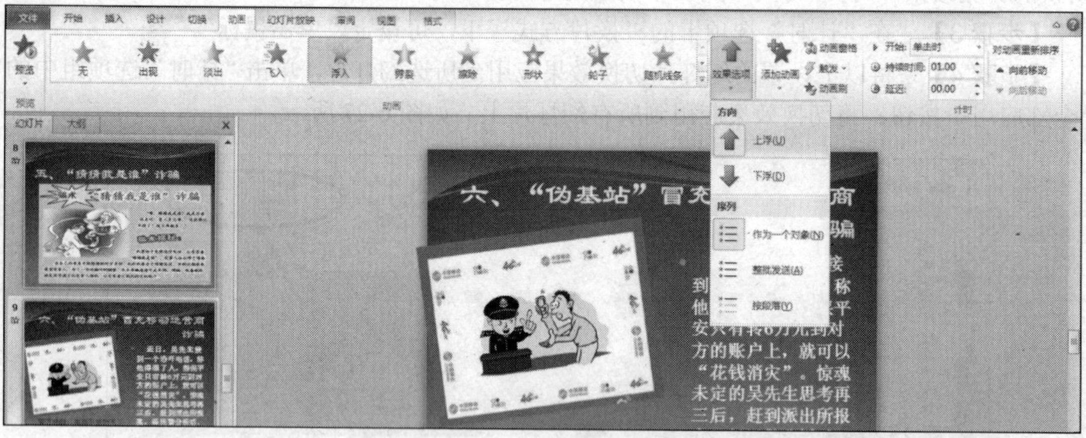

图 6-29 效果选项

【步骤 7】 切换到“动画”选项卡，在“高级动画”组中单击“动画窗格”按钮，在窗口右侧弹出“动画窗格”对不同的对象设置动画次序。如图 6-30 所示。

【步骤8】 选中动画 1，单击鼠标右键，在弹出的快捷菜单中选择“效果选项”，弹出与所选动画相应的对话框，可以在“效果”“计时”和“正文文本动画”3 个选项卡间进行切换，对所选的动画效果做更详细的设置。如图 6-31 所示。

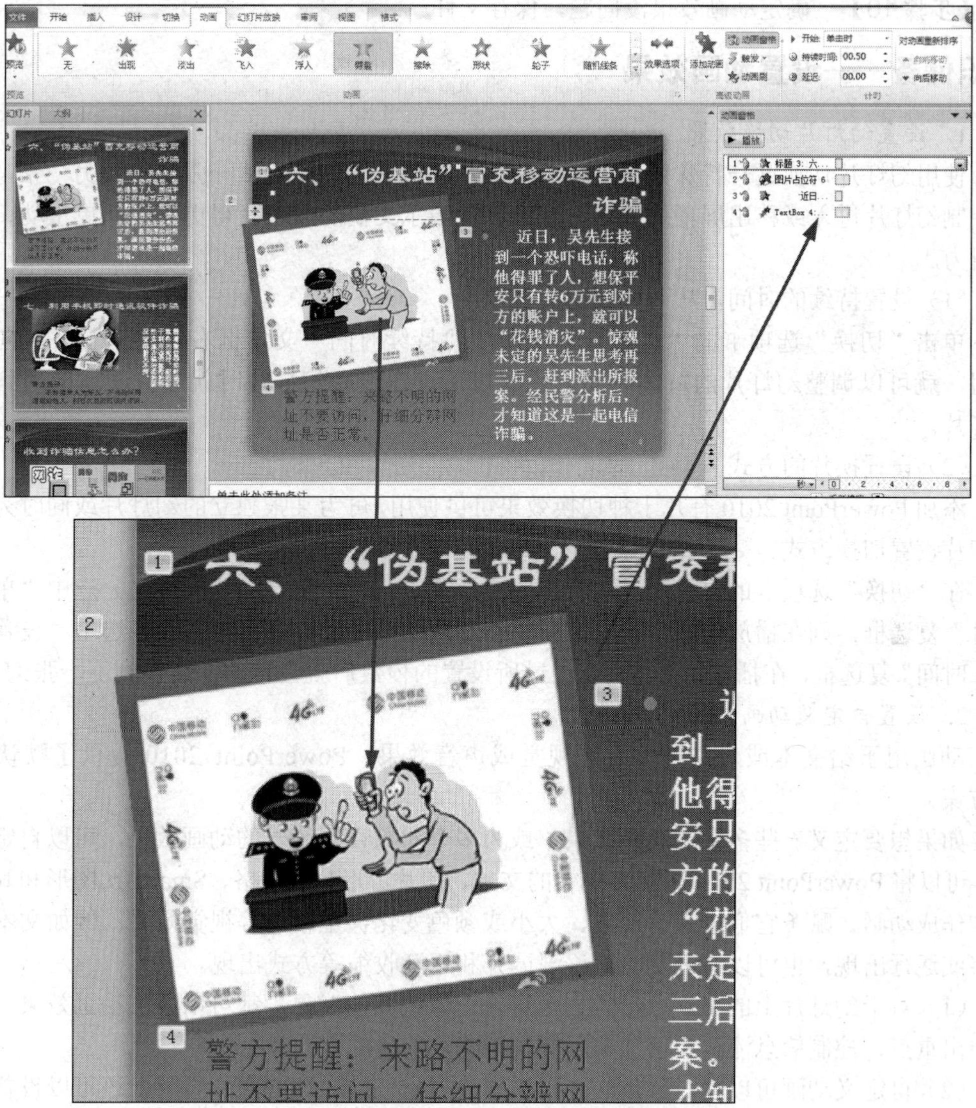

图 6-30 “动画窗格”设置

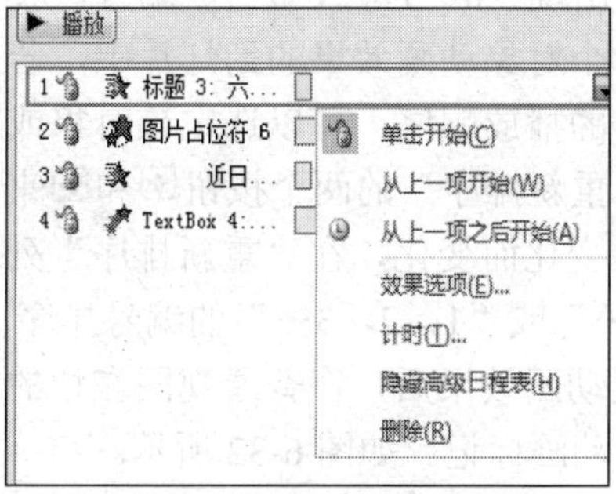

图 6-31 动画窗格 3 个选项

【步骤 9】 单击“播放”按钮，播放动画效果，或者切换到“动画”选项卡，单击“预览”组中的“预览”按钮预览动画效果。此外，还可以直接在幻灯片放映过程中看到动画效果。

【步骤 10】 确定动画效果没问题，保存文件。

知识储备——设置动画效果

1. 设置幻灯片切换效果

使用幻灯片切换这一特殊效果，可以使演示文稿中的幻灯片从一张切换到另一张，也就是控制幻灯片进入或移出屏幕的效果，它可以使演示文稿的放映变得更有趣、更生动、更具吸引力。

（1）设置持续的时间，从而控制切换的速度

单击“切换”选项卡的“计时”选项组中“持续时间“文本框右边的向上（或向下）按钮，就可以调整幻灯片的持续时间。设置以后，在放映幻灯片时就会自动地应用到当前幻灯片。

（2）设置换片的方式

添加 PowerPoint 2010 有几十种切换效果可供使用，可为某张独立的幻灯片或同时为多张幻灯片设置切换方式。

在“切换”选项卡的“计时”选项组中“换片方式”中选择换片的方式。选中“单击鼠标时”复选框，则在播放幻灯片时，需要在幻灯片中单击鼠标方可换片。若选中“设置自动换片时间”复选框，在播放幻灯片时，经过所设置的秒数后就会自动地切换到下一张幻灯片。

2. 设置自定义动画效果

动画用于给文本或对象添加特殊视觉或声音效果，PowerPoint 2010 提供了默认的动画方案。

如果想要定义一些多样的动画效果，或为多个对象设置统一的动画效果，可以自定义动画。可以将 PowerPoint 2010 演示文稿中的文本、图片、形状、表格、SmartArt 图形和其他对象制作成动画，赋予它们进入、退出、大小或颜色变化甚至移动等视觉效果。例如文本可以逐字或逐行出现，也可以通过变暗、逐渐展开和逐渐收缩等方式出现。

（1）对于幻灯片上的文本、形状、声音、图像或其他对象，都可以添加动画效果，以达到突出重点、控制信息流程和增加演示文稿趣味性的目的。

（2）自定义动画可以使对象依次出现，并设置它们的出现方式。同时，还可以设置或更改幻灯片对象播放动画的顺序。

添加了动画效果的对象会出现“0，1，2，3…”编号，表示各对象动画播放的顺序。在设置了多个对象动画效果的幻灯片中，若想改变某个对象的动画在整个幻灯片中的播放顺序，可以选定该对象或对象前的编号，单击“动画窗格”中“重新排序”的两个按钮和来调整，同时对象前的编号会随着位置的变化而变化，在“重新排序”列表框中，所有对象始终按照“0，1，2…”或“1，2，3…”的编号排序。

（3）切换设置或者自定义动画效果后，在普通视图左边的窗格中的幻灯片图标旁边会出现星星的动画标记。如图 6-32 所示。

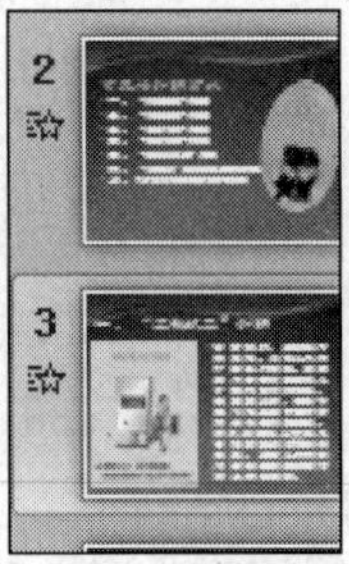

图 6-32 动画标记

实践拓展

这次的演讲因为有了 PPT 的帮助，效果很好，得到了同学和老师的表扬。此后，小明经常能接帮忙做 PPT 的请求。小明也来者不拒。可 PPT 做多了，就让小明有点头痛了，每个

PPT 都差不多，怎样才能做得更漂亮更有特色呢？听说创业孵化园有一位电子商务学长的 PPT 制作能力特别强，PPT 的动画效果超好。小明决定要好好向前辈学习，尝试制作动画组合 PPT。

请跟着配套实训练习题解决问题吧。

情境五 这么高级你知道吗

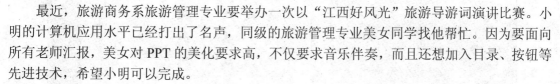

最近，旅游商务系旅游管理专业要举办一次以“江西好风光”旅游导游词演讲比赛。小明的计算机应用水平已经打出了名声，同级的旅游管理专业美女同学找他帮忙。因为要面向所有老师汇报，美女对 PPT 的美化要求高，不仅要求音乐伴奏，而且还想加入目录、按钮等先进技术，希望小明可以完成。

小明当然无法拒绝，他打算好好做这份 PPT。

学习目标

① 能对幻灯片插入艺术字。

② 会对幻灯片插入音频或视频，能合理进行设置。

样图（见图 6-33）

图 6-33 封面效果图

解决方案

【步骤 1】 单击“文件”按钮，选择左侧窗格中的“保存”菜单项，在“另存为”对话框中将文件以“龙虎山欢迎您”命名并保存在指定位置，文件后缀为“.pptx”。

【步骤 2】 将光标定位于第 1 张标题幻灯片的主标题栏，单击“插入“菜单中“文本”

选项卡的“艺术字”按钮，选择合适的样式。键入“龙虎山欢迎您”字样。如图 6-34 所示。

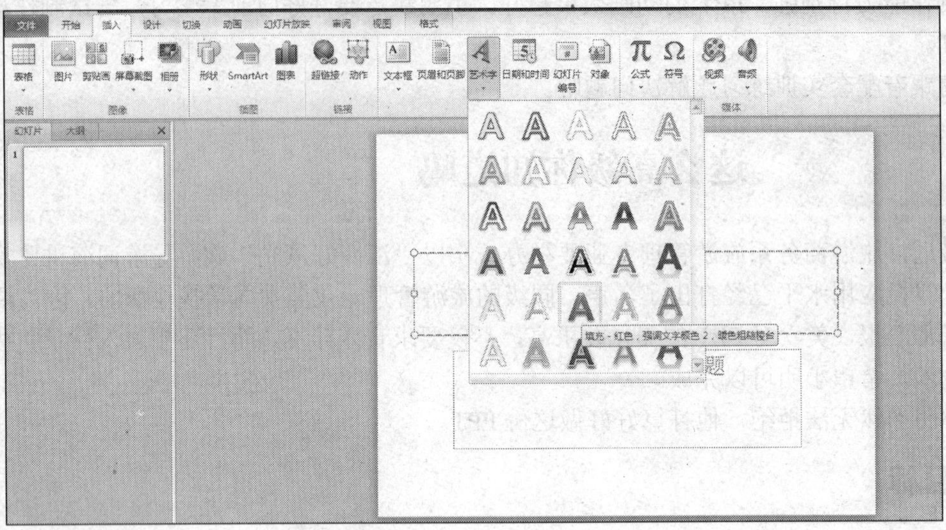

图 6-34　艺术字样式

【步骤 3】　选中艺术字“龙虎山欢迎您”，在“绘图工具”选项卡的“格式”中的“艺术字样式”组中，选择“文本效果”按钮，在弹出的子菜单中选择“转换”，在弹出的下拉框中选择“波形 2”。调整合适的大小和位置。如图 6-35 所示。

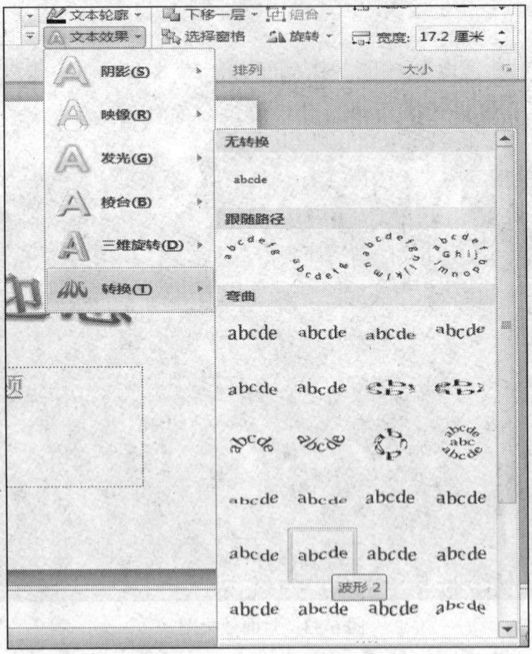

图 6-35　转换的艺术字样式

【步骤4】　键入副标题“旅游管理　×××”，设置为“宋体”，字号“32”，颜色为“红色，左对齐”。

【步骤 5】　单击“插入”菜单中“图片”，插入外部素材文件“风景 1”，调整大小合适于幻灯片版面，用鼠标右键单击图片，在快捷菜单中选择“置于底层”，效果如图 6-36 所示。

图 6-36 插入图片字效果图

【步骤 6】 单击“插入”选项卡的”媒体”选项组中的“音频”按钮，在弹出的下拉列表中选择“文件中的音频”选项，插入素材文件“渔光曲.Mp3”，幻灯片出现音频图标。如图 6-37 所示。

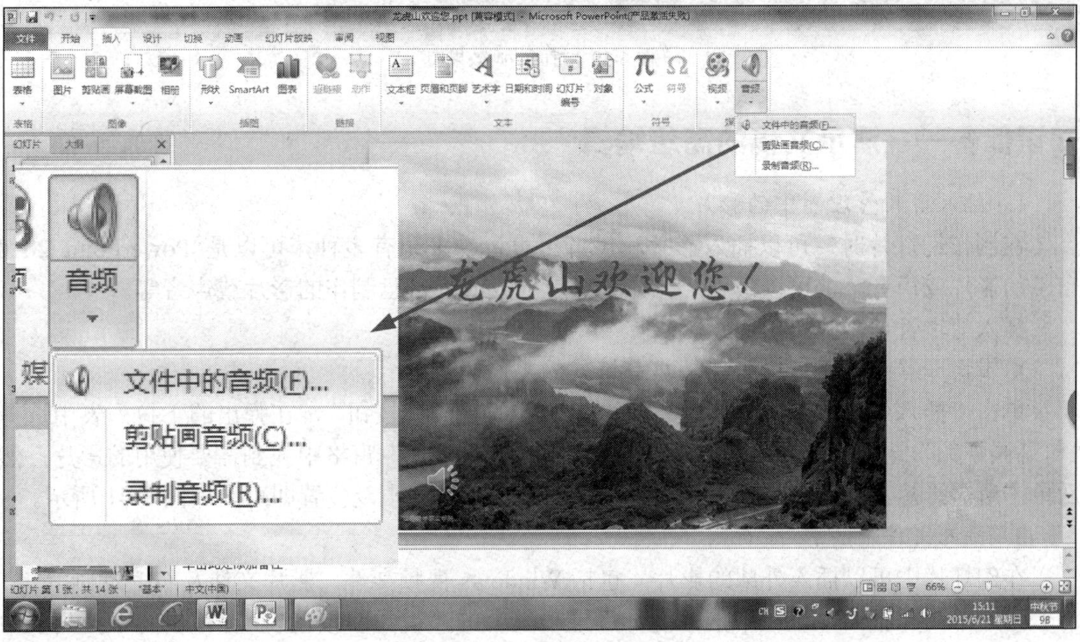

图 6-37 插入音频图

【步骤 7】 设置的背景音乐可以连续滚动播放。选中音频图标，单击“音频工具”的“播放”选项卡，在“音频选项”组中单击“开始”下拉框中的“跨幻灯片播放”，选择“放映时隐藏”和“循环播放，直到停止”。如图 6-38 所示。

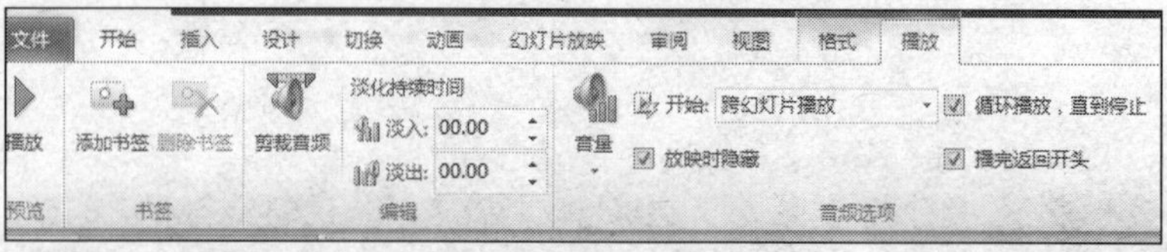

图 6-38　设置的背景音乐图

【步骤 8】　对主标题和副标题设置自定义动画。操作步骤参考情景四，效果如图 6-39 所示。

图 6-39　封面动画效果图

知识储备——演示文稿的高级编辑

1. 插入剪辑管理器中的影片

在制作幻灯片时，可以插入影片和声音。声音的来源有多种，可以是 PowerPoint 2010 自带的影片或声音，也可以是用户在计算机中下载或者自己制作的影片或声音等。

插入剪辑管理器中的影片。

剪辑管理器中的影片一般都是 GIF 格式的文件。

单击“插入”选项卡的“媒体”选项组中的“视频”按钮，在弹出的下拉列表中选择“剪贴画视频”选项，如图 6-40 所示。在右侧的“剪贴画”窗格中找到需要使用的影片，然后单击所需影片，即可将其插入幻灯片中，调整影片的大小及位置即可。如图 6-41 所示。

2. 插入文件中的影片

在幻灯片中可以插入外部的影片，包括 Windows 视频文件、影片文件及 GIF 动画等。

（1）单击“插入”选项卡的“媒体”选项组中的“视频”按钮，在弹出的下拉列表中选择“文件中的视频”选项，如图 6-42 所示。

（2）弹出“插入视频文件”对话框，选择影片文件，单击插入按钮，所选择的影片就会直接应用到当前幻灯片中，如图 6-43 所示。

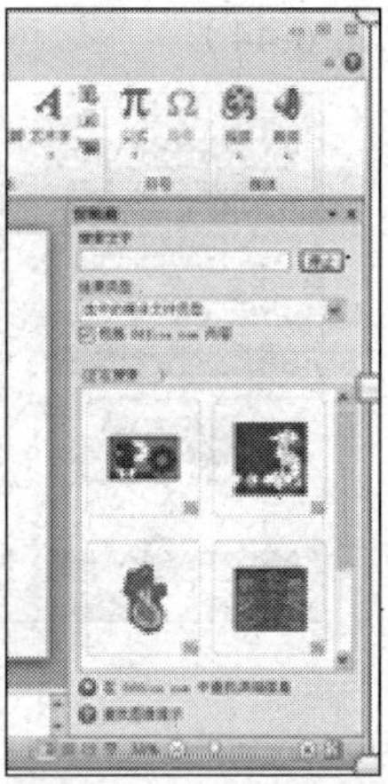

图 6-41 剪贴画视频窗格

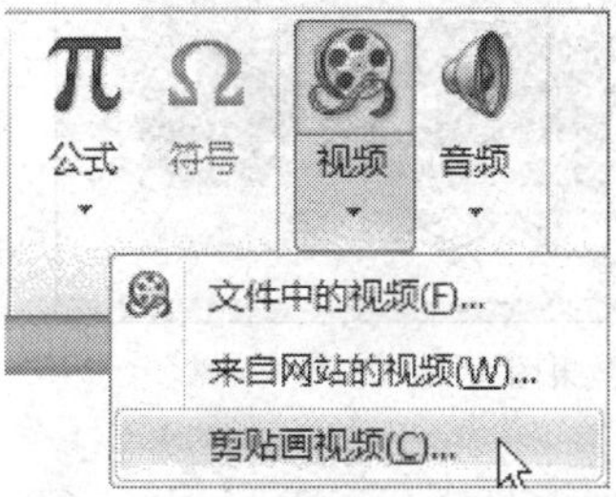

图 6-40 剪贴画视频选项

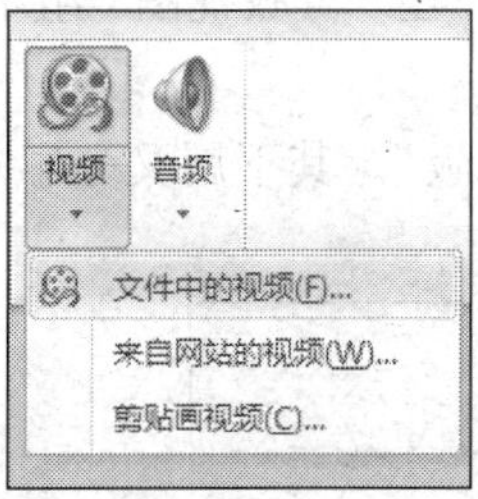

图 6-42 视频选项

图 6-43 插入影片

实践拓展

小明的帮助让美女同学在学校旅游导游词演讲赛中取得了一等奖。美女同学在感谢之余，提出想制作一本龙虎山风光的精美电子相册。希望根据“江西龙虎山”演示文稿的内容素材图片，再添加一些龙虎山风光图片，作为以后工作资料储备。小明欣然同意。对小明来说又多了一次练习机会。

请跟着配套实训练习题解决问题吧。

情境六 统一的背景

小明想统一版面的背景，放入能反映龙虎山特征的山水照片；选择适合的主题，加入幻灯片编号，好计算放映时间。

学习目标

① 能设计幻灯片的母版视图。

② 会插入幻灯片编号。

样图（见图 6-44）

图 6-44　设置母版效果图

解决方案

【步骤 1】　切换到“开始”选项卡，在“幻灯片”组中单击“新建幻灯片”下方的下拉按钮，在弹出的下拉列表中选择“标题和内容”选项，反复建立约 20 张幻灯片。

【步骤 2】　选取第二种幻灯片，在“标题栏”中键入“龙虎山的由来”，设置字体“宋体，44 号，加粗，居中”；在“内容栏”键入相应的素材内容，设置字体“宋体，28 号，项目符号”。

【步骤 3】　下面开始页面的设计。切换到“视图”选项卡，在“母版视图”组中单击“幻灯片母版”按钮，系统自动切换到“幻灯片母版”选项卡。

在幻灯片母版视图的左窗格中显示了一个母版“幻灯片母版”，其下属又分了多个版式，选择“标题和内容”，如图 6-45 所示。

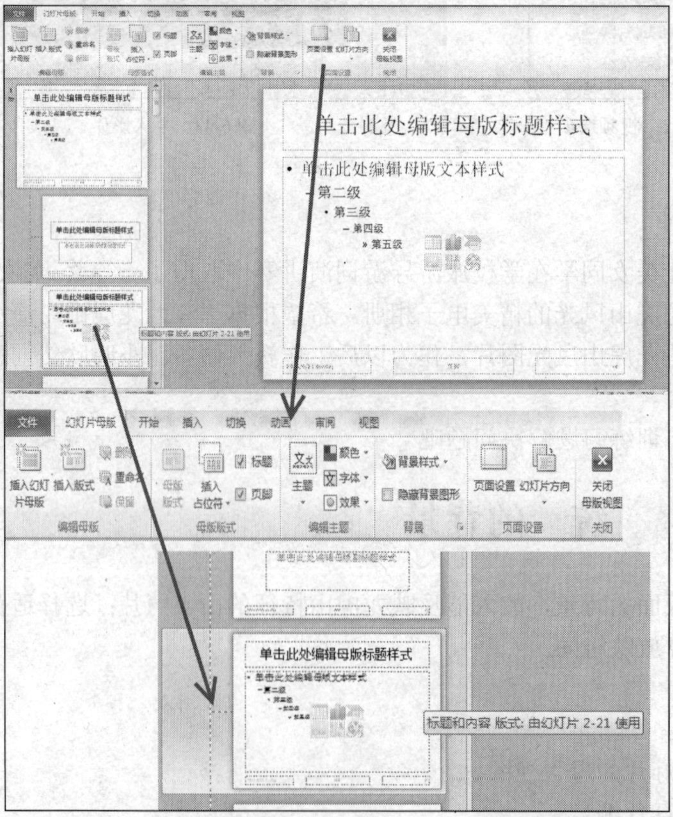

图 6-45　母版视图

【步骤 4】 选中“幻灯片母版”，切换到“插入”选项卡，在“图像”组中单击“图片”按钮，选择要插入的图片，并适当调整图片的位置，如图 6-46 所示。

图 6-46 母版中插入背景图片

【步骤 5】 单击该图片，自动切换到“图片工具”栏的“格式”选项卡，在“调整”组中单击“颜色”按钮，自动弹出下拉框。在下拉框中“重新着色”选项中选择“冲蚀”按钮。用鼠标右键单击图片，设置“置于底层”，效果如图 6-47 所示。

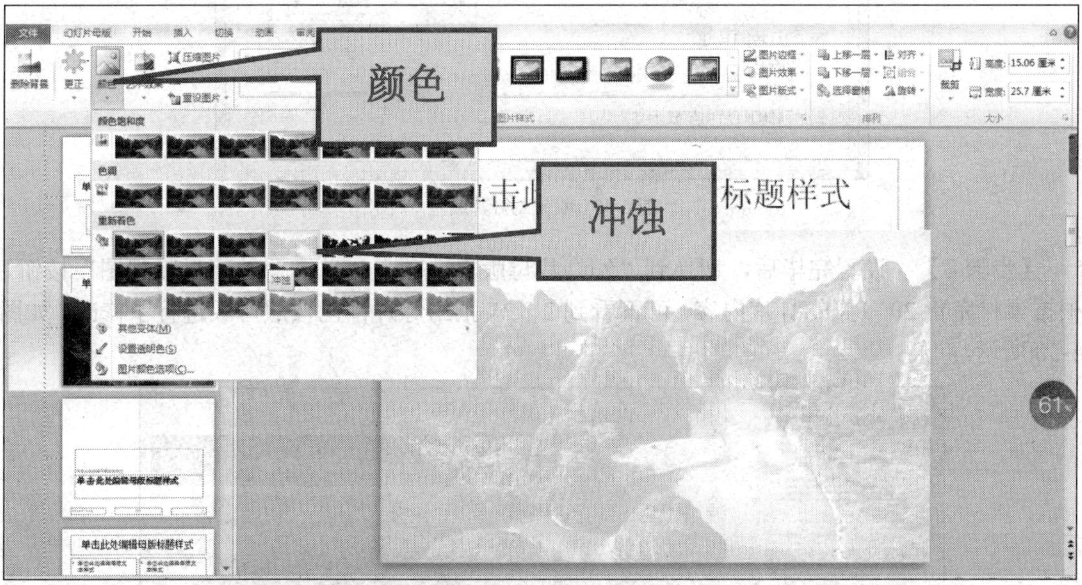

图 6-47 冲蚀后的效果

【步骤 6】 选择“幻灯片母版”，在“编辑主题”组中，单击“主题”，在弹出的下拉列表中选择“波形”主题。然后单击“颜色”按钮，在弹出的下拉列表中选择“行云流水”配色方案。效果如图 6-48 所示。

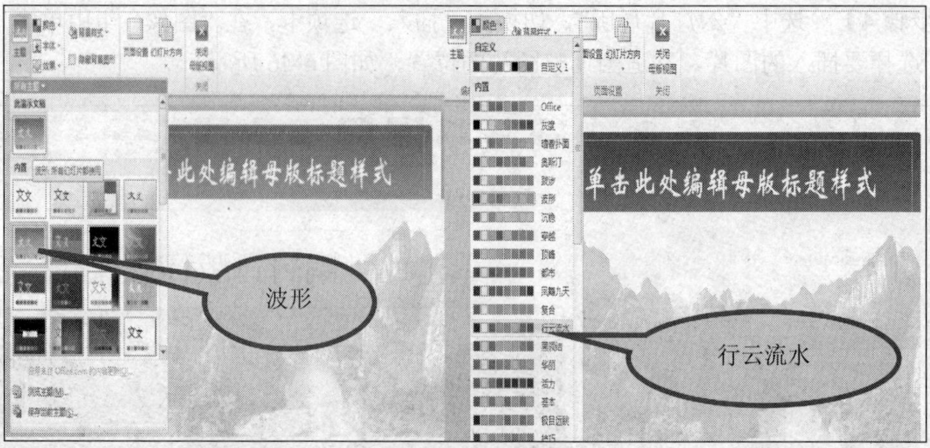

图 6-48　设置主题的效果

【步骤 7】　插入幻灯片编号。选择“幻灯片母版”，切换到“插入”选项卡，在“文本”组中单击“幻灯片编号”按钮，弹出“页眉和页脚”对话框，切换到“幻灯片”选项卡，将“幻灯片编号”复选框选中，如图 6-49 所示，并单击“全部应用”按钮。

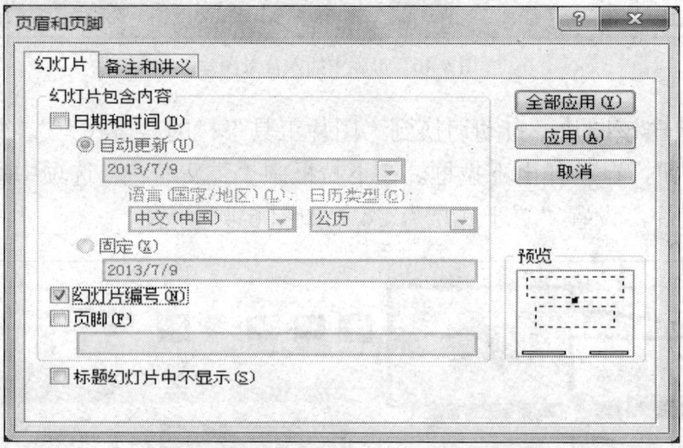

图 6-49　设置幻灯片编号

【步骤 8】　设置完毕后，切换到“幻灯片母版”选项卡，单击“关闭母版视图”按钮，根据素材完善 20 多张幻灯片内容，可查看到 2～21 张幻灯片都已按照母版进行了修改。如图 6-50 所示。

图 6-50　设置完母版背景的效果

知识储备——演示文稿母版

1. 母版

母版同样也决定着幻灯片的外观。同版式的幻灯片要求具有相同的背景图片，相同背景格式，固定位置、相同图案的图标，在这种的情况下，应该在母版视图中进行设置。

一般分为幻灯片母版、讲义母版和备注母版，其中幻灯片母版是最常用的一种。

2. 幻灯片母版

使用幻灯片母版，可以为幻灯片添加标题、文本、背景图片、颜色主题、动画，修改页眉、页脚等，快速制作出属于自己的幻灯片。可以将母版的背景设置为纯色、渐变或图片等效果。主要用于控制演示文稿中所有幻灯片的外观。在母版中对占位符的位置、大小和字体等格式进行更改后，会自动应用于所有的幻灯片。

3. 讲义母版

讲义母版可以将多张幻灯片显示在一张幻灯片中，便于预览和打印输出。设置讲义母版的具体操作步骤如下。

（1）单击“视图”选项卡的“母版视图”选项组中的“讲义母版”按钮，如图 6-52 所示。

（2）单击“插入”选项卡的“文本”选项组中的“页眉和页脚”按钮，在弹出的“页眉和页脚”对话框中选择“备注和讲义”选项卡，为当前讲义母版添加页眉和页脚，然后单击“全部应用”按钮，如图 6-51 所示。

（3）新添加的页眉和页脚就会显示在编辑窗口中，如图 6-52 所示。

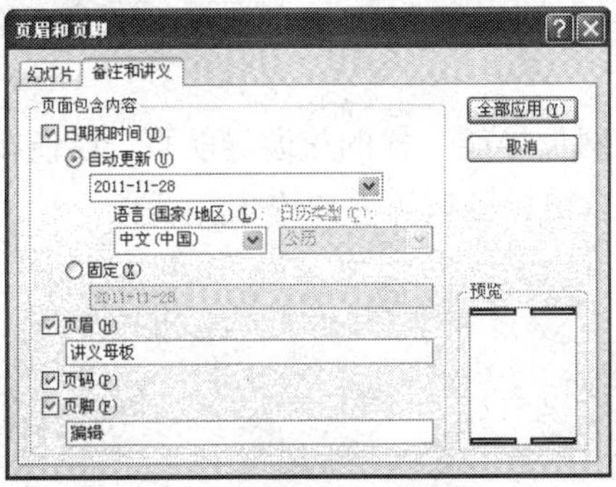

图 6-51 【页眉和页脚】对话框

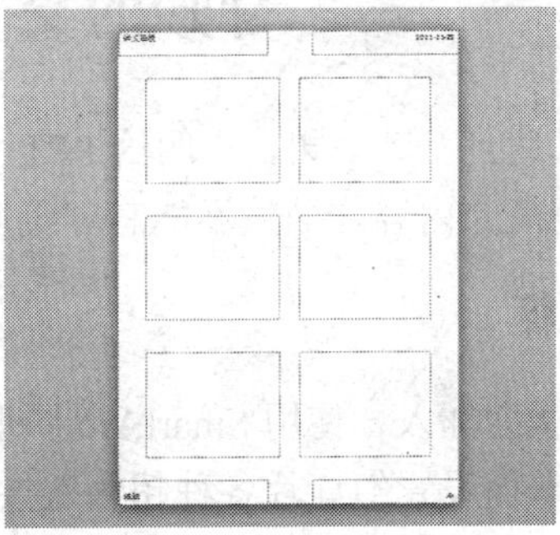

图 6-52 讲义母版

4. 备注母版

备注母版主要用于显示幻灯片中的备注，可以是图片、图表或表格等。设置备注母版的具体操作步骤如下。

（1）在打开的 PowerPoint 2010 中，单击“视图”选项卡的“母版视图”选项组中的“备注母版”按钮。

（2）选择备注文本区的文本，在弹出的菜单中，用户可以设置文字的大小、颜色和字体等。

（3）设置完成后，单击“备注母版”选项卡中的“关闭母版视图”按钮，返回普通视图，在“备注”窗口输入要备注的内容，如图 6-53 所示。

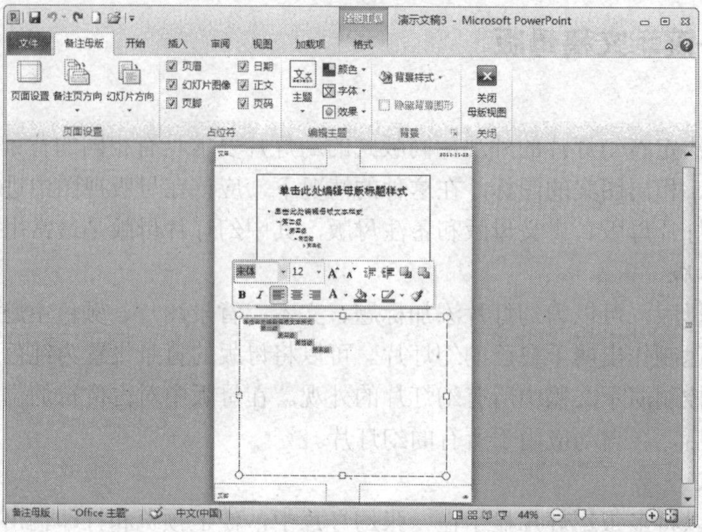

图 6-53　备注窗口

实践拓展

小明能做 PPT 的名气已经传遍了创业孵化园里每个学长的耳朵，有家户外野营运动公司就开始有偿请小明为他们做动态主题 PPT 了。

请跟着配套实训练习题解决问题吧。

情境七　奇妙的交互效果

为了达到互动效果，小明给 PPT 加了张类似网页导航一样的旅游导航页，以便在演讲的第一时间简介内容。当然不能忘记美女的要求，按钮、链接千万要添上。

学习目标

① 学会插入、使用 SmartArc 图形。

② 掌握设置幻灯片各种超级链接。

样图（见图 6-54）

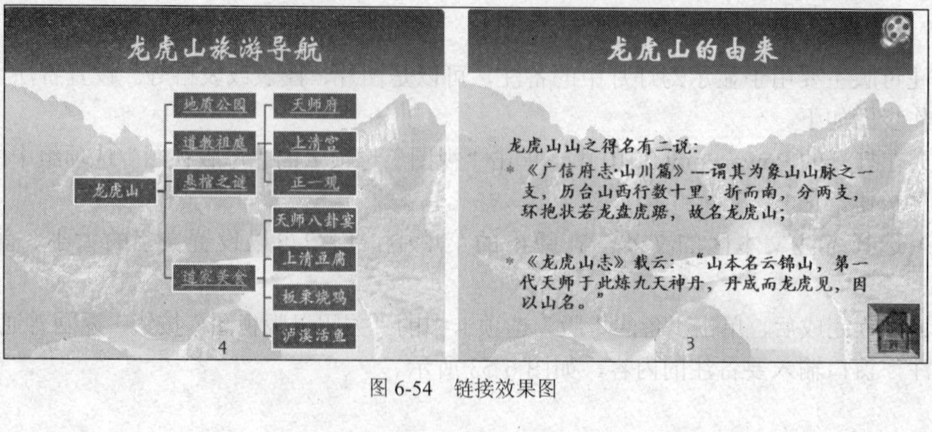

图 6-54　链接效果图

解决方案

【步骤 1】 在第四张幻灯片制作导航页。切换到“插入”选项卡，在“插图”组中单击“SmartArc”按钮，或者直接单击幻灯片内容栏中的占位符“SmartArc”按钮。在弹出的对话框中选择“组织结构图”插入，如图 6-55 所示。

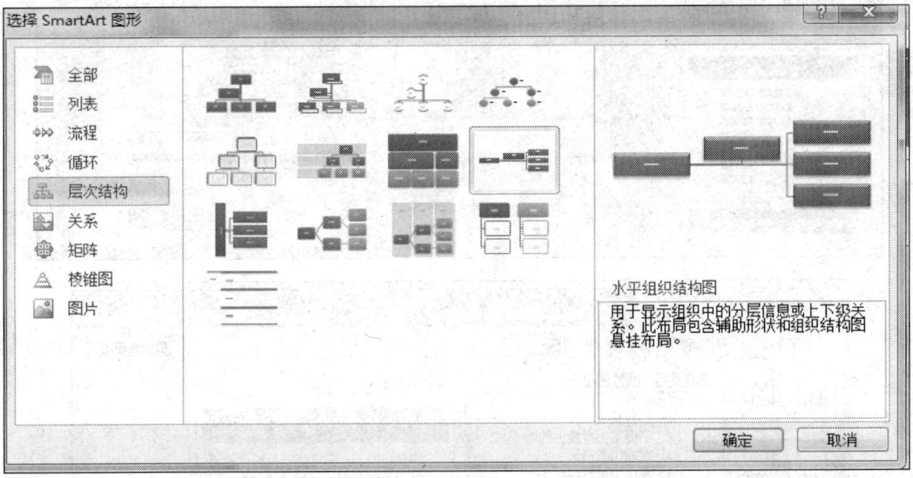

图 6-55 插入组织结构图

【步骤 2】 添加组织结构图的分支形状，输入文字内容，并适当调整图片的位置，如图 6-56 所示。

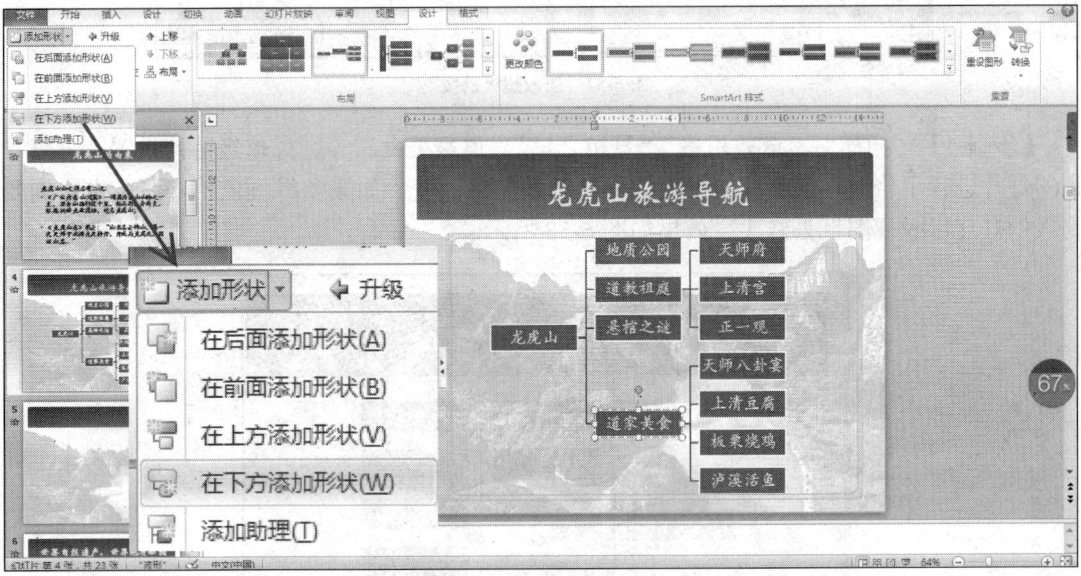

图 6-56 完成组织结构图

【步骤 3】 设置超级链接。选中导航中的“地质公园“文字，切换到“插入”选项卡，在“链接“组中单击“超级链接”按钮，在弹出的“超级链接”对话框中选择“本文档中位置”，找到要链接的有关“地质公园”的首页幻灯片。预览后单击“确定”按钮。操作如图 6-57 所示。

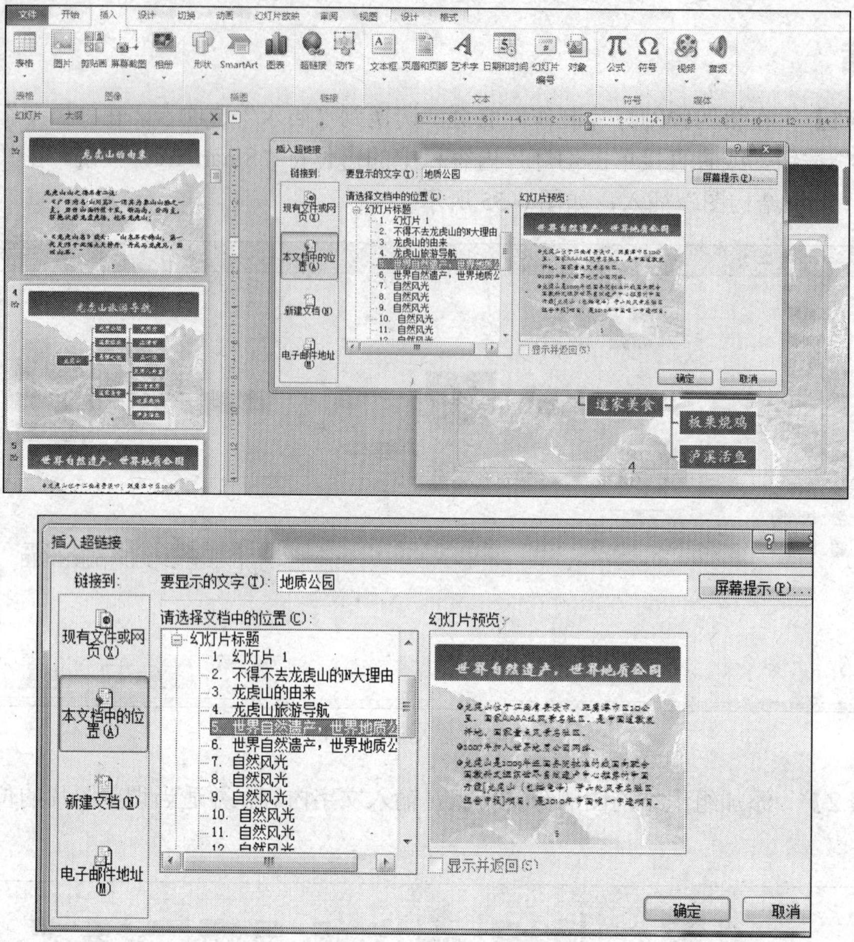

图 6-57　插入超级链接

【步骤 4】　同样对“道教祖庭”“悬棺之谜”“道家美食”等进行超级链接设置。可查看到幻灯片进行了修改，超级链接的文字颜色都发生了改变。如果觉得颜色不合适，本实例要到“幻灯片母版视图”去修改。效果如图 6-58 所示。

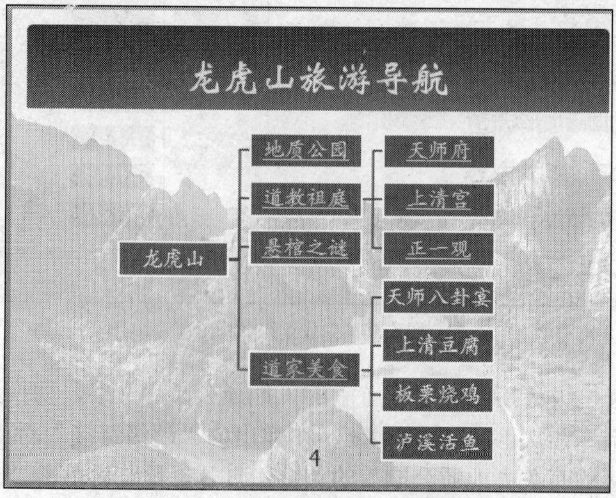

图 6-58　完成超级链接的组织结构图

【步骤 5】 切换到“视图”选项卡，在“母版视图”组中单击“幻灯片母版”按钮，系统自动切换到“幻灯片母版”选项卡。单击编辑过的“标题和内容”版式，切换到“插入”选项卡，在“插图”组中单击“形状”按钮，在弹出的子菜单中选择“动作按钮”的“第一张”，在幻灯片中调整大小位置插入。效果如图 6-59 所示。

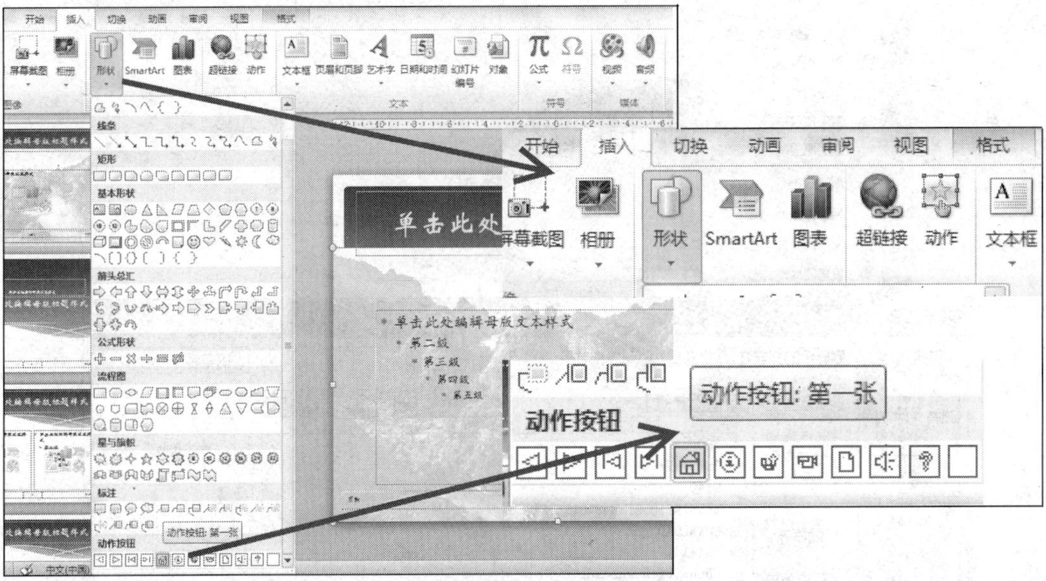

图 6-59 插入动作按钮图

【步骤 6】 在自动弹出的“动作设置”对话框中，将超级链接选项 “第一张幻灯片”改为“幻灯片”，在新的对话框中选择导航页为超级链接到的动画片。效果如图 6-60 所示。

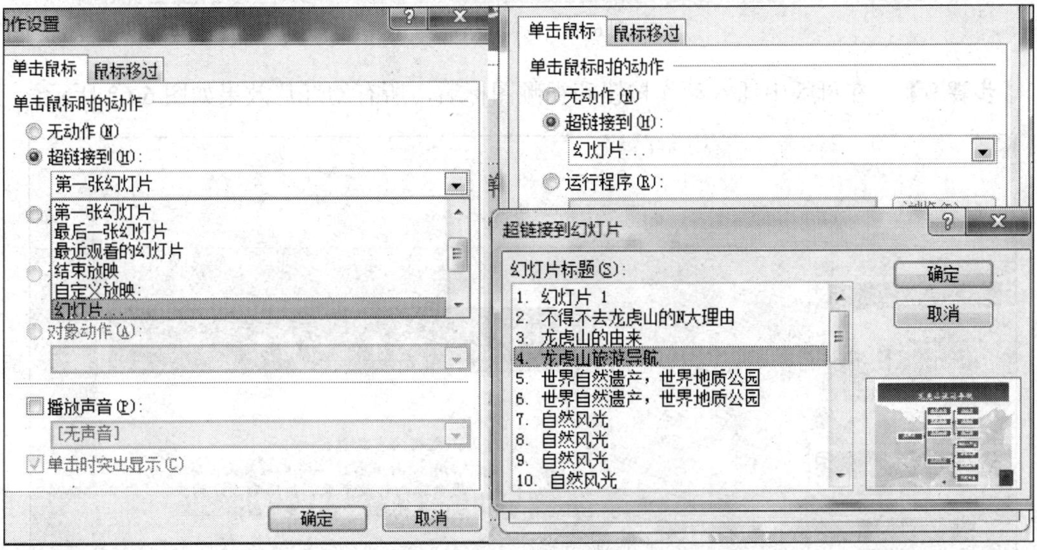

图 6-60 设置动作按钮图

【步骤 7】 单击主页动作按钮，设置格式，在幻灯片中调整大小位置。

【步骤 8】 在母版中合适位置再插入一个视频图标，准备链接龙虎山的音乐风光片的网址，设置超级链接网页。用鼠标右键单击图标，弹出快捷菜单，设置超级链接。在弹出“编辑超链接”对话框中，选中“现有文件或网页”，在“地址”中写入网址，确定即可。效果如图 6-61 所示。

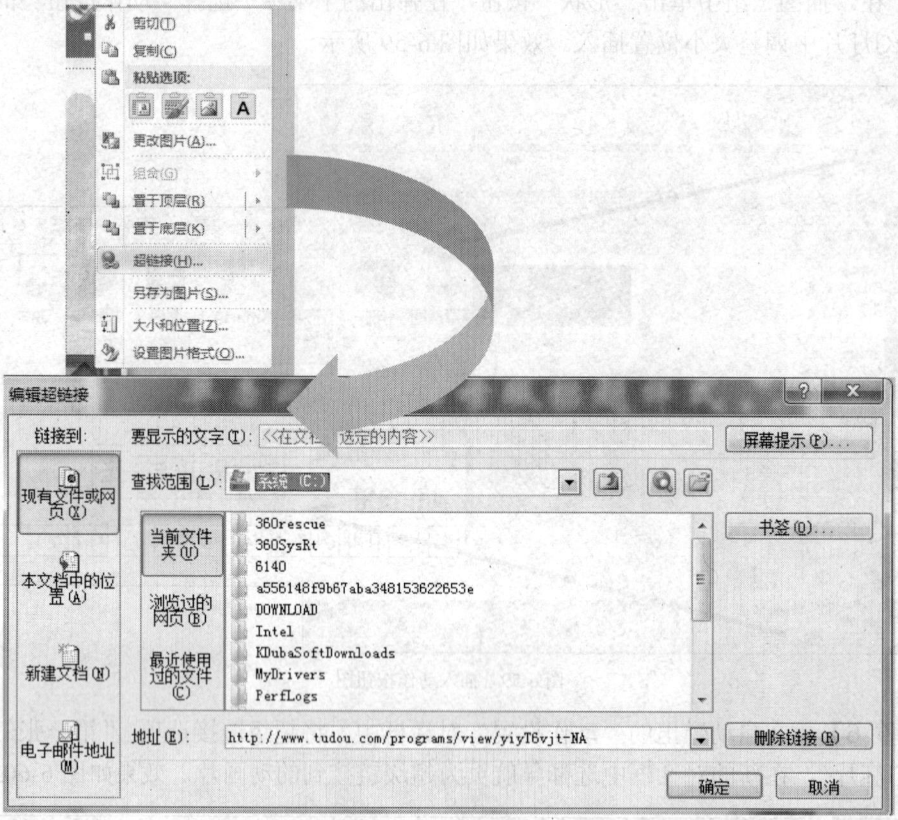

图 6-61 设置超级链接

【步骤 9】 在母版中插入动作按钮和视频图标后，所有幻灯片效果如图 6-62 所示。

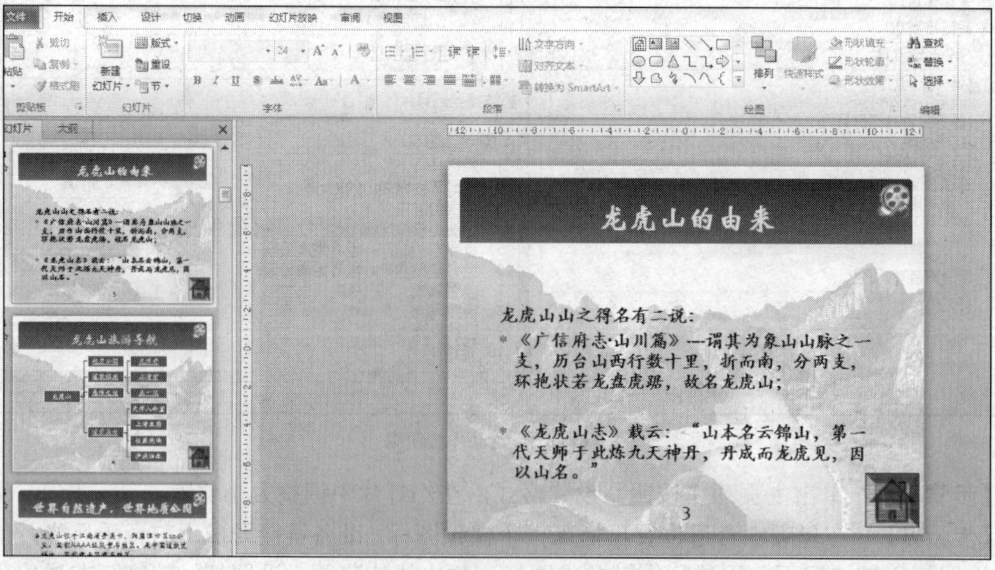

图 6-62 幻灯片效果

知识储备——超级链接

在 PowerPoint 中，超链接可以是从一张幻灯片到同一演示文稿中另一张幻灯片的链接，也可以是从一张幻灯片到不同演示文稿中另一张幻灯片，或者到电子邮件地址、网页或文件等的链接。

超级链接操作比较简单便捷。选中要设置超链接的文字或图片，单击鼠标右键，在弹出的快捷菜单中选择“超链接”命令，在打开的“插入超链接”对话框（见图 6-63）中设置要链接到的文件、幻灯片、网页的 URL、电子邮件地址（见图 6-64）等，最后单击“确定”按钮。

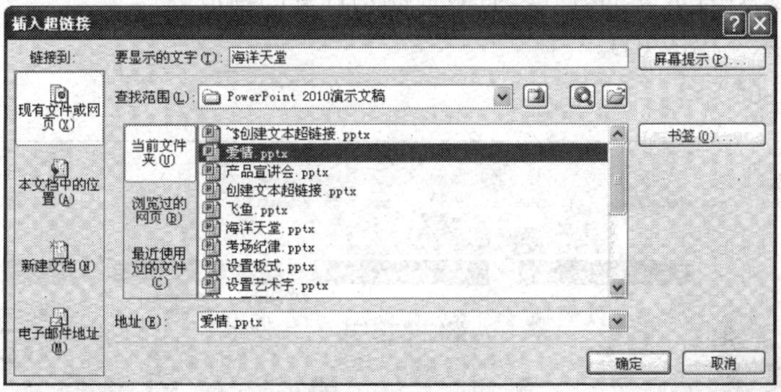

图 6-63 链接到其他幻灯片

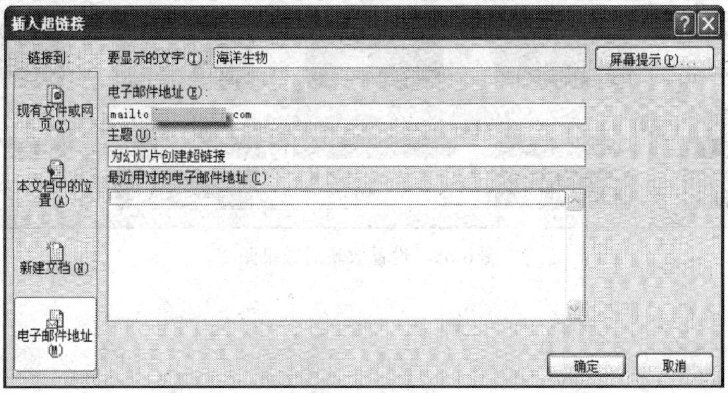

图 6-64 输入电子邮件地址

PowerPoint 2010 提供了一些最常用的动作按钮，例如换页到下一张幻灯片或跳转到起始幻灯片进行放映等。为了使幻灯片有交互作用，一般也要设置返回主页的链接，可以使用动作按钮来实现此功能。但如果是每张幻灯片都要设置，则应该在“母版视图”中选择合适的版式来应用动作按钮。

实践拓展

得知小明有较高的 PPT 制作技术，社会工作系的文化传媒公司就请小明为他们做的客户制作销售主题 PPT 了。小明做这些已经得心应手。你能做这种主题 PPT 吗？请跟着配套实训练习题解决问题吧。

情境八　自由的放映

PPT的内容做好了，现在就差设定一个和主讲者习惯一样的播放方式了。美女同学说：你看这“自然风光”的幻灯片也挺多的，放映时间可不能太长，节省点时间，就播放三张吧。所以小明给她设置了自定义放映，只放映部分幻灯片，或者自由地跳动放映。

学习目标

① 能设置自定义放映。

② 掌握设置幻灯片放映的方式，有效控制幻灯片的播放。

③ 会打包演示文稿成CD。

样图（见图6-65）

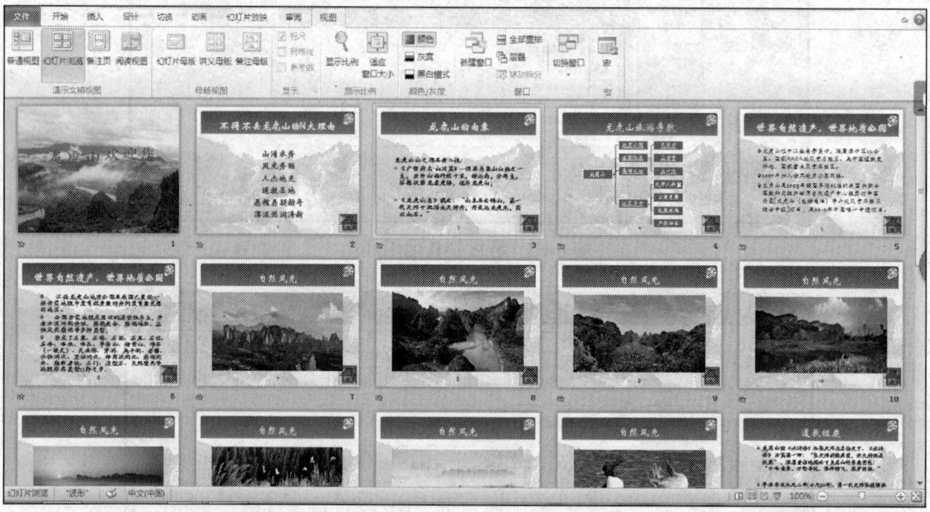

图6-65　设置放映后效果图

解决方案

【步骤1】　单击“幻灯片放映”选项卡的“开始放映幻灯片”选项组中的“自定义幻灯片放映”按钮，在弹出的下拉菜单中选择“自定义放映”命令，弹出“自定义放映”对话框，如图6-66左图所示。

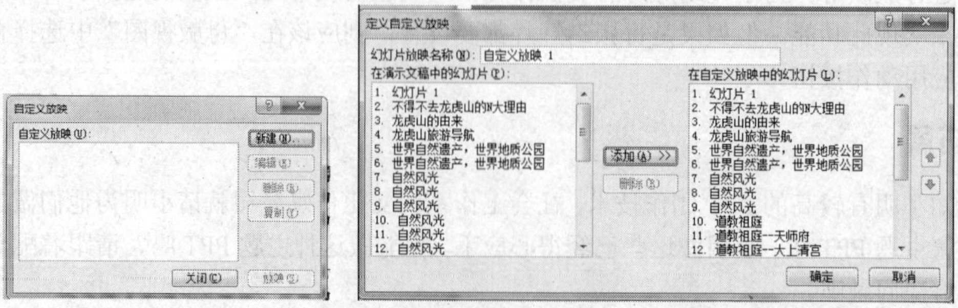

图6-66　设置自定义放映图

单击“新建”按钮，弹出“定义自定义放映”对话框，选择需要放映的幻灯片，单击“添加”按钮，然后单击“确定”按钮即可创建自定义放映列表，如图 6-66 右图所示。

【步骤 2】 单击“幻灯片放映”选项卡的“设置”选项组中的“设置放映方式”按钮，在弹出的对话框中选择“自定义放映”下拉框中选择“自定义放映 1”，这样，放映时没选中的“自然风光”幻灯片就不会播放了。如图 6-67 所示。

【步骤 3】 单击“幻灯片放映”选项卡的“开始放映幻灯片”选项组中的“从头开始”按钮，或者是按快捷键【F5】。如图 6-68 所示，单击“确定”按钮。

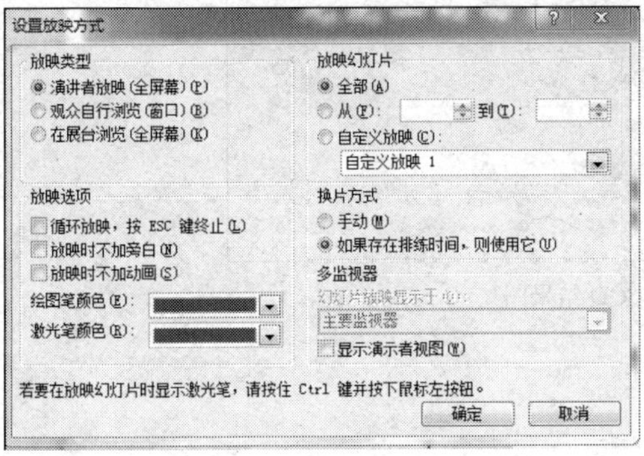

图 6-67 设置放映方式图

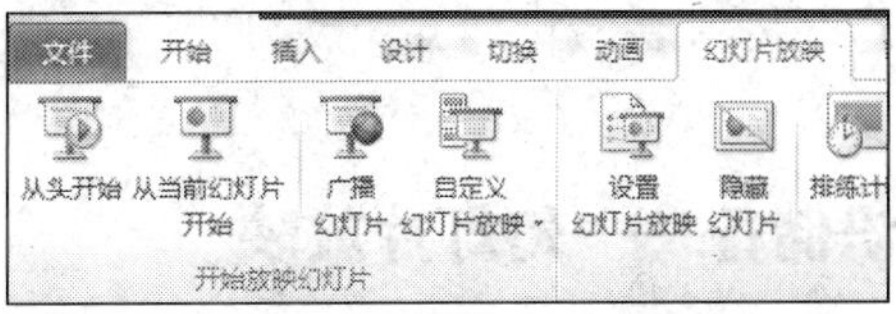

图 6-68 “从头开始”按钮

【步骤 4】 单击“文件”选项卡的“保存并发送”按钮，在弹出的界面中选择“将演示文稿打包成 CD”。如图 6-69 所示。

【步骤 5】 单击“打包成 CD”按钮，在弹出“打包成 CD”对话框，选择“复制到文件夹”按钮。弹出对话框后，设置文件夹名称和存储位置。如图 6-70 所示。

图 6-69 将演示文稿打包成 CD

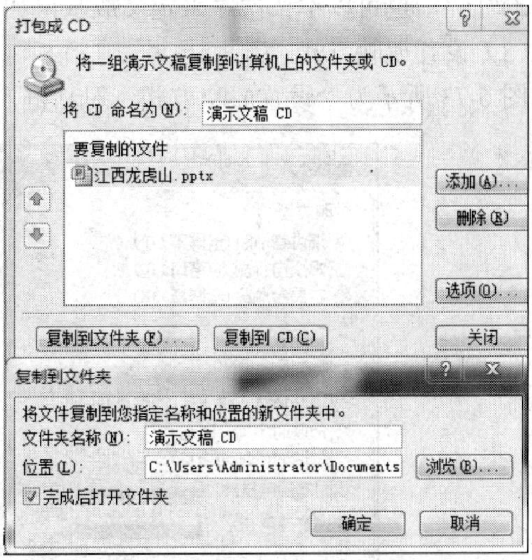

图 6-70 打包成 CD 操作图

【步骤 6】 弹出窗口，询问是否包含建立的文件等，单击“是”按钮确定，如图 6-71 所示。

图 6-71　询问窗口图

【步骤 7】　机器开始将演示文稿打包成 CD。结果文件夹如图 6-72 所示。

图 6-72　打包 CD 结果图

知识储备——幻灯片放映

1．设置幻灯片的放映方法

用户可以根据实际需要，设置幻灯片的放映方法有：普通手动放映、自动放映、自定义放映和排练计时放映等。

（1）默认情况下，幻灯片的放映方式为普通手动放映。所以，一般来说普通手动放映是不需要设置的，直接放映幻灯片即可。

“从头开始”放映的快捷键是【F5】，“从当前的幻灯片开始”放映的快捷键是【Shift】+【F5】，或者可以直接单击状态栏上的按钮。

（2）利用 PowerPoint 的“自定义幻灯片放映”功能，可以自定义设置幻灯片，可以放映部分幻灯片，也可以不按次序来定义放映，如“1,3,5,7……”又或者“9,4,6,8……”。

（3）设置放映方式

图 6-73 所示为“设置放映方式”对话框，该对话框中各个选项区域的含义如下。

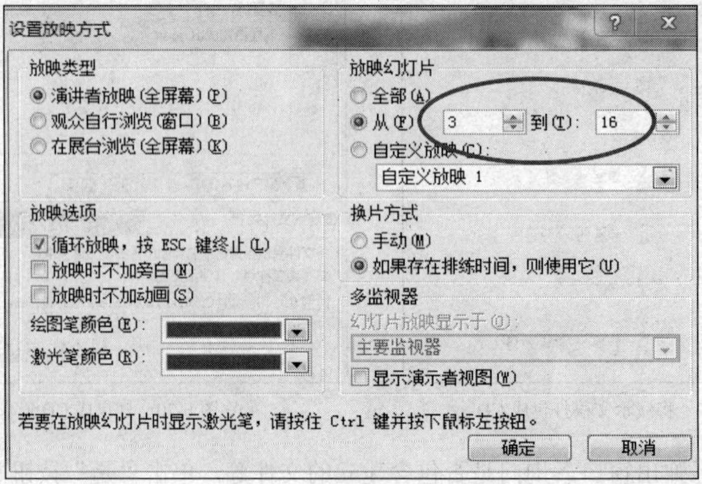

图 6-73　设置放映方式

- 放映类型：用于设置放映的操作对象，包括演讲者放映、观众自行浏览和在展台浏览。
- 放映选项：用于设置是否循环放映、旁白和动画的添加，以及设置笔触的颜色。
- 放映幻灯片：用于设置具体播放的幻灯片。可以方便地播放。
- 换片方式：用于设置换片方式，包括手动换片和自动换片两种换片方式。

（4）使用排练计时。

在公共场合演示时需要掌握好演示的时间，为此需要测定幻灯片放映时的停留时间，具体的操作步骤如下。

单击“幻灯片放映”选项卡设置选项组中的“排练计时”按钮，如图 6-74 所示。

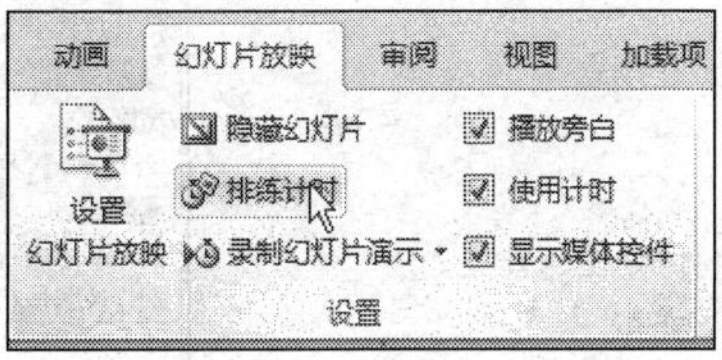

图 6-74 排练计时按钮

系统会自动切换到放映模式，并弹出“录制”对话框，在“录制”对话框中会自动计算出当前幻灯片的排练时间，时间的单位为秒，如图 6-75 所示。

排练完成，系统会弹出“Microsoft PowerPoint”对话框，显示当前幻灯片放映的总时间。单击“是”按钮，即可完成幻灯片的排练计时，如图 6-76 所示。

图 6-75 录制对话框

图 6-76 “Microsoft PowerPoint”对话框

2. 隐藏幻灯片

选中要被隐藏的幻灯片，可以有多个。单击“幻灯片放映”选项卡的设置组中的“隐藏幻灯片”按钮，幻灯片被隐藏。如图 6-77 所示。

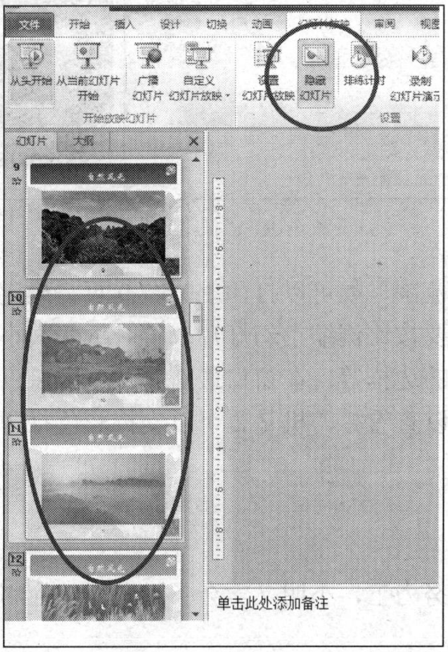

图 6-77 被隐藏的幻灯片

隐藏幻灯片作用是，在播放幻灯片的时候，被隐藏的幻灯片不会被播放。当这个开关键再次被单击后，取消隐藏。

3. 演示文稿的打印

（1）切换到“设计”选项卡，单击“页面设置”组中的“页面设置”按钮，此时打开“页面设置”对话框，如图 6-78 所示，确定纸张的大小、要打印的幻灯片的编号范围和幻灯片内容的打印方向，单击“确定”按钮。

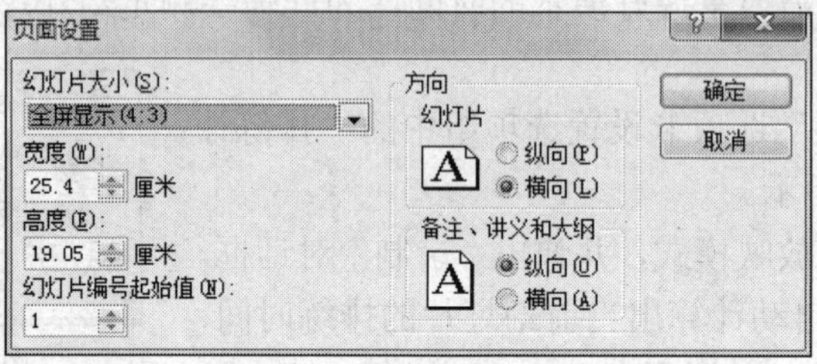

图 6-78 “页面设置”对话框

（2）打印。要打印幻灯片，单击“文件”按钮，在左侧窗格中选择“打印”菜单项，右侧显示“打印”的相关设置项，如图 6-79 所示。

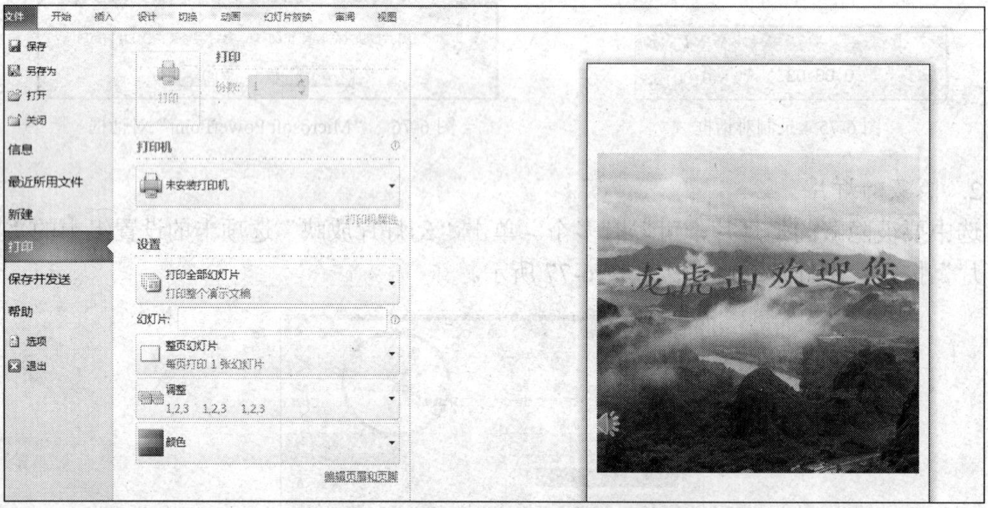

图 6-79 “打印”设置

可以选择幻灯片的打印范围，如可以打印 1,3,5,7,9 页；确定“打印版式”选择了“整页幻灯片”选项，指出是否需要按比例缩小幻灯片以符合纸张大小，而不是按屏幕上的比例，以及是否需要打印出幻灯片的边框等。在窗口最右侧预览区可以清楚地看到将要打印出来的幻灯片的外观。此外，还可以查看打印机是否可以支持彩色打印，如果可以，就能选择以彩色打印。

实践拓展

在高手的指点和自己的努力下，小明又学会了触发器的应用，于是迫不及待地设计起带触发器的视频模板。

请跟着配套实训练习题解决问题吧。